Samora Klostersalz

Der Leitfaden für ein gesundes Leben

nach alter, erfolgreicher Rezeptur!

Warnhinweis:

Wegen der enormen Hitzeentwicklung sollte aus Sicherheitsgründen die spagyrische Herstellung des Samora Klostersalzes in einem dafür ausgerichteten Gewerbebetrieb erfolgen.

1. Auflage 05/2002

Autorin Bärbel Drexel

Layout Rita Schmidberger

Fotos Jutta Miller

Druck Mayer & Söhne, Aichach

ISBN 3-9807154-2-6

Inhaltsverzeichnis

Inhaltsverzeichnis

Inhaltsverzeichnis

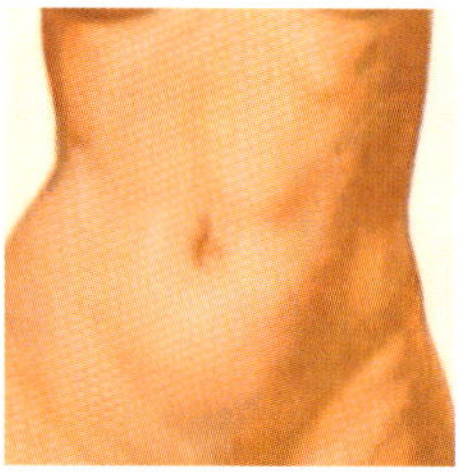

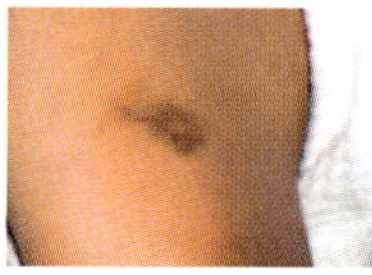

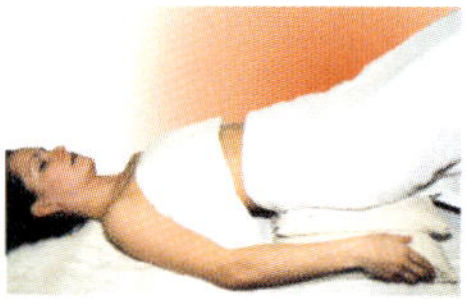

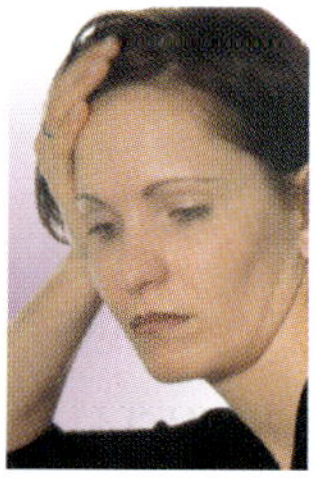

Inhaltsverzeichnis

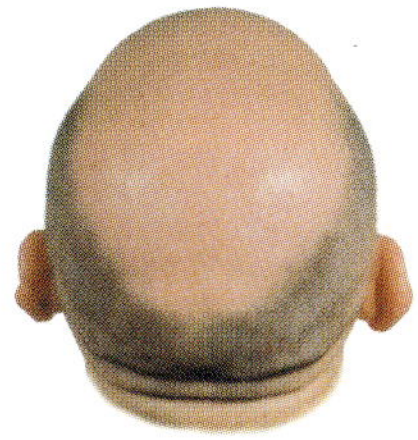

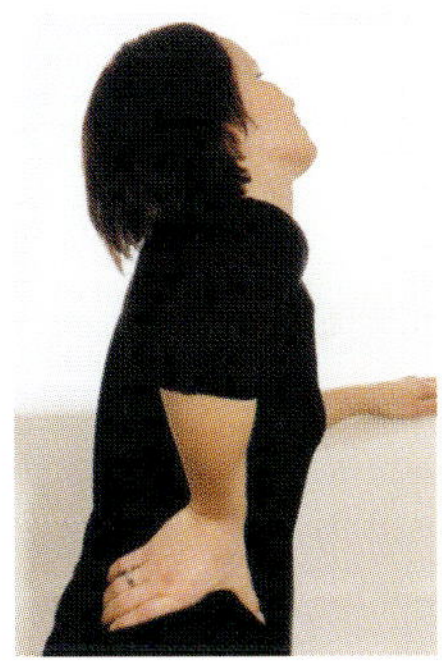
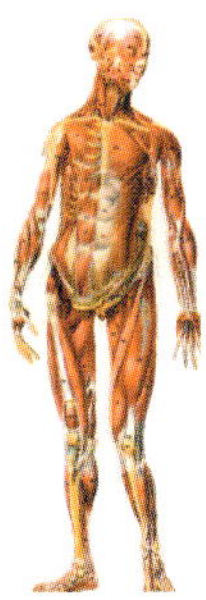

Inhaltsverzeichnis

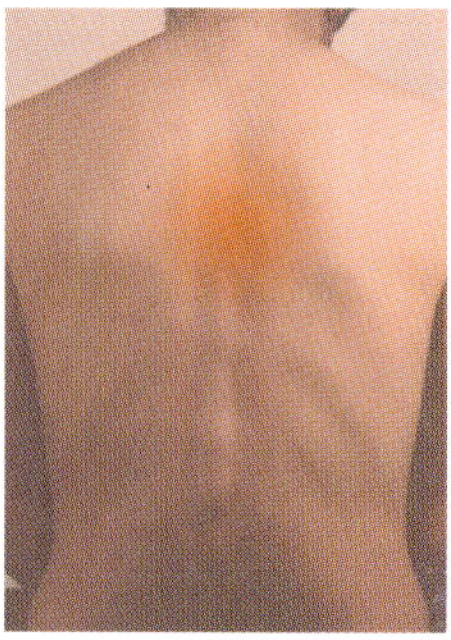

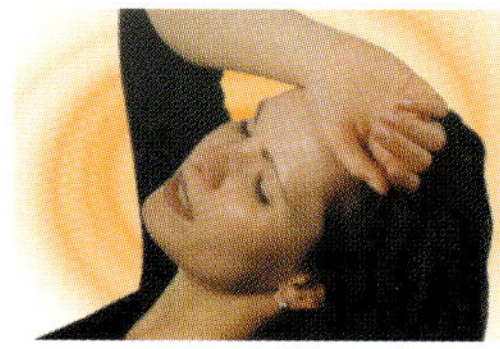

Dank

Der erste Dank gilt **meinem liebevollen Mann Klaus**, der mir die Zeit zum Schreiben für dieses Buch frei geschaufelt hat und mich, an den Tiefpunkten angekommen (die logischerweise auftreten) immer wieder ermutigte.

Mein Sohn Dominik (12) der jetzt in das Alter kommt zu verstehen, was seine Mutter schreibt, aber gerne mehr Zeit mit mir und meinem Mann verbringen möchte. Danke mein Schatz!

Danke auch an meine Mitarbeiter, die mich tatkräftig unterstützt haben.
Werner Büge für seinen Einsatz in unserer Firma
(ohne ihn hätte ich auf gar keinen Fall so viel Zeit gehabt)
Rita Schmidberger für Satz und Layout
(Rita macht das in dieser Größenordung das erste Mal)
Super!
Jutta Miller für die tollen Fotos
(Jutta kann spüren welche Fotos ich brauche)
Josef Schmidbauer für´s Kopfmodel
(er hat sich für die Kopfzonen ganz spontan bereit erklärt) Danke!
Monika Haider als Model
(Monika hat besonders oft Ihre Arbeit unterbrechen müssen um die einzelnen Bilder mit Jutta zu erarbeiten)

Ihr seid ein zuverlässiges und treues Team!

Vorwort

Das vorliegende Buch kann für Sie ein Schlüssel zum Verständnis Ihres Körpers werden.

Für unsere Großmütter und Urgroßmütter war es wichtig ein Heilmittel zu Hause zu haben das im Krankheitsfall schnell und erfolgreich eingesetzt werden konnte.
Die einfache und nebenwirkungsfreie Anwendung solcher Hausmittel ist bei uns in Europa stark in den Hintergrund gedrängt worden. Aber warum?
Mit der Industriellen Herstellung und Synthetisierung verschiedener Arzneisubstanzen wurde ein Markt erobert der bis ins letzte Jahrhundert Niemandsland war.
Die überlieferten Rezepturen waren leider nichts mehr wert und gerieten in Vergessenheit.

Hat die moderne Medizin das Rad neu erfunden?
Weit gefehlt. Mediziner, Heiler und sogenannte Alchimisten wussten die letzten Jahrhunderte und sogar Jahrtausende (denn selbst in der Steinzeit hatte man Heilmittel) genau welches Kraut oder Mineral sich zum Heilen verschiedenster Erkrankungen eignete. Heute wird gerade so getan, als ob alles was in der Natur vorkommt und nicht durch die Arzneimittelprüfung gegangen ist, tödlich ist.
Diese Art der Gesetze und der „Handel mit der Gesundheit" lässt beim Verbraucher und Patienten Unsicherheit aufkommen. Der Effekt ist, dass die Verantwortung für den Körper abgegeben wird und die Medikation mit den Mitteln der Schulmedizin Nebenwirkungen mit sich bringt, die dann natürlich mit dem nächsten Arzneimittel behandelt werden.

Ich habe dieses Buch geschrieben um Ihnen die Anwendung eines in Vergessenheit geratenes Naturheilmittel wieder näher zu bringen. Mit Samora Klostersalz und den sinnvollen Zusatztherapien - kommen Sie der alten Naturheilkunde ein gutes Stück näher.

Viele Patienten vertrauen schon seit langer Zeit auf naturheilkundliche Behandlungsmethoden. Besonders bei den schwierigen chronischen Krankheitsbildern verspricht die Kombination Samora Klostersalz, Enzyme und der selbst hergestellten Eigennosode gute Resultate.

Samora Klostersalz

Immer auf der Suche nach revolutionären sowie einfachen Heilmethoden, habe ich mich auf den Wegen dorthin in alte Schriften eingelesen. Vieles, was unsere Vorfahren wussten, erfolgreich angewandt und niedergeschschrieben haben, ist durch die Jahrhunderte verloren gegangen. Diskrete Hinweise auf die Samora Klostersalzmethode habe ich schon in so manchem Fachbuch gefunden. Das ist der Name, den ich aus der alten Schrift abgewandelt habe. Bei den Patienten, die Erfahrung mit dieser Methode haben, ist er schon im gängigen Wortgebrauch. Deshalb habe ich den Namen der Einfachheit halber übernommen.

Eines dieser Bücher, das von einem Mediziner verfasst wurde, stammt aus dem Jahr 1921. Der Verfasser bezieht sich wiederum auf eine Schrift, die er 40 Jahre zuvor ebenfalls durch Recherchen fand, die er zum Wohle der Menschheit betrieb.

1995 gelang es mir, das Exemplar eines kleinen, unscheinbaren in Leder gebundenen Buches zu ergattern. Der Autor war ein Arzt, der sein Leben in den Dienst der Menschen stellte und in der gesamten Zeit seines Schaffens Studien betrieb.

Er schrieb im Originaltext:

Dieses Schriftchen, obschon so einfach wie das Mittel, von dem es handelt, sollte ein Hausbuch bei vorkommenden Krankheiten sein, und zwar nach meiner Ansicht das nützlichste, das je auf einen Tisch gelegt ward; denn ich schreibe aus langjähriger Erfahrung und habe das Mittel nach allen Seiten hin erprobt.

Die Hinweise und die Erkenntnisse, die ich bis dahin gesammelt hatte, formten sich zu einem Bild.

Eingehende Studien über Jahre bestätigten die Ergebnisse. Ausgedehnte Recherchen und die praktische Anwendung, die ich mit der freundlichen Unterstützung meiner Patienten fortführen durfte, ließen mich als Therapeutin klare Strukturen der Heilerfolge des alten Rezeptes auch bei therapieresistenten Erkrankungen erkennen.

Dennoch wurde mir immer bewusster, dass es selbst bei der Samora Klostersalzmethode auf die Zutaten ankam. Samora Klostersalz besteht im Wesentlichen aus unbehandeltem Naturkristallsalz und Obstbranntwein und wird in einer Art teilspagyrischem Verfahren nach alten Rezepten hergestellt.
So einfach, wie sich das ahört, war es bei weitem nicht. Wo bekommt man in dieser industrialisierten Welt die Obst- und Kristallsalzqualität von vor hunderten von Jahren her?

Die Herkunft des Kristallsalzes ist für die Herstellung übrigens von entscheidender Bedeutung. Wenn man bedenkt, dass vor cinigen hundert Jahren das Kristallsalz aus der nächsten Umgebung kam, wird klar, dass man den Rohstoff nicht von weit entfernten Ländern importieren muss.

Meine Patienten wies ich damals an, die Inhaltsstoffe selbst zu kaufen und herzustellen. Der Erfolg der Behandlung - so stellte ich fest - war abhängig von der Qualität der verwendeten Rohstoffe. Durch das Austauschen der Inhaltsstoffe wurden die Patienten mit den jeweils besten Rohstoffen in kürzester Zeit mit herausragenden Therapieerfolgen belohnt.

Die anfängliche Schwierigkeit, das Mittel herzustellen, wurde mit der Zeit gelöst.

Ur-Kristallsalz als Basis mit hochwertigem Obstbrand wird für eine längere Zeit dem Sonnenlicht ausgesetzt und über das spagyrische Brennen und Trennen zum Teil in eine andersstoffliche Form gebracht.
Das heiß, bei ca. 1200° C verändern sich die Kristalle des Salzes und wie in der alten alchemistischen Rezeptur werden die so gebrannten Kristalle wiederverwendet. Ein Teil des Kristallsalz-Obstbrandes wird allerdings naturbelassen und nur durch den Einfluss der Sonnenstrahlen mit potentieller Biophotonenenergie der Sonne angereichert. Das aufwendige Herstellungsverfahren belohnt allerdings durch seine sanfte, aber sehr kräftige Wirkung für den Organismus.

Sie sehen, etwas Mühe muss man aufwenden, um dieses Elixier herzustellen.

Mir als Heilpraktikerin ist es nicht gestattet (Ärzten übrigens Ärzte auch nicht) das Mittel herzustellen. Ich kann aber niemandem verbieten, es zu tun oder gar weiter zu gehen.

Leider sind unsere Gesetze so, dass jede Art der Eigeninitiative nicht gern gesehen wird.
Es verdient die große Pharmaindustrie nichts daran,

wenn alle Menschen einigermaßen gesund sind ... denken Sie selbst weiter.
Sollten Sie sich dazu entschließen, nach der Lektüre dieses Buches die neue (alte) Therapieform auszuprobieren, achten Sie bitte peinlich genau auf die Naturbelassenheit der Inhaltsstoffe.

In der alten Schrift heißt es im Original:

Niemand solle versäumen, einen Versuch mit diesem Heilmittel zu machen. Jedermann wird in der Not einen raschen Helfer bei sich finden und niemand einen Schaden dadurch erleiden. Ich rate jedermann, darauf zu achten daß er möglichst reine Zusätze verwende. Und so wünsche ich, daß durch dieses Buch, besonders auf dem Lande, aber auch in den Gruben und Stätten Tausende von Kranken Heilung und Linderung erfahren.

Bei dieser Originalrezeptur bemerkt man, dass der damalige Mediziner schon Wert auf die Reinheit der einzelnen Inhaltstoffe legte.

Die Herstellung dieses einzigartigen Elixiers

Ich möchte dies teils im Originaltext weitergeben:

Man vermische reinen Obstbrand mit gewöhnlichem Salz, welches zerstoßen werden muß und an der Sonne trocknet ... und nach altem Brauch im Brande und im Feuer wird die geistige Materie mit der materiellen Basis-Kraft des Lebens vereint.

Hier kommt das Wissen der Alchemie zum tragen. Er beschreibt „nach altem Brauch im Brande...“. Das Wesen der Spagyrik ist aus dem Prozess des Trennens und Vereinigens ein Heilmittel herzustellen, das in seiner Wirkung über die eine materielle Ebene hinausgeht. Die

Neustrukturierung durch das Brennen und Trennen ergibt **einen neuen Ausgangsstoff.**

Herstellungsverfahren:

Die Herstellung der teilspagyrischen Essenz erfordert Hitze, um die Anordnung des Ausgangsstoffes über die materielle Ebene hinaus zu läutern.
Etwa die Hälfte des Ur-Kristallsalzes wird mit einer Hitze von ca. 1200°C zum Glühen gebracht und mit reinem Obstbrannt aus Kirschen in einem geschlossenen, hitzebeständigen Gefäß gelöscht.
(Vorsicht! Wenn Sie dieses Elixier Zuhause herstellen, achten Sie darauf, dass der Obstbrannt in sekundenschnelle abdampfen kann. Hierbei besteht Verbrennungsgefahr!)
Die verdampfende Flüssigkeite wird über eine Spirale in ein Gefäß geleitet und aufgefangen. Soweit die Spagyrik.

Die andere Hälfte des Kristallsalzes wird ca. 2 Tage dem direkten Sonnenlicht ausgesetzt und so mit der potentiellen Biophotonenenergie der Sonne angereichert.
Das Kristallsalz aus der Spagyrik und das aufgefangene Destillat, sowie das Kristallsalz mit der Biophotonenenergie bringt man zusammen in ein Gefäß und gießt es mit der 10-fachen Menge an Obstbrannt aus Kirschen auf. Achten Sie bitte auf die Qualität!
Dieses Elixier wird nun nach dem Herstellungsverfahren der spagirischen Homöopathie mit stumpfem schütteln über ca. eine Stunde potenziert. (Übrigens potenzieren kommt von Potenz, gleich Energie).

Das Elixier ist nach einer Ruhezeit von einem Tag abzufüllen und nach einer nochmaligen Ruhezeit von einer Stunde zum Gebrauch fertig.

Nach heutigen Erkenntnissen würde ich sagen, die Herstellung des Elixiers basiert auf dem wohl mehrere hundert Jahre alten Wissen der Urspagyrik.
Die Tradition der Herstellungsverfahren stammt aus Europa. Die Überlieferung ist in der alten Schrift -Gott sei Dank- im Original widergegeben.
Dieses Wissen ist für die moderne Naturheilkunde ein richtungsweisender Weg. Jeder Mensch sollte die Möglichkeit haben, am Anfang der Krankheit auf ein solch harmloses aber wirksames Mittel zurück zu greifen.

Standards zur Einnahme

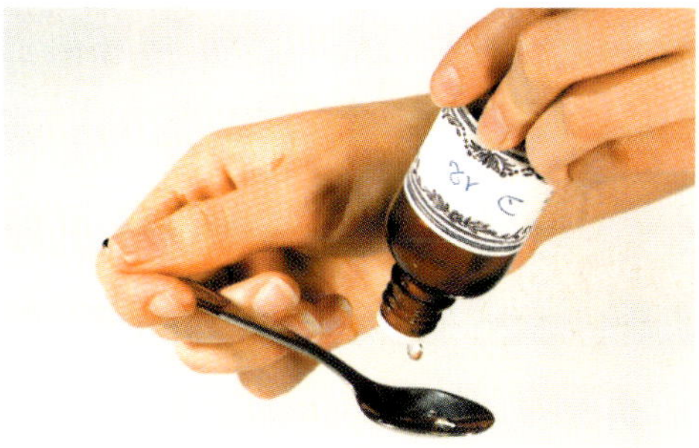

Vor jedem Gebrauch des **fertigen** Elixiers muss es unbedingt **eine Stunde** ruhen. Das heißt für Sie, dass die Flasche, in der sich das Samora Klostersalz-Elixier befindet, unbedingte Ruhezeiten braucht. Sollte sie kurz vor der Anwendung erschüttert werden, so ist die Ruhezeit von einer Stunde wieder einzuhalten.
Die Dauer der Therapie ist von der Art der Krankheit abhängig und wird im Therapieteil individuell beschrieben.

Die Anwendung von Samora Klostersalz hat einen gewissen Standard, der jedoch individuell leicht veränderbar ist.

Ich möchte Ihnen den Originaltext für die Anwendung von Anno 1921 nicht vorenthalten, wobei diese Therapieform in der heutigen Anwendung mit wesentlich mehr Effektivität eingesetzt werden kann.

Damals waren die Menschen nicht den heutigen Umweltbelastungen ausgesetzt, so dass mit Hilfe der vitaminreichen Nahrung, der frischen Luft und wenig Medizin der Körper reaktionsbereiter war.

Therapieblockaden, wie sie heute an der Tagesordnung sind, verlangen - meiner Erfahrung nach - nach der kombinierten, aber auch recht einfachen Therapie mit hoch dosierten Enzymen, Massage nach Penzel, Hautzoneneinreibung mit Samora Klostersalz.

Der Originaltext
„Allgemeine Verwendungsempfehlung":

Ich behandelte meine Patienten, und alle wurden in kurzer Zeit, wie durch ein Wunder zu rascher Linderung und Heilung geführt ...
Zum Einwaschen des Kopfes möchte ich folgendes bemerken: Je größer die Haarmenge ist, desto besser, da alsdann die Flüssigkeit nicht so schnell eintrocknet und die gehörige Menge gesichert ist. Äußerlich möge man das Mittel ohne Verdünnung durch Wasser anwenden. Bei inneren Anwendungen ist die Verdünnung mit Wasser gut, aber nicht durchaus notwendig, zumal wenn kein heißes Wasser zu haben ist und der Fall dringend ist. Nicht unerwähnt möchte ich lassen, daß alle Leiden und Krankheiten der Menschen mit dem Kopf in Beziehung stehen; es ist daher um so notwendiger, sie zu beseitigen. Dies wird aber nur dadurch ermöglicht, das man den oberen Teil des Kopfes, Stirn, Schläfen 2-3mal hintereinander abends vor dem Schlafengehen einreibt, ebenso die Augen äußerlich gut anfeuchtet, ferner daß man 1-2 Eßlöffel voll von diesem Mittel, mit 3-4 Eßlöffel heißem Wasser vermischt, trinkt. Dies ist von größter Heilwirkung.

Meine größten Erfolge erzielte ich in Verbindung mit kleinen Zusatztherapien. Wie ich zuvor schon erwähnte, sind wir Menschen heute dazu verdammt, mit Giftstoffen verschiedenster Art fertig werden zu müssen.

In den Kapiteln Enzyme, Akupunkturmassage nach Penzel, Heilzonenbehandlung, Augensalbung, Homöopathisches Mineralsalz und Eigennosode sowie bei den aufgeführten Krankheitsbildern erfahren Sie Näheres über die Notwendigkeit der Zusatztherapien.

Sie können jedes der von mir erwähnten Therapiesysteme selbst anwenden.
Sie benötigen auf jeden Fall für die Behandlung selbst keinen Therapeuten. Sind Sie aber unsicher, lassen Sie sich in Ihrer Therapie von einem Heilpraktiker Ihres Vertrauens begleiten.
Sollten Sie ein oder mehrere starke Medikamente einnehmen, **empfehle** ich Ihnen die Begleitung durch Ihren Therapeuten. Zumindest sollten Sie ihn über Ihre Aktivität informieren, denn jeder, der in Ihr Körpergeschehen eingreift - und das tut ein Therapeut - sollte über alle Aktivitäten auch Bescheid wissen.
Sie sollten sich ebenfalls genau über die Nebenwirkungen der von Ihrem Arzt verordneten Medikamente erkundigen und gegebenenfalls nach Absprache mit Ihrem Arzt die Medikation ändern.

Denken Sie daran: Es ist Ihr Körper!
Seien Sie kritisch - auch was die Verordnung neuer, nebenwirkungsreicher Medikamente angeht. Fragen Sie auch nach sinnvollen Alternativen nebenwirkungsfreier Medizin.

Wie Sie sehen, bin ich keinesfalls ein konsequenter Gegner der Schulmedizin, denn die „Leben erhaltende“ und die „Notfall-Medizin“ sind für uns alle ein Segen.
Kombinationen bei chronischen Krankheiten mit der Naturheilkunde sind für den Patienten jedoch ein enormer gesundheitlicher Gewinn.

Darmflora

Selbstverständlich sollte sich jeder Mensch Gedanken um den Zustand seiner Darmflora machen.

Sie sollten bedenken, dass Sie mit Samora Klostersalz auch eine Entschlackung des Darms einleiten.
Ich habe in meiner Praxis unglaublich positive Erfahrungen mit der Darmsanierung in Verbindung mit dem halbspagyrisch hergestellten Samora Klostersalzes gemacht. Schlacke und Giftstoffe lösen sich durch Trinken des Elixiers aus der Darmwand. Die so vorgenommene Reinigung führte oft zur sinnvollen Reaktion des Körpers, mit leichten Durchfällen.
Die strahlenden Gesichter meiner Patienten ließen die körperliche Erleichterung und Reinigung erkennen. Nach jedem Besuch sah man förmlich das Aufatmen des gesamten Organismus.

Salz ist Salz?

Der menschliche Körper besteht aus einer ca. 1 %igen Salzlösung. Natürlich bestehen unsere Körpersäfte nicht aus 1 % Natriumchlorid, sondern auch aus einer Vielzahl von anderen Mineralstoffen.

In allen Körpergeweben und -flüssigkeiten innerhalb und außerhalb der Zellen, finden sich mit Hilfe der Osmose (Stoffaustausch) diese Mineralstoffe und Spurenelemente.
Einen Auszug aus den wichtigsten Mineralien und Spurenelementen, die im Salz gefunden wurden und sich ebenfalls im Menschlichen Organismus im entsprechenden Verhältnis finden sollten, möchte ich Ihnen nicht vorenthalten.

Ich habe Kristallsalz aus verschiedenen Fundstätten einem Analyseverfahren der wichtigsten Parameter unterzogen und bin zu der Überzeugung gekommen, dass das Kristallsalz aus Europa für uns Europäer, auch in der körperlichen Anwendung, immer der Favorit im Heilungserfolg war.

Übrigens, bei der Analyse war natürlich auch Salz aus dem Himalaja. Auch das Kristallsalz in Asien, Polen, Bolivien und Deutschland wurde getestet.
Der Ruf radioaktiv verstrahlt zu sein, unter dem polnisches Kristallsalz leidet, konnte nicht bestätigt werden.

Da mein Mann und ich seit Jahren unsere Edelsteinlampen, -teelichter, -brocken und -granulat aus dem Himalajagebiet beziehen, lag es natürlich nahe, die Wirksamkeit zur Herstellung des Samora Klostersalz-Elixier zu testen.

Weitaus bessere Erfolge, erziehlte ich jedoch mit den in Europa gefunden Salzen.

Wie der alte Mediziner schon erwähnte, ist die Wahl der Rohstoffe für den durchschlagenden Heilungserfolg verantwortlich. Das Gleiche gilt natürlich auch für den Obstbrannt aus Kirschen.

Es stellt sich auch die Frage, wie unsere Vorfahren Kristallsalz aus dem Ausland herbekommen hätten sollen. Die Einfuhr war zu dieser Zeit aus Verkehrstechnischen Gründen so gut wie ausgeschlossen.
Die feine Verteilung der Spurenelemente kann in der Sole bis in nachweisbare Größenordnungen aufgeführt werden.
Wenn in der Analyse Werte auftauchten, die unterhalb der Bestimmungsgrenze liegen, das heißt z.B. in der Analyse der Wert Germanium mit < 0,001 ppm aufgezeigt ist, so ist dieses Element n.n. (nicht nachweisbar) und somit faktisch nicht vorhanden. Diese haben wir selbstverständlich in der folgenden Inhaltsaufstellung nicht aufgeführt. Je nach Anforderung der Analyse werden entsprechende Parameter untersucht und mit dem entsprechenden Ergebnis

versehen.
Die Werte < (heißt weniger als) sind für die feinstoffliche und körperliche Ebene nicht mehr greifbar.

Anders als bei der Homöopathie und Spagyrik, die durch Potenzierung die Rohstoffe aufarbeiten, erreichen die nicht vorhandene Elemente im Kristallsalz die Feinstofflichkeit und damit die Wirkung nicht.

Kationen
Lithium (Li)
Natrium (Na)
Kalium (K)
Ammonium (NH)
Magnesium (Mg)
Calcium (Ca)
Barium (Ba)
Mangan (Mn)
Eisen gesamt (Fe)

Anionen
Chlorid (Cl)
Bromid (Br)
Iodid (I)
Sulfat (SO_4)
Hydrogencarbonat
(HCO_3)

Undissoziierte Stoffe
Kieselsäure als H_2SiO_3
Borsäure als HBO_2
Borsäure als H_3BO_3

Anorganische Spurenstoffe
Antimon (Sb)
Selen (Se)
Vanadium (V)
Kupfer (Cu)
Zink (Zn)
Cobalt (Co)
Silber (Ag)
Molybdän (Mo)
Zinn (Sn)
Eisen II (Fe)

Sonstige Spurenstoffe
Fluorid (F)
Carbonat (CO_3)

Zur Herstellung des Samora Klostersalzes eignet sich nach der Zusammensetzung das in Europa gefundene Kristallsalz, meiner Meinung nach, am Besten.

Salz als Teil unserer Entstehungsgeschichte

Es ist auch aus der heutigen Ernährung nicht mehr wegzudenken. Ein Leben ohne Salz ist nicht möglich!
Die früheren Meere hatten eine etwa einprozentige Solelösung (Zur Erinnerung: Sole ist in Flüssigkeit gelöstes Salz). Durch die Austrocknung der Urmeere entstand das Kristallsalz oder Natursalz, das man Weltweit findet.

Die Zusammensetzung des Ursalzes ist im wesentlichen vergleichbar mit der Mineralzusammensetzung in unserem Blut. Allerdings ist im Blut nur eine Konzentration von etwa 1 % zu finden.

Alle Lebewesen kommen aus dem Meer, wir Menschen, Tiere und Pflanzen. In allen Körpergeweben findet man diese circa einprozentige Solelösung aus dem Urmeer.

Für alle Stoffwechselabläufe benötigen wir die Anwesenheit des urbelassenen Salzes zum Auffüllen der physiologischen Mineralsalzkonzentration im Körper. Verändert sich durch die Fehlernährung die Konzentration in den Körpergeweben oder im Blut, folgt zwangsläufig ein Krankheitsbild.

Kochsalz, Tafelsalz, Speisesalz, was ist das?

Für die weltweite Salzproduktion gilt seit Anfang der 60iger Jahre der **Codex Alimentarius**. Das ist eine Vereinigung von Lebensmittelherstellern, also der Industrie, die mit ihren Fachleuten die Denaturierung eines unserer wichtigsten Lebensmittel beschließt.
Es darf nur Salz verkauft werden, das mindestens 97 % reines Natrium und Chlorid enthält. Alle anderen Mineralien und Spurenelemente müssen herausgereinigt sein. Selbstverständlich dürfen Konservierungsmittel und Rieselhilfen, die nicht einmal deklarierungspflichtig sind, zugeführt werden. Die Giftigkeit verschiedener Substanzen, die sich im Speisesalz befinden und nicht deklariert werden müssen, ist für den Verbraucher nicht zu erkennen.

Spätestens hier wird klar, warum das aufwendig und teilspagyrisch hergestellte Samora Klostersalz mit dem üblichen Speisesalz nicht im Entferntesten etwas zu tun haben kann.

Was hat unser heutiges Kochsalz mit dem ursprünglichen weißen Gold zu tun?

Das Speisesalz, das Sie im Supermarkt kaufen, ist Salz, das chemisch gereinigt und auf Natrium und Chlorid reduziert wird. Alles andere wird als „Verunreinigung" entfernt. Spurenelemente genauso wie die vielen Mineralien, die im Ursalz vorhanden waren. Der Körper bekommt nur noch Natrium und Chlorid, und das im Überfluß.

Denaturierung ist das Stichwort für diese Aktion.

Wie dem Körper die einseitige Natrium- und Chloridzufuhr bekommt, davon können viele Patienten mit Bluthochdruck, Ödemen, Nierenentzündung, Gallensteinen, Cellulite u. v. m. berichten.
Das zeigt ganz deutlich, dass fast alle Menschen mit Natrium und Chlorid übersättigt oder gar vergiftet sind, aber an Ursalzunterernährung leiden, denn die Gegenspieler für Natrium und Chlorid fehlen. Gegenspieler für den Stoffaustausch sind zum Beispiel Kalium, Magnesium und viele anderen Mineralien, die im Ursalz vorhanden sind.

Folgen einseitiger und deutlich überdosierter Kochsalz-Einnahme sind ebenfalls Ödeme (das sind Wasseransammlungen in allen Geweben).
Das liegt daran, dass 1 Gramm reines Natriumchlorid ca. 24 Gramm Wasser bindet. Das sind auch häufige Ur-

sachen des Krankheitsbildes Bluthochdruck. Übrigens auch die unbeliebte Cellulite bildet sich durch etwas zu viel Kochsalz.

Ein Zuviel an Flüssigkeit im Körper wird auch von der TCM (Traditionelle Chinesische Medizin) über die Regelkreisläufe im Zusammenspiel mit den Meridianen therapiert, aber durch die negative Säfterückbildung ist der anfängliche Behandlungserfolg oft nicht von Dauer.

Während der Samora Klostersalztherapie sollten täglich mindestens 3 - 4 Liter Flüssigkeit, am besten ist Wasser oder ausleitender Tee, getrunken werden.

Die ergänzenden Verfahren der Samora Klostersalztherapie nach heutigem Wissen optimiert

Samora Klostersalz mit ...

... als geballte Entgiftung.

Um im Team das Beste zu erreichen, muss jeder für sich selbst und für den anderen stark sein.

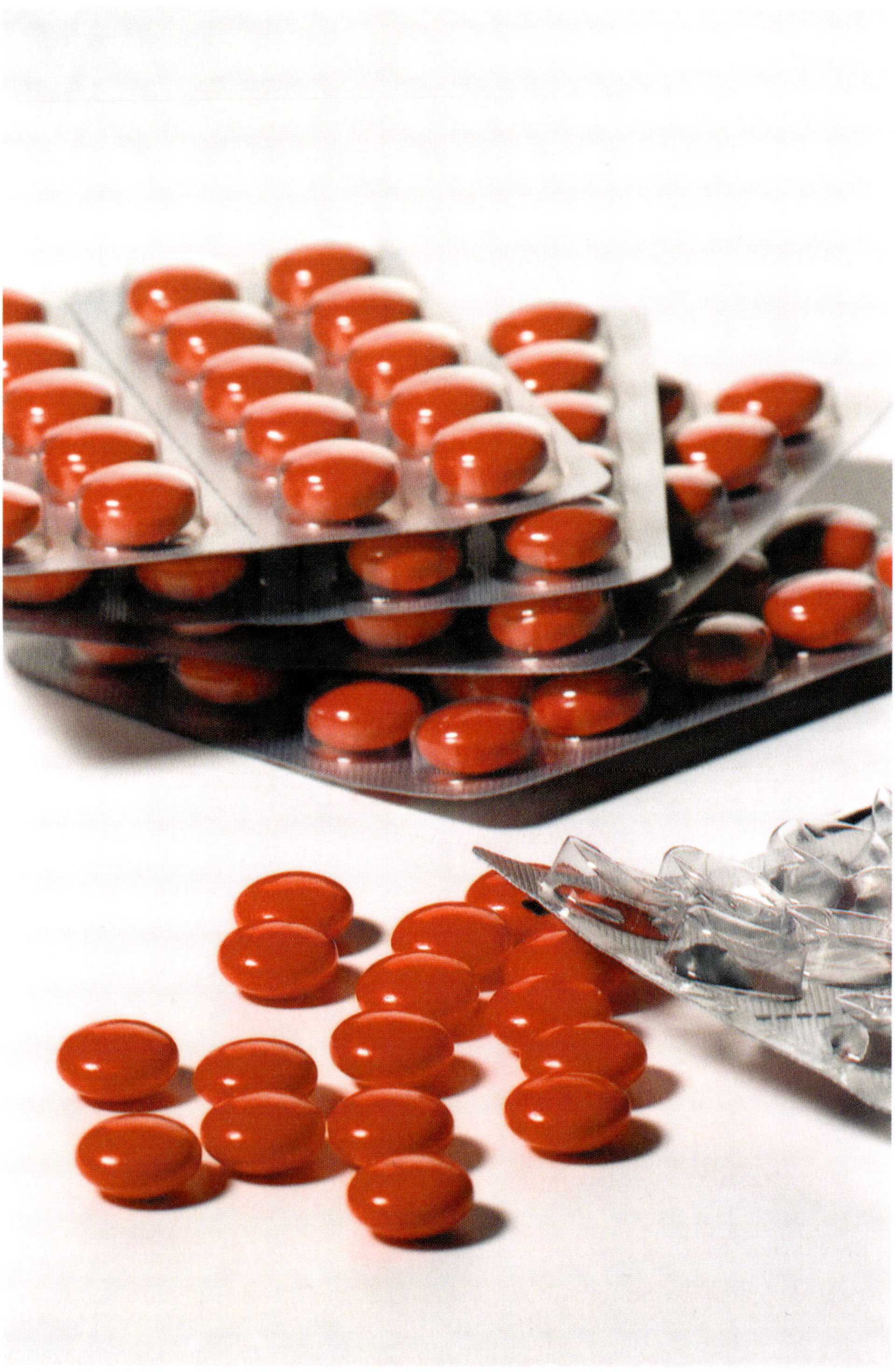

Samora Klostersalz in Verbindung mit Enzymen

Enzyme sind Bausteine des Lebens und stehen von Anfang an bis zum Ende unseres Lebens für alle Abläufe in unserm Körper Pate.
Kein Mensch, keine Pflanze und kein Tier würde ohne Enzyme existieren. Enzyme sind Quell des Lebens.

Seit etwa 50 Jahren werden Enzyme aus Pflanzen (Bromelanin und Papain) aus Pilzen (Amylasen und Lipasen) und aus Tieren (Trypsin und Chymotrypsin) gründlich erforscht.

Viele Patienten vertrauen schon seit langer Zeit auf die Enzymtherapie. Enzyme stellen eine Art Basistherapie dar. In Verbindung mit der Samora Klostersalztherapie feiert die Enzymtherapie neue Erfolge bei auch bislang erfolglosen Behandlungen.
Für besonders schwierige und chronische Krankheitsbilder sind aus dem Verständnis der Naturheilkunde diese beiden Methoden in der Gesamtreaktionslage des Körpers von unschätzbarem Wert. Nicht die Hemmung von physiologischen Prozessen, sondern die beschleunigte Ausheilung sind erwünschte Reaktionen.
Die Wirkung der Enzyme ist hinreichend erforscht und aufgrund des breiten Wirkungsgrades bei allen chronischen Prozessen gut einsetzbar. Auch die Eigentherapie zu Hause mit Enzymen ist für jeden Patienten gut durchführbar.
Mit der Samora Klostersalztherapie werden starke Entgiftungsprozesse in Gang gebracht und in Verbindung mit den Enzymen wird das Immunsystem in dieser extremen Phase unterstützt. Die Chemiefabrik, die wir alle durch unsere Umweltbelastungen im Körper haben, muss für eine Gesundung aus dem Körper entfernt wer-

den. Zu den Zeiten der Klostersalztherapie, vermutlich um 1800, gab es diese Belastungen nicht, und einfach durch Erreger entstandene, akute und chronische Krankheiten wurden mit dieser Entgiftungsmethode zur Heilung gebracht.
So einfach ist das heute nicht mehr!

Nicht aufgelöste Immunkomplexe verursachen Autoimmunerkrankungen. Die zerstörte Darmflora verhindert die Ernährung des Körpers und des Immunsystems. Oft ist der Darm, der für den Abtransport verstoffwechselter Nahrungsreste zuständig ist, chronisch entzündet und versagt. Folge davon ist nicht nur, dass Leber, Niere und Haut zusätzlich überlastet sind, sondern dass der Gesamtorganismus zu einer Müllhalde wird.

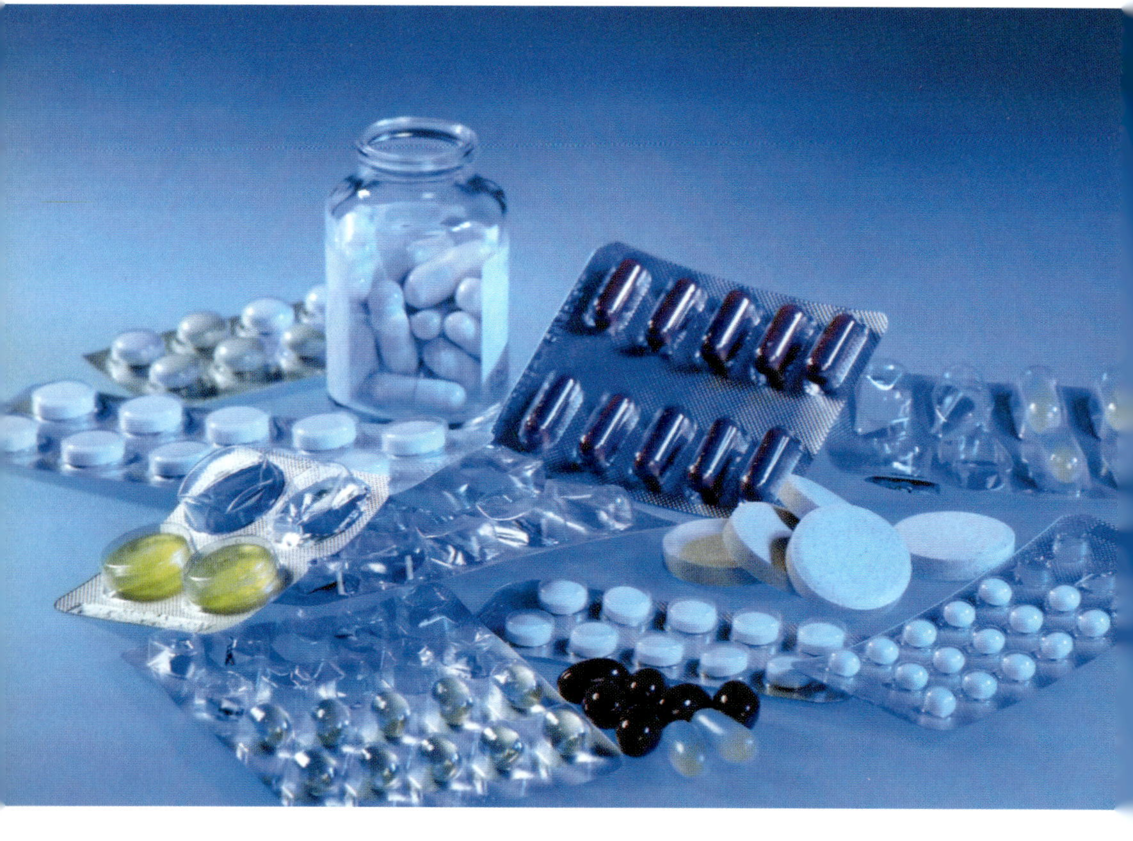

Auch die Schulmedizin hinterlässt ihre Spuren im Körper.

Für jeden Menschen, ob alt oder jung, ist es ein Muss, seinen Körper regelmäßig zu entgiften, auch von Medikamenten, die der Segen der Schulmedizin mit sich brachte. Ob Babys, Kleinkinder oder Schulkinder - diese kleinen Wesen leiden ebenfalls unter der Umwelt und der Schulmedizin, die das so junge Leben extrem belastet.
Noch nie war die Zahl der chronisch kranken Kinder so hoch. Verhaltensstörungen bei Kindern sind oft Symptome von Nährstoffmangel und/oder der Umweltbelastung. Wie wollen nächste Generationen ihre Lebensqualität und Gesundheit erhalten?

Allergien, Rheuma und der gefürchtete Krebs sind die Geißeln unserer Menschheit.

Die Erde ist ca. vier Millionen Jahre alt. Der Mensch existiert erst seit relativ kurzer Zeit und seit etwa 1900 wird der Segen der Wissenschaft in einem extremen Maß genutzt.
Weltweit entstehen täglich etwa 1000 neue chemische Verbindungen.
Der Mensch ist in seiner Anpassung an die Umwelt überfordert. Je empfindlicher der einzelne Mensch ist, desto früher kommt es zu Krankheitserscheinungen.
Die Gesundheit droht sich zu verlieren.

Sind wir doch mal ehrlich: Wer fühlt sich noch richtig gesund?

Enzymsorten in den Fertigpräperaten

Enzyme	Indikationen
Chymotrypsin Trypsin	Entzündungen, postop. und posttraumatische Entzündungs- und Schwellungszustände
Serrapeptase	Entzündlich bedingte Schwellungen und Eiterungen
Bromelain	Entzündliche Prozesse mit Ödem, Unterstützung einer Tumortherapie, Schwellungen nach Sport
Lysozym	Lokalbehandlung infektiöser u. entzündlicher Erkrankungen im Mund/Rachen
Trypsin, Papain, Bromelain,	Rheumatische Erkrankungen, Entzündungen mit Ödem
Bromelain, Trypsin Rutosid	Entzündungen aller Art
Penkeratin, Trypsin Chymotrypsin, Bromelain Papain, Rutosid	Entzündungen aller Art
Papain, Trypsin Chymotrypsin	Tumortherapie, Viruserkrankungen

Die Zusammenstellung gestaltet sich je nach Art und Enzymkombination.
Es gibt verschiedene Firmen, die eine geeignete und effektive Kombination bieten. Anhand der Produktmuster, die mir als Therapeutin zur Verfügung gestellt werden, empfehle ich meist die Produkte der Firma Mucos, da ich die meiste Erfahrung mit diesen Präparaten habe.

Samora Klostersalz in Verbindung mit der Akupunkturmassage nach Penzel

Die Akupunkturmassage nach Penzel
(Willy Penzel, 1918-1985, war der Begründer dieser Therapie)

Die Penzel-Therapie basiert auf der „Traditionellen Chinesischen Medizin“ (TCM). Viele Heilungserfolge motivierten ihn, weiterzuforschen und seine Therapieform auszubauen. Obwohl Willy Penzel weder Arzt noch Heilpraktiker war, hat sich die Therapie des ehemaligen Masseurs und Bademeisters bis heute immer mehr Freunde geschaffen. Die Erfolge seiner Spezialmassagen sprachen nicht nur damals für sich. Heute gibt es sogar eigene Therapiezentren.

Über die spezielle Yin-Yang-Massage, über die Akupunkturpunkte sowie über die Meridianmassage können alle Bereiche des Körpers erreicht werden, z. B. alle inneren Organe wie Leber, Nieren, Milz, Magen und Darm. Natürlich auch die Haut, das Nervensystem, das Gehirn und so weiter – eben alle im Körper befindlichen Organe und Organsysteme.

Es liegt nahe, dass man mittels der Samora Klostersalzmethode die Organe zur Entgiftung anregt und mit Hilfe der Enzyme den Körper säubert.

Zusammenfassung:
1. Ich entgifte gezielt meinen ganzen Körper über die Akupunkturmassage nach Penzel und

2. leite Schadstoffe und die Entzündungsmediatoren mit Hilfe der Enzyme aus.

3. Durch die selbst hergestellte Eigennosode entgifte ich ganz speziell über meine eigenen Körpersäfte.

Das mag für Sie alles noch etwas verwirrend klingen aber das Rätsel (sofern man es so nennen mag) wird sich bald lösen.

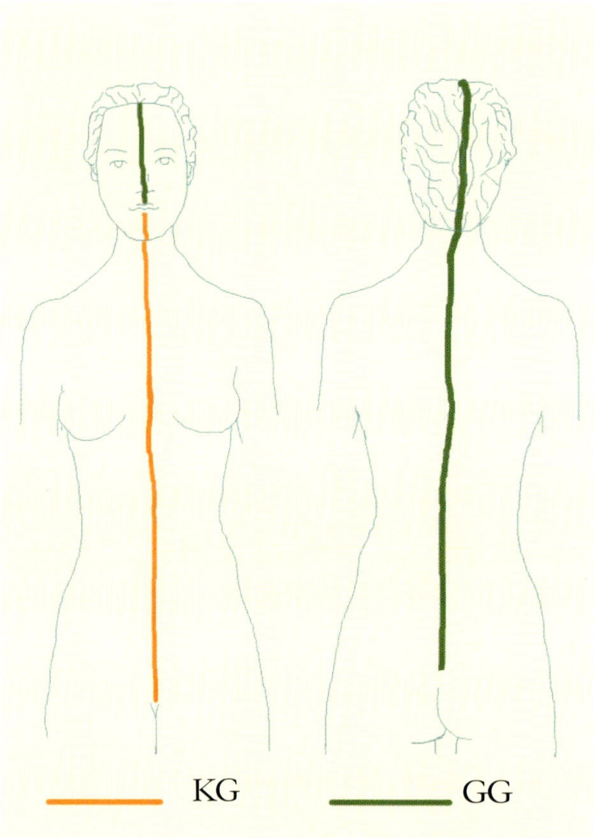

Die beiden Meridiane: *Konzeptionsgefäß* (KG) und *Gouverneursgefäß* (GG) sind jeweils ein Yin- und ein Yang-Meridian.
Diese beiden Meridiane bilden den Mittelpunkt der Penzel-Therapie.
Die Akupunkturpunkte, die auf dem Konzeptionsgefäß *(KG) Yin* liegen, so weiß man heute, haben nicht nur Verbindungen zu anderen Meridianen. Vielmehr findet Yin seinen Wirkungsgrad in der Unterstützung der Entgiftungsorgane. Niere, untere Beckenorgane, Magen, Lunge, Haut und der Darm lassen sich von Ihnen beeinflussen.
Das Gouverneursgefäß (GG) *Yang* findet seinen Schwerpunkt im Nervensystem, d. h. Krankheitsbilder sind hier Ischialgien, Lumbalgien, also alle Störungen im Halswirbelsäulen-, Brustwirbelsäulen- und Lendenwirbelsäulenbereich.
Leber und Gallenblase, genauso wie der Magen und auch die Lunge und die Bronchien sind über diesen Meridian anzusprechen.

Diese beiden Meridiane kommunizieren also mit dem ganzen Körper. Sind sie in Harmonie, erfährt der ganze Körper einen Ausgleich. Diese Yin- und Yang-Meridiane stehen im Mittelpunkt der Penzel-Ttherapie, weil sie die Verbindung zu allen Organen und Körpergeweben sind.

Die Akupunkturmassage mit Samora Klostersalz hat sich als eine der effektivsten Entgiftungstherapien bewährt. Bloßes Einreiben nach der Massage auf die beiden Meridiane über einen bestimmten Zeitraum (je nach Schwere der Krankheit) führt zur schnellen Linderung der Symptome.

Schlackestoffe, die sich lösen, belasten allerdings die inneren Entgiftungsorgane. Ohne die Einnahme der Enzyme würde unser überlasteter Körper also mit dem „Müll“ nicht fertig werden.

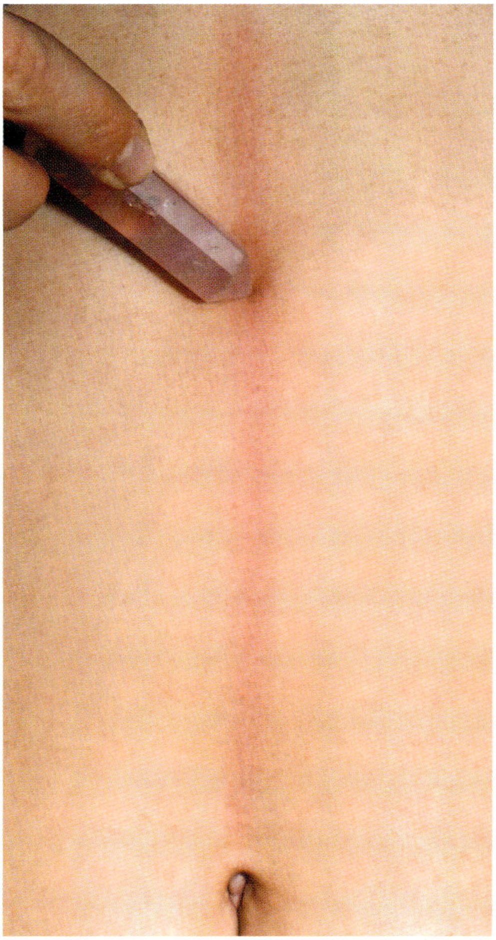

Fahren Sie mit dem Massagestab die Meridiane so lange auf und ab, bis sich eine deutliche Rötung zeigt. Anschließend reiben Sie die geröteten Hautzonen mit Samora Klostersalz sanft ein.

Bitte achten Sie während der Behandlung stets auf eine tägliche Mindesttrinkmenge von 3 bis 4 Litern Flüssigkeit. Hierzu empfehle ich Wasser oder ausleitende Tees.

Samora Klostersalz in Kombination mit Heilzonen

Heilzonen - was ist das?

Innere Organe, Körpergewebe, Nerven und Hormonsysteme stehen in Kontakt mit bestimmten Hautarealen. Über diese Hautzonen erreicht man gestörte Systeme. Diese Hautzonen wurden in den letzten Jahrzehnten ausreichend erforscht und die Wirksamkeit über diese Zonenbehandlung wird selbst von Schulmedizinern nicht mehr bestritten. Allerdings wird dieses Wissen in der Schulmedizin kaum zur Anwendung gebracht, weil die Krankenkassen die Kostenübernahme verweigern.

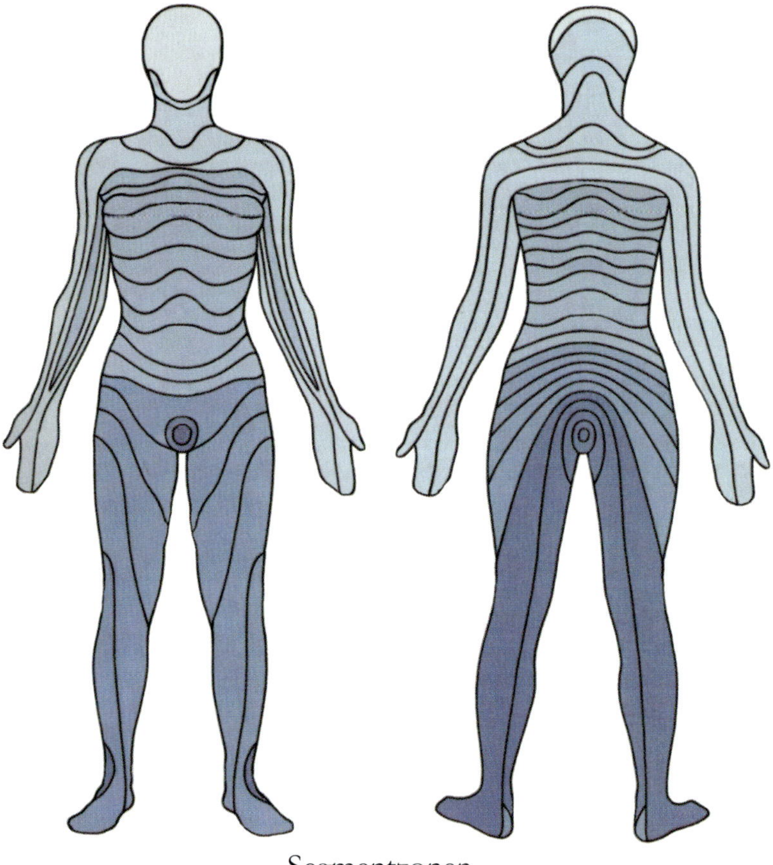

Segmentzonen

Die Neuraltherapie und ausleitende Verfahren wie Baunscheidtieren und das blutige sowie das trockene Schröpfen basieren auf dem Wissen der **Segmenttherapie.**

Ich versuche, Ihnen in einem kurzen Beitrag den Wirkmechanismus und den Unterschied der einzelnen Therapien darzustellen.

Wichtig ist für Sie, wie Sie dieses Wissen für die Samora Klostersalzmethode nutzen können. Es wird Sie erstaunen, wie einfach und logisch sich der gordische Knoten löst und wie schnell Sie dieses Wissen ohne weitere Hilfsmittel anwenden können. Die sofortige Verfügbarkeit des Samora Klostersalzes und das Wissen über den unkomplizierten Einsatz machen die Kombination bei spontan auftretenden Beschwerden zu einem unersetzlichen Helfer.

Die Neuraltherapie begründet sich im Wesentlichen auf Körpersegmente, die das gesamte neurovegetative System mit seinen zellulären und humoralen Regelkreisen erfasst. Nach diesen Körperzonen richtet sich die Therapie, wobei ein Therapeut gezielt Procain- oder Lidocaininjektionen setzt.

Die Behandlung von Störfeldern ist ebenso eine wichtige Domäne in der Neuraltherapie. Störfelder, die eine Erkrankung des gesamten Organismus zur Folge haben, sind keine Seltenheit.

Meistens befinden sich die Störfelder im Kopfbereich. Nervtote Zähne, verlagerte Zähne, Zysten, Wurzelreste, Fremdkörper, vereiterte Tonsillen sowie Nasennebenhöhlen und Stirnhöhlen sind nur einige dieser Störfelder. Die Quaddelung des Dornenkranzes ist eine erfolgrei-

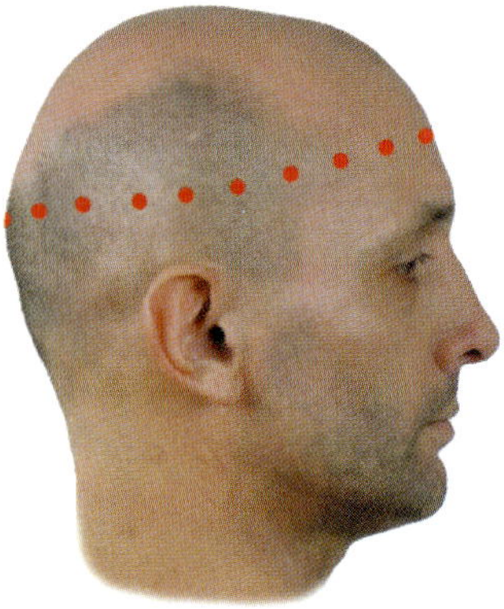
Quaddelpunkte für Dornenkranz

che Therapie bei allen Kopfschmerzen und sogar Migräne. Mit Klostersalz habe ich den Dornenkranz unblutig durchführen können. Selbstverständlich können Sie auch selbst an diesem Bereich behandeln.

Der Kopf ist besonders anfällig für diese Störfelder und wenn man bedenkt, dass jedes einzelne Störfeld den ganzen Körper mit einer völlig andersartigen Krankheit segnen kann, ist die Behandlung des Kopfes mit Klostersalz in jedem Fall durchzuführen.

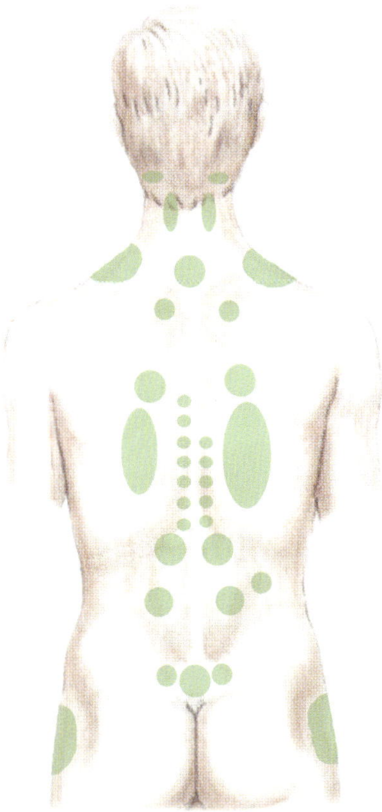
Haedsche Körperzonen

Das Baunscheidtieren (der Baunscheidthammer wird auch Lebenswecker genannt) ist eine Therapie, die ausschließlich zur Ausleitung eingesetzt wird. Darunter versteht man, dass Krankheiten aus der Verschlakkung der Körpersäfte und Gewebe entstehen. Diese Verschlackung über so genannte Haedsche Körperzonen (siehe Abbildung links) zu entfernen, ist Aufgabe des Baunscheidtierens.
Die Baunscheidtmethode selbst wird mit einem Lebenswecker (siehe Abbildung rechts) durchgeführt. Dieser Nadelhammer wird einige Male kräftig auf die Haut geschlagen, wobei kleine Blutungen auftreten. Das anschließende Einreiben mit einem speziellen Öl lässt nach Stunden teils Blut, Eiter und Gewebswasser austreten. Die so durchgeführte Entgiftung gehört natürlich wegen der erhöhten Gefahr der Wundinfektion in die Hand eines ausgebildeten Therapeuten. Die Therapie mit dem Samora Klostersalz ist jedoch auch in diesem Fall für jeden Patienten selbst durchführbar.

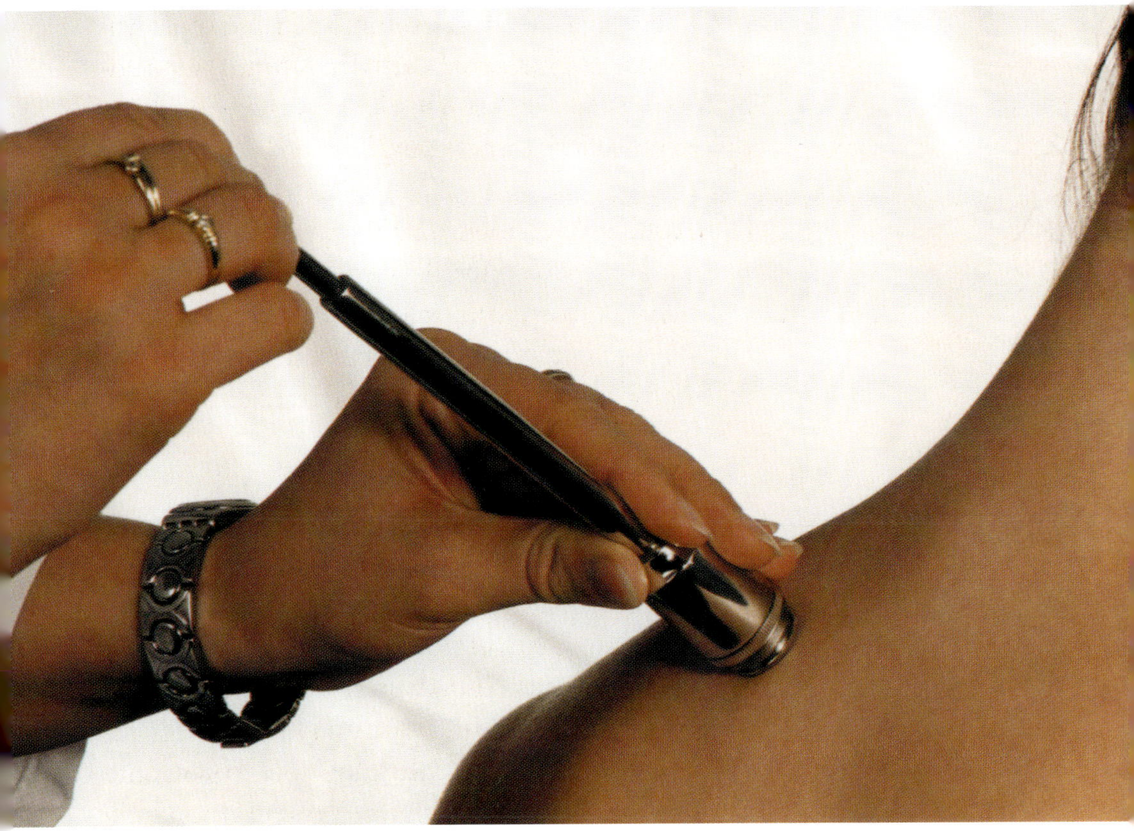

Der Lebenswecker in der Anwendung

Die Entgiftungsfunktionen werden über die Haut durchgeführt, ohne diese zu schädigen und ohne eine darauf folgende Infektionsgefahr. Mit den ausleitenden Therapien habe ich in meiner Praxis enorme Erfolge erzielt. Deshalb begrüße ich die unblutige Methode der alten Therapieform. Die Erfahrung hat gezeigt, dass die Erfolge mit der Samora Klostersalztherapie den der anderen Methoden in nichts nachstehen.

Der Vorteil für Sie liegt auf der Hand: einfache Anwendung ohne Nebenwirkung, die jederzeit und an jedem Ort durchführbar ist.

Samora Klostersalz und die Salbung der Augen

Die Augen spielen in der ganzheitlichen Medizin eine Extrarolle. Das Verhältnis zum übrigen Körper ist ähnlich wie bei den Kopfzonen zu betrachten. Die müden Augen, die Sie aus dem Spiegel ansehen, wenn Sie die Nacht nicht gut geschlafen haben oder die Nacht durchgefeiert haben, sind für jeden von uns lesbar. Alles Schminken oder Teebeutel, die das Malheur beheben sollen, wirken nicht. Die roten Zeichnungen in den Konjunktiven lassen sich nicht wegretuschieren.
Auf was deutet das hin?
Krankheiten kann jeder erfahrene Therapeut aus den Augen ablesen. Die Zahl der roten Gefäßzeichen, die je nach Belastung auch mal stark ins „Auge stechen" oder fast nicht auffallen, deuten wie ein Messinstrument auf die Belastung im Körper hin.

> Krankheitsbilder - ob akut, chronisch oder durchlebte Krankheiten- zeigen sich in der Iris.

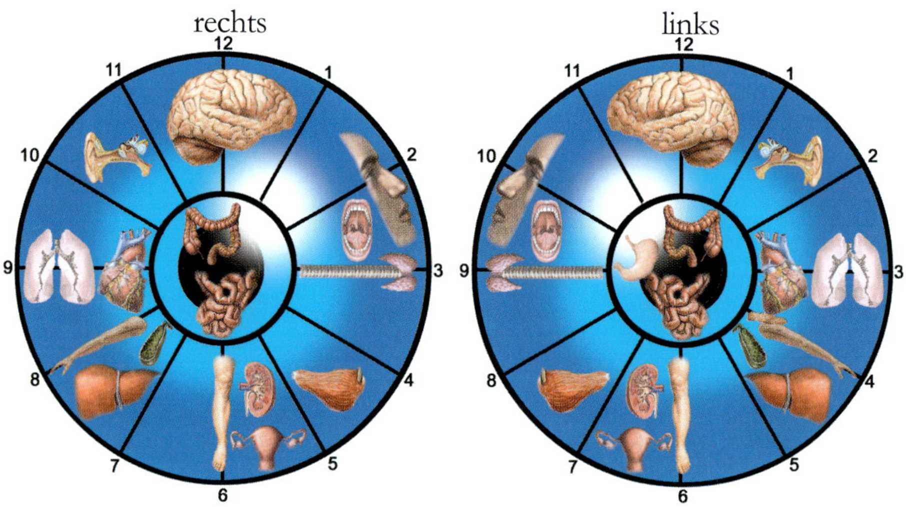

Die Lage der Organe auf der Iris

Die Iris ist eine Landkarte des gesamten Körpers, die dem Therapeuten Einblicke in die Krankheitsgeschichte des Körpers gibt. Selbst der Konstitutionstyp lässt sich hervorragend ablesen und der Therapeut weiß sofort, worauf er sein Augenmerk bei der Behandlung legen muss.

Woher wussten wohl vor über 200 Jahren Ärzte etwas von diesen Dingen? Die Erfahrung, die über Generationen niedergeschrieben wurde, kommt - wenn auch nur bruchstückhaft - zu uns. Dieser wissensdurstige Arzt, der in der alten Schrift die grundsätzliche Einreibung der Augen mit dem Elixier verordnete, wusste genau, was er tat. Über 40 Berufsjahre lang sammelte er seine Erfahrungen und schrieb sie peinlich genau nieder.

Eine durchfeierte Nacht oder zu wenig Schlaf zeigt sich ganz deutlich in den Konjunktiven, die sich dann deutlich röten. Diese Rötung verschwindet meist erst nach 48 Stunden. Der Zusammenhang der Konjunktiven mit dem zentralen Stoffwechselorgan Leber wird bei diesem Beispiel klar.

Die Einreibung der Augen am Abend lässt vermuten, dass über die geschlossenen Augen die Leber auf jeden Fall beeinflusst wird.

Aber nicht nur die Leber, sondern der gesamte Körper profitiert von der Salbung der Augendeckel.

In diesem Zusammenhang ist die Therapieform der Augenakupunktur, die in den späten sechziger Jahren von Prof. Jing San in der Volksrepublik China entwickelt wurde, als therapiegeschichtlich sehr wichtig einzustufen. Grundlage dieser Augenakupunktur ist die Beziehung der Augen zu den inneren Organen.

Warum ist der Kopf als Einreibezone wichtig für die Genesung?

Der Körper verfügt über die vielfältigsten Entgiftungsorgane. Jedes Organ hat eine oder mehrere Körperzonen; diese können sich schmerzhaft, durch Verdickung, durch Schuppen, durch Jucken oder einem Mix aller Symptome äußern.
Es ist Ihnen sicher schon öfter passiert, dass ohne ersichtlichen Grund Ihre Haut an einer bestimmten Stelle aufgeplatzt ist, der Kopf vielleicht monatelang juckt, im Gesicht an einer Stelle immer wieder Unreinheiten auftreten. Das alles können Zeichen für eine mangelnde Entgiftung sein. Der Körper zeigt meistens über die Haut sein Begehren, seinen Notstand. Das Lesen dieser Hautauffälligkeiten ist bei einiger Aufmerksamkeit keine große Kunst. Sollte Ihnen das nächste Mal der Rücken immer wieder am gleichen Punkt schmerzen, denken Sie an die entsprechende Körperzone (Haedsche Zone). In diesem Buch finden Sie eine Übersicht der wichtigsten Körper-, Fuß-, Hand- und Kopf-Zonen.

Der Kopf spielt nicht nur bei der Genesung durch die Samora Klostersalzmethode eine ganz wesentliche Rolle. Der Grund der Wichtigkeit liegt in der engen Belegung mit Meridianen, die mit allen zentralen Entgiftungsorganen kommunizieren. Dass so oft Kopfschmerzen auftreten, ist bei der Vielzahl der Meridiane, die auf dem Kopf liegen, kein Wunder. Das Wort „Kopfschmerz" bekommt eine völlig neue Bedeutung.

Besonders auffällig ist beispielsweise das Auftreten des so genannten Leber-Kopfschmerzes. Dieser Schmerz bildet ein eigenes Schmerzmuster, das aussieht wie ein kleines Mützchen, das die Schädeldecke umklammert.

Das Wort „umklammern“ ist auch die richtige Beschreibung für diese Art Schmerz.

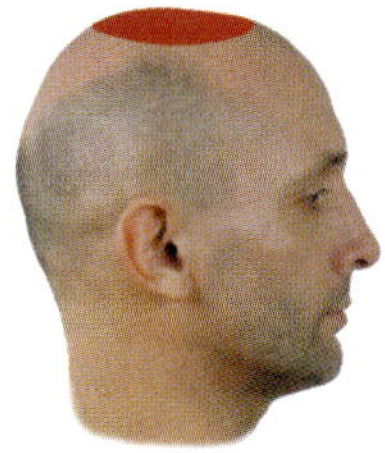

Leberzone am Kopf

Die Lage der Zone deutet auf die beschriebene Einreibestelle für den Schädel aus der alten Originalschrift. Es wird klar, warum dieser Mediziner um 1920 aus Erfahrung diese Zone zur unbedingten Einreibung gewählt hat. Wenn der Körper seine Schlacke und Giftstoffe nicht entfernen kann, zeigt er dies mit einem heftigen Schmerz an der betreffenden Stelle. Die Leber ist also das wichtigste und auch zentrale Entgiftungsorgan.
Die Zusammenhänge werden deutlich und bei der genauen Analyse der alten Schrift und ihrer Erfolge wird uns allen die enorme Hilfe und Erleichterung bewusst, die die uralte vergessene Methode bringt.

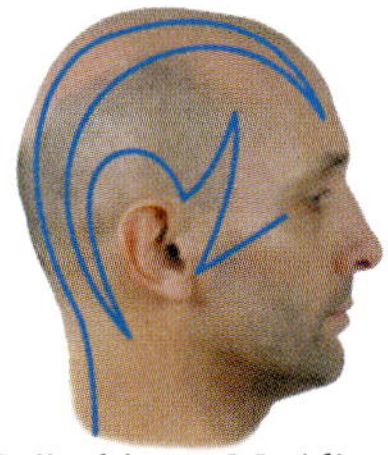

Gallenblasen-Meridian am Kopf

Weitere wichtige, keinesfalls untergeordnete Meridiane und Organzonen spielen eine ebenso wichtige Rolle in der Samora Klostersalzanwendung.
Der Gallenblasen-Meridian, der Blasen-Meridian und der Magenmeridian:

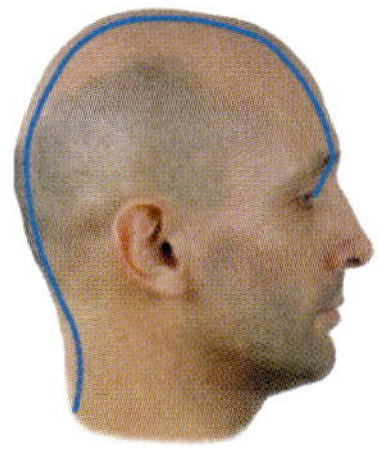

Blasen-Meridian am Kopf

Jeder Einzelne dieser Meridiane hat sein eigenes Schmerzmuster, das allerdings oft mit dem Schmerz eines oder mehrerer anderer Schmerzmuster gekoppelt auftritt.

> Kein Organ im Körper existiert in Isolation. Jedes Organ hat eine tausendfache Verbindung über Nerven, Blut, Hormone und Gewebe.

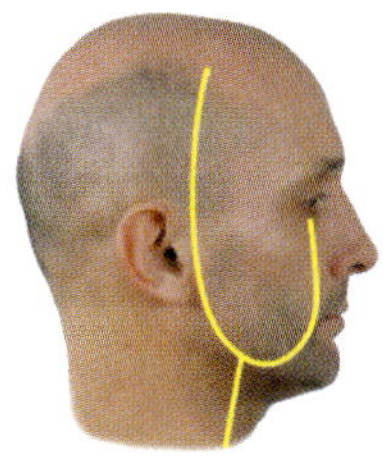

Magen-Meridian am Kopf

Die Eigennosode

... ist neben Samora Klostersalz eine wichtige Ergänzung in Sachen Entgiftung.

Eigentlich sprengt es den Rahmen des Buches, wenn ich Ihnen die Möglichkeiten der Behandlung mittels einer Eigennosode beschreibe. Ich habe lange mit mir gerungen, ob ich das Thema ganz weglasse, es nur kurz anspreche oder ausführlich auf dieses wichtige Thema eingehe. Die Entscheidung, das Buch um das Kapitel Eigennosode zu bereichern war richtig, da Sie sonst wohl kaum an diese Informationen herankommen.

Im Internet sowie auf dem Büchermarkt habe ich mich gründlich umgesehen und keine Schrift gefunden, die das Thema Eigennosode behandelt, sondern nur allgemeine Ausführungen über Nosoden in der Praxis. Sicher haben Sie das Wort noch nie gehört und deshalb möchte ich Ihnen diese Therapieform etwas näher bringen.

Was ist eine Eigennosode?

Unter Nosoden versteht man Mittel, die in Ihrem eigenen Körper gewonnen werden: Blut, Sputum, Urin, Hautschüppchen, Nasensekrete usw.

Wenn Sie das lesen, wird Ihnen sicher ganz anders. Aber genau das, was Sie an krankmachenden Stoffen in Ihrem Körper haben, dient Ihm auch wieder zu Heilung.

An dieser Stelle ein Beispiel: Wenn Sie von einer Biene gestochen werden, bekommen Sie das homöopathische Mittel Apis in einer Potenz von D3 bis D6. Das ist Bienengift, das nach innerlicher und äußerlicher Verabreichung abschwellend und schmerzlindernd wirkt.

Ähnlich der von Hahnemann entwickelten Homöopathie (Gleiches mit Gleichem in stark verdünnter Form heilen), wirkt auch die Eigennosode, wenn sie homöopathisch potenziert ist.
Das bedeutet, dass Ihre Körpersäfte und Gewebe in einem speziellen Herstellungsverfahren homöopathisch potenziert werden.
Alle Giftstoffe - aus Stoffwechselschlacken, der Umwelt und aus der Nahrung -, die Sie belasten und eine Krankheit auslösen, sind genauso vorhanden wie Bakterien, Vieren und Pilze. Ihr Eigenmuster findet sich in der Nosode wieder, denn jeder Mensch hat sein eigenes Krankheitsmuster. Wie könnte man sich besser therapieren als mit dem eigenen Medikament und dadurch auf lästige Nebenwirkungen verzichten.

Die Besonderheit der Eigennosode liegt darin, den Körper zu entgiften. Amalgambelastungen werden genauso angesprochen wie Medikamentenrückstände. Übrigens, Amalgam besteht aus über 50 % Quecksilber.

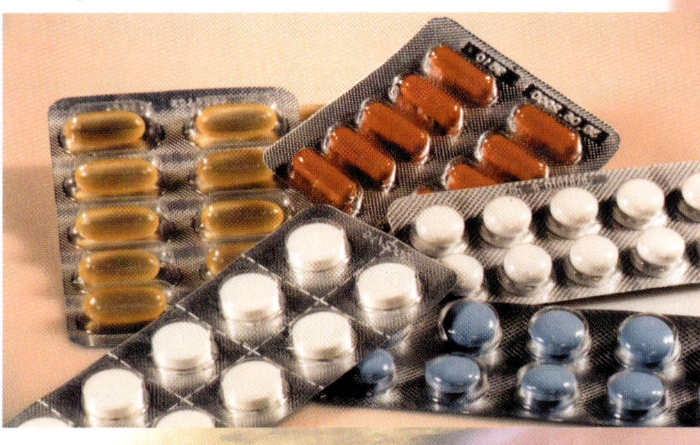

> Jede Art der Therapie in Kombination mit der Eigennosode ist um ein Vielfaches potenter in der Wirkung und sollte standardmäßig in das Behandlungskonzept eingebunden werden .

Auch die so genannte Erstverschlimmerung ist in der Homöopathie stets ein Zeichen dafür, dass das richtige Mittel gewählt wurde. Die Eigennosode ist immer das richtige Mittel, weil das körpereigene Muster stets getroffen wird.

Findige Arzneimittelhersteller haben die Vorteile der Eigennosode schon länger entdeckt und stellen diese Nosoden her.
Das funktioniert so: Bei Ihrem Therapeuten werden Ihnen Ihre Körpersäfte entnommen. Dann werden sie zur Weiterverarbeitung in das Pharmaunternehmen geschickt. Sie wissen sicher, dass es jedem Arzt und Heilpraktiker verboten ist, Medikamente herzustellen. Nur der Apotheker darf das und Apotheker sind die verantwortlichen Hersteller in der Pharmaindustrie. Deshalb ist es leider nicht mehr möglich, preiswert hergestellte Nosoden durch einen Arzt oder Heilpraktiker fertigen zu lassen. Die heutigen Kosten für dieses alternative Heilmittel betragen einige hundert bis einige tausend Euro.

> Wenn Sie allerdings eine Nosode selbst herstellen, kann Ihnen das niemand verbieten und sie kostet nur wenige Euro und etwas Zeit.

Für das Herstellungsverfahren der Eigennosode bis zu einer D12-Potenz benötigen Sie 14 Stück 50 ml Braunglasflaschen mit Tropfeinsatz, 14 kleine Etiketten, eine Spritze 50 ml ohne Nadel und ca. ¾ Liter 40%igen Alkohol (Sie können einen ganz einfachen Kornbrannt nehmen).

Wenn Sie alles besorgt haben, stellen Sie alle 14 Flaschen ohne Verschluss in einer Reihe auf den Tisch oder noch besser auf ein Tablett. Sie nehmen sich dann die 14 kleinen Etiketten und beschriften diese wie folgt:

- 1. Körpersäfte
- 2. Urtinktur
- 3. D1
- 4. D2
- 5. D3
- 6. D4
- 7. D5
- 8. D6
- 9. D7
- 10. D8
- 11. D9
- 12. D10
- 13. D11
- 14. D12

Dann nehmen Sie die Etiketten und kleben sie in der Reihenfolge von links nach rechts auf die Flaschen. Es ist wichtig, dass Sie die Reihenfolge strikt beachten und hierbei keinen Fehler machen.

- Sie nehmen die erste Flasche mit dem Etikett *Körpersäfte* und geben alle Körperflüssigkeiten in kleinen Teilen hinein, das heißt: Sie spucken direkt in das Fläschchen, nehmen einen Tropfen Blut aus der Fingerbeere oder dem Ohrläppchen, einige Tropfen Urin oder Nasensekret (dies ist wichtig bei chronischen Nebenhöhlenentzündungen), oder auch Hautschüppchen bei Ekzemen oder anderen Hauterscheinungen und geben alles zusammen in das 1. Fläschchen Körpersäfte.
- Nachdem Sie alles in der ersten Flasche haben, füllen Sie diese mit Alkohol bis zum Gewinde auf.

Sie schrauben jetzt bitte die Flasche mit dem Tropfer zu und verarbeiten den Ansatz wie folgt.
Bitte jetzt wieder genau aufpassen!

- Nehmen Sie die geschlossene Flasche in die geballte Faust und schlagen damit auf ein Kissen oder Ihren Oberschenkel zehnmal fest auf. Nach dem zehnten Mal stellen Sie die Flasche in die Reihe zurück. Dieses Ritual muss unbedingt so vollzogen werden, denn wenn Sie die Flasche nur kurz schütteln, bringt das gar nichts. *Potenzieren* kommt von dem Wort *Potenz*. Sie geben *Potenz*, das heißt Kraft in Ihr Heilmittel. Bitte beachten Sie das bei allen weiteren Schritten.

- Diese erste Flasche mit dem Etikett *Körpersäfte* lassen Sie nun 24 Stunden ruhen.
- Am nächsten Tag geht es weiter.
- Sie nehmen die restlichen 13 Flaschen und füllen diese mit 9/10 Alkohol. Das heißt, Sie befüllen die Spritze jeweils mit 45 ml Alkohol und füllen diesen in alle 13 Flaschen. Nach dem Befüllen stellen Sie alle wieder in der richtigen Reihenfolge auf.

- Nun fängt die eigentliche Herstellung an.
- Sie nehmen die Flasche *Körpersäfte* und füllen bis zum Flaschengewinde die nächste Flasche aus der Reihe - das ist die Urtinktur - auf. Nach dem Auffüllen verschrauben Sie diese mit dem Tropfer und verfahren wie bei der ersten Flasche. Das heißt zehnmal kräftig mit der Flasche in der Faust auf ein Kissen oder den Oberschenkel schlagen. Jetzt haben Sie eine **Urtinktur**. Stellen Sie diese wieder in die Reihe zurück. Damit Sie nicht durcheinander kommen, ist es wichtig, die Reihenfolge einzuhalten. Zusätzlich empfehle ich Ihnen, die potenzierten Flaschen mit einem Stift zu kennzeichnen.
- Nun nehmen Sie die nächste Flasche mit der Aufschrift D1 aus der Reihe und verfahren genauso wie bei der letzten Flasche. Sie füllen mit der potenzierten Flasche Urtinktur die Flasche D1auf und potenzieren diese wie gewohnt und stellen sie wieder in die Reihe zurück.

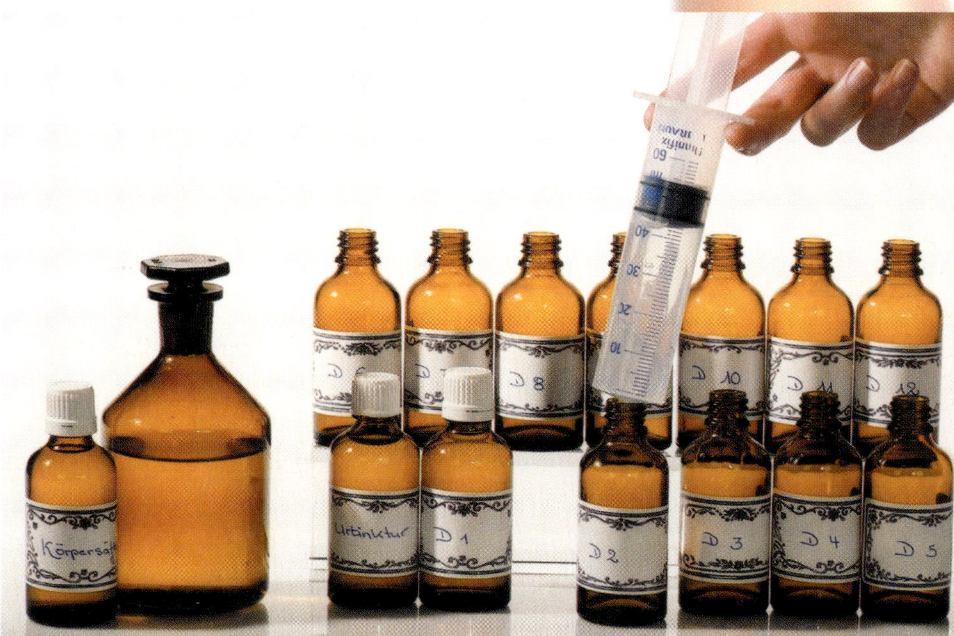

- Die nächste Flasche in der Reihe ist die D2. Sie nehmen die D1 und verfahren wie vorher.
- Die D2 auf die D3, dann die D3 auf die D4, die D4 auf die D5 usw., bis Sie die letzte Flasche, die D12, potenziert haben.

Nun haben Sie sich eine Eigennosode bis zu D12 hergestellt. Das heißt für Sie, ein potentes homöopathisches Mittel zu haben, mit dem Sie alle Toxine, Bakterien, Pilze und Viren für das Immunsystem sichtbar machen.

Die Einnahme erfolgt nach den klassischen Regeln der Homöopathie, wobei ich empfehle, die verschiedenen Potenzen alle nacheinander zu nehmen. Das heißt, Sie nehmen den Inhalt aller Flaschen, von der D12 bis zur D1.

Sie fangen an mit der

- **D12** und nehmen, bis die Flasche leer ist, 2-mal täglich 5-10 Tropfen.
- **D11, D10, D9, D8, D7,** genauso und von der
- **D6** nehmen Sie 3-mal täglich 5-10 Tropfen.
- Für **D5** bis **D1** gilt die gleiche Einnahmevorschrift wie für **D6**.
- Selbstverständlich können Sie Ihre Eigennosode auch für äußerliche Anwendungen nutzen.
- Wichtig ist, dass Sie die Flaschen grundsätzlich leeren, bevor Sie die nächste anwenden.
- Die Urtinktur können Sie aufheben, für den Fall, dass Sie eine Flasche verlieren oder eine kaputt geht. Dann können Sie Ihre Potenz neu fertigen. Wenn Sie die Urtinktur verlieren, ist das nicht möglich.
- Die Flasche Körpersäfte **entsorgen** Sie bitte. Die dürfen Sie auf keinen Fall einnehmen.

Kinder von 6 bis 16 Jahren können die halbe Dosis nehmen, für Kinder unter 6 Jahren gilt eine Viertel Dosis.

Noch ein Tipp:
Die Eigennosode lässt sich auch zur homöopathischen Desensibilisierung bei Allergikern einsetzen.

Wichtig:
Sie sollten hierbei darauf achten, dass Sie die Körpersäfte zu der Zeit abnehmen, zu der Sie am stärksten allergisch reagieren. Die Herstellung und die Einnahme ist jedoch die gleiche wie zuvor beschrieben.

Samora Klostersalz als homöopathisches Mineralsalzmittel

In den Urmeeren war eine bestimmte Konzentration von Mineralsalzen und Mineralien zu finden. Diese Auswahl an Mineralien finden wir deshalb logischerweise in unserem Blut, denn alles Leben kommt aus dem Meer. In den Körpersäften und Organen finden wir diese Mischung wieder, und zwar im etwa gleichen Mischungsverhältnis wie das Salz aus den Urmeeren.

Der Körper braucht diese fein aufeinander abgestimmten Mineralstoff-Konzentrationen für die reibungslose Funktion der Stoffwechselvorgänge. Fehlen durch einseitige Natriumchloridzufuhr die kostbaren anderen Salzmineralien, kommt es nicht nur zu einem Mangel, sondern auch zu einer gestörten Zelltätigkeit und damit zu einer gestörten Ver- und Entsorgung der Gewebs- und Organzellen.

Chronische Krankheiten durch mangelnde Stoffwechselfunktion sind die Folge. Bereits vor mehr als einhundert Jahren erkannte der Arzt Dr. Wilhelm Heinrich Schüßler, dass in den wichtigsten Zellnährstoffen viele Mineralsalze enthalten waren. Dr. Schüssler überlegte seinerzeit, wie die Aufnahme der Mineralsalze durch die Homöopathie gefördert werden könne.

Dr. Schüßler fand heraus, dass die Zuführung der Mineralstoffe, in ganz geringen Mengen und über die Mundschleimhaut, den effektivsten Reiz setzt.

Deshalb empfehle ich, sich vom Samora Klostersalz ein homöopathisches Mittel anzufertigen und somit die körperliche Aufnahme effektiver zu gestalten.

Die Schüßlersalze gibt es in den Potenzen D3, D6 und D12. Hier wird schon deutlich, dass keine eigentlichen Substanzen mehr vorhanden sind, aber es reicht, um einen Heilreiz zu setzen.
Das Samora Klostersalz sollte meiner Meinung nach in einer D12-Potenz hergestellt werden. Damit habe ich die besten Erfahrungen gemacht.
Das Verfahren zur Herstellung ist das von Hahnemann bestimmte und folgt den Regeln der klassischen Homöopathie

Für das Herstellungsverfahren des homöopathischen Samora Klostersalzes bis zu einer D12-Potenz benötigen Sie die gleichen Flaschen mit Etiketten, Spritze und Alkohol wie bei der Herstellung der Eigennosode (siehe vorheriges Kapitel).

Wenn Sie alles besorgt haben, stellen Sie alle 14 Flaschen ohne Verschluss in einer Reihe auf den Tisch oder noch besser auf ein Tablett. Sie nehmen sich dann die 14 kleinen Etiketten. Und beschriften diese wie folgt:

- **1. Samora Klostersalz**
- **2. Urtinktur**
- **3. D1**
- **4. D2**
- **5. D3**
- **6. D4**
- **7. D5**
- **8. D6**
- **9. D7**
- **10. D8**
- **11. D9**
- **12. D10**
- **13. D11**
- **14. D12**

Dann nehmen Sie die Etiketten und kleben sie in der Reihenfolge von links nach rechts auf die Flaschen. Es ist wichtig, dass Sie die Reihenfolge strikt beachten und hierbei keinen Fehler machen.

➢ Sie nehmen die erste Flasche mit dem Etikett *Samora Klostersalz* und geben das Samora Klostersalz pur hinein (20 ml reichen).

➢ Nachdem Sie alles in der ersten Flasche haben, füllen Sie diese mit Alkohol bis zum Gewinde auf. Sie schrauben jetzt bitte die Flasche mit dem Tropfer zu und verarbeiten den Ansatz wie folgt. Bitte jetzt wieder genau aufpassen!

➢ Nehmen Sie die geschlossene Flasche in die geballte Faust und schlagen damit auf ein Kissen oder Ihren Oberschenkel zehnmal feste auf. Danach stellen Sie die Flasche in die Reihe zurück. Dieses Ritual muss unbedingt so vollzogen werden, denn wenn Sie die Flasche nur kurz schütteln, bringt das gar nichts. *Potenzieren* kommt von dem Wort *Potenz*. Sie geben *Potenz*, das heißt Kraft in Ihr Heilmittel. Bitte beachten Sie das bei allen weiteren Schritten.

- Diese erste Flasche mit dem Etikett *Samora Klostersalz* lassen Sie nun 24 Stunden ruhen.
- Am nächsten Tag geht es weiter.
- Sie nehmen die restlichen 13 Flaschen und füllen diese mit 9/10 Alkohol. Das heißt, Sie befüllen die Spritze jeweils mit 45 ml Alkohol und füllen diesen in alle 13 Flaschen. Nach dem Befüllen stellen Sie alle wieder in der richtigen Reihenfolge auf.
- Nun fängt die eigentliche Herstellung an.
- Sie nehmen die Flasche *Samora Klostersalz* und füllen bis zum Flaschengewinde die nächste Flasche aus der Reihe - das ist die Urtinktur - auf. Nach dem Auffüllen verschrauben Sie diese mit dem Tropfer und verfahren wie bei der ersten Flasche. Das heißt zehnmal kräftig mit der Flasche in der Faust auf ein Kissen oder den Oberschenkel schlagen. Jetzt haben Sie eine Urtinktur. Stellen Sie diese wieder in die Reihe zurück. Damit Sie nicht durcheinander kommen, ist es wichtig, die Reihenfolge einzuhalten. Zusätzlich empfehle ich Ihnen, die potenzierten Flaschen mit einem Stift zu kennzeichnen.
- Nun nehmen Sie die nächste Flasche mit der Aufschrift D1 aus der Reihe und verfahren genauso wie bei der letzten Flasche. Sie füllen mit der potenzierten Flasche Urtinktur die Flasche D1 auf, potenzieren diese und stellen sie wieder in die Reihe zurück.
- Die nächste Flasche in der Reihe ist die D2. Sie nehmen die D1 und verfahren wie vorher.
- Die D2 auf die D3, dann die D3 auf die D4, die D4 auf die D5 usw., bis Sie die letzte Flasche, die D12, potenziert haben.

Nun haben Sie sich Ihre homöopathischen Samora Klostersalztropfen bis zu einer Potenz D12 hergestellt. Das heißt für Sie, ein potentes homöopathisches Mittel zu haben, um einen Reiz für die Aufnahme des Samora Klostersalzes zu setzen.

Die homöopathischen Samora Klostersalztropfen nehmen Sie ausschließlich in der D6- oder D12-Potenz.
Sie fangen an mit der

- D12 und nehmen, bis die Flasche leer ist 2-mal täglich 5-10 Tropfen.
- Anschließend nehmen Sie von der D6 3-mal täglich 5-10 Tropfen, bis auch diese Flasche leer ist.
- Selbstverständlich können Sie Ihre Samora Klostersalztropfen auch für äußerliche Anwendungen nutzen.

Sie sollten bei jeder Art von Beschwerden immer auch die homöopathischen Tropfen nehmen.

Der Behandlungszeitraum wird damit verkürzt und die Reaktion erhöht.

Urtinktur
Klosters
D 1
D 2
D 3
D 4
D 5
D 6
D 12
D 11
D 10
D 9
D 8
D 7

Physiognomie (Antlitzdiagnose)

Erkenne dein Gesicht als Spiegel deiner Gesundheit

Carl Huter (1861 - 1912) war der Begründer der Physiognomie. Das Wissen dieses Mannes war der Grundstock für eine neue Diagnoseform. Die heutigen Zungen-, Reflexzonen- und Antlitzdiagnostiker benötigen keine technischen Apparate und der Vorteil der Pathosphysiognomie besteht darin, noch klinisch gesunde Organe, die aber schon geschwächt sind, zu erkennen und frühzeitig größeren Schäden entgegenzusteuern.

Auch seelische Störungen, Stress, Umwelteinflüsse und Ernährungsfehler lassen sich im menschlichen Gesicht lesen. Für den Kundigen ist die frühe Chance der Erkennung und der Entschlüsselung von Krankheiten oder der Disposition zu einer Krankheit der erste Weg zur Heilung. Die Vorteile liegen auch für den Laien klar auf der Hand. Mit einem Grundwissen der Antlitzdiagnose ist wieder ein Baustein zur Körpererkennung dazugekommen. Sie werden in diesem Kapitel einige wichtige Veränderungen der Mimik kennen lernen.

Achten Sie auf alles, was sich im Lauf der Jahre schleichend manifestiert hat, und vergleichen Sie frühere Bilder mit Ihrem heutigen Gesicht. Leberflecken, Falten, Rötungen, Schwellungen, Aufhellungen sowie teigige und großporige Haut deuten oft auf ein organisches Leiden hin. Oft sind noch keine klinischen Befunde festzumachen, aber die Schwäche des Organs zeigt sich schon in Ihrem Gesicht.

Seelische Verstimmungen, besonders wenn sie dauerhaft sind, hinterlassen ihr Muster ebenfalls im Antlitz.

Die Einführung in dieses Wissensgebiet wird für Sie in Zukunft eine große Hilfe darstellen. Sie werden sich dabei ertappen, wie Sie ihre Mitmenschen und sich selbst genauer beobachten, und Schritt für Schritt den Dingen etwas näher kommen.
So wird Ihr Auge mehr und mehr geschult. Mit Stolz werden Sie nach einiger Zeit entdecken, dass sich nach fachgerechter Behandlung auf den Hautzonen im Gesicht mit Samora Klostersalz die Haut in ihren Konturen wieder weicher zeichnet. Schwellungen und Rötungen, die Sie bislang immer überschminken mussten, verschwinden.

Für diese Kapitel gilt: **Der Weg ist das Ziel!**

Bei diesem sehr ebenmäßigen Gesicht sind keine Krankheitszeichen erkennbar.

Zur Behandlung der Gesichtshaut sollten Sie die Zonen regelmäßig mit dem Samora Klostersal-Elexier salben.

Merkmale	Krankheitsbild
Schmutzig-gelbes Hautkolorit	Leber-Galle-Erkrankungen
Großporige Haut	Lebertyp
Rote Nase	Starke Leberbelastung
Gelb-weiß belegte Zunge mit seitlichen Zahneindrücken	Starke Leberbelastung bis Zirrhose
Gelb-braune Farbschattierung im Unterlidbereich	Leberbelastung vom Darm her
Xanthelasmen (Fetteinlagerungen unter der Haut)	Fettstoffwechselstörungen
Rechte Augenbraue hochgezogen	Gallenblasenbelastung
Rechte Nasolabialfalte verstärkt und nach unten hinabgezogen	Leber-Galle-Erkrankungen
Linke Nasolabialfalte verstärkt und nach unten hinabgezogen	Schwächung des Magens oft mit Pankreas- und Milzbeteiligung
Teigige Verdickung im Bereich der unteren Unterlippenkante	Funktionelle oder auch organische Leber-Galle-Belastung

Das Lebergesicht

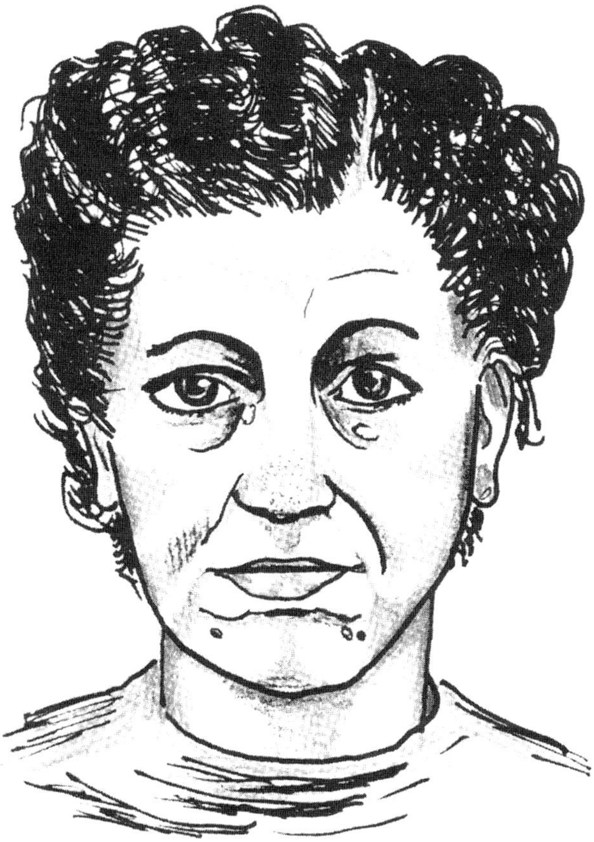

Merkmale	Krankheitsbild
Gelb-bräunliche Hautfarbe	Lebertyp
Bräunlich-gelbe Flecken	Leberbelastung vom Darm her
Weit auseinander liegende Gefäßreiserchen	Lange bestehende Lebererkrankung
Gefäßreiserchen näher beieinander liegend, beidseitig neben der Nase	Herzleiden (zur Unterscheidung)
Bräunliche Handflecken	Neigung zu Darmpolypen
Warze in der Nähe der Nasolabialfalte	Disposition zu Magen-Darm-Erkrankung
Gelblich pigmentierter Mundhof	Erkrankungen der Gallengänge und -blase
Gelblich pigmentierter Augenhof	Verdacht auf Gallensteine

Die Dyskrasie
(Schlechte Säfteverteilung)

Merkmale	Krankheitsbild
Kleine Steilfältchen auf der Lippe	Rückgang der Sexualhormone
Steile Fältchen über der Oberlippe	Östrogenmangel
Hängendes Doppelkinn	Bindegewebsschwäche, Uterussenkung
Innen abgebogene Kleinfinger	Gebärmutterabsenkung
Durchhängendes Gewebe in der Mitte des Unterkieferansatzes	Bindegewebsschwäche, Ovarleiden, Mangel an weiblichen Hormonen
Fibrom am oberen Augenlid	Hinweis auf eine Schwäche der Nieren, der Blase sowie des weiblichen Unterleibs
Vertikale Keilfalten zwischen den Augenbrauen einseitig verstärkt, bei Frauen unter 40	Leber- und gynäkologisch bedingte chronische Kopfschmerzen
Ausfallen der äußeren Augenbrauen sowie auffallend dünne Brauen bei jüngeren Frauen	Östrogenmangel (aber auch Schilddrüsen-Dysfunktion möglich)
Vorzeitiges Schütterwerden des Kopfhaares	Verminderung der weiblichen Hormone

Merkmale	Krankheitsbild
Kurze Nasolabialfalte	Neigung zu Reizmagen
Leichte Rötung der Nasenspitze	Leichte Gastritis, oft unter Einwirkung nervaler Momente
Schmale Oberlippe	Erschöpfung des säurebildenden Apparates des Magens, je nach Ausprägung auch Pankreopathie
Volle Lippen	Gute Besaftung des Magens, je nach Ausprägung auch Neigung zu Hyperazidität Neigung zu Entzünd-
Bogenförmiger Verlauf der Nasolabialfalte in Richtung Kinn, tief eingegraben	lichkeiten des Magens, Dünndarms, evtl. auch des Dickdarms
Tiefe, eingegrabene Nasolabialfalte	Neigung zu Subazidität
Weiß belegte Zunge	Gastritis (auch bei akuten Infektionskrankheiten)
Steil gestellte Falte vom Kinnbogen zum Jochbein ziehend	Neigung zu Ulcus duodeni (Zwölffingerdarm)
Quer liegende Falte im unteren Ohrläppchen	Disposition zu verschiedenen Magenerkrankung, sog. Stressfalte

Das Ulcusgesicht
(Magen und oberer Darmbereich
Entzündungsbelastet)

Merkmale	Krankheitsbild
Weiche Hautwölbung über Jochbein bei jungen Menschen	Anlage zur Bindegewebsschwäche
Hängender Hautmuskel zwischen Kinn und Kehlkopf	Anlage zur Bindegewebsschwäche
Doppelkinn und durchhängende Wangen	Bindegewebsschwäche
Adipöse Verbreiterung des Untergesichts	Dickdarmatonie (Schwäche)
Kinngrübchen	Neigung zu Wirbelsäulenschäden
Wulstförmige Erhebung über den inneren Augenbrauen	Veränderung der Halswirbelsäule, Ursache etwa auftretender Kopfschmerzen
Quer liegende Falte zwischen Unterlippe und Kinn	Veranlagung oder bereits bestehende Hämorrhoiden
Bindegewebschwäche	Neigung zu Elastizitätsverlust wie Organsenkung, Varikosis, Thrombosen, Wirbel- und Hüftgelenkschäden, Fetteinlagerungen an Aterienwänden, Infektanfälligkeit u. a.
Spitzes kleines Kinn, evtl. nach unten überstehend	Nervlich und psychisch labile Ängstlichkeit, Überempfindlichkeit

Der Bindegewebsschwächling

Merkmale	Krankheitsbild
Blasse, teigig gedunsene Haut	Nierenbelastung
Bräunlich-violette Verschattungen am Unterlid	Angestiegene Reststickstoffwerte im Blut
Rötlich-violette Augenlider	Hohe Konzentration der Reststickstoffe
Gelblich-bräunliche Verschattung im Unterlidbereich	Leberbelastung
Gedunsene Unterlider	Nierenbelastung
Gedunsene Unter- und Oberlider	Mitbeteiligung des Herzens bei nierenbedingtem Hochdruck
Aufgedunsenes Gesicht mit normaler oder rosa Farbe	Nach Cortisonbehandlung oder bei Rheuma
Wässrige Schwellung unter den Augen nicht verfärbt, in Verbindung mit Ausfallen der seitlichen Augenbrauen	Schilddrüsenunterfunktion
Verbreiterung des Untergesichts	Neigung zu Schilddrüsenunterfunktion
Querfalte über der Nasenwurzel	Schilddrüsenunterfunktion
Trockene, gelbliche Quellung der Gesichtshaut	Schilddrüsenunterfunktion und Myxödem *
Ausfallen der äußeren Augenbrauen	Schilddrüsenunterfunktion und Myxödem *
Auffallend dünne Brauen bei jüngeren Frauen sowie seitliches Ausfallen derselben	Schilddrüsenunterfunktion, aber auch dadurch bedingter Östrogenmangel

* Ödeme sind teigige Aufquellungen der Haut

Ödeme

Merkmale	**Krankheitsbild**
Tränensäcke, wässrig oder fettig geschwollen	Störung der Ausscheidungsfunktion von Niere u. Blase
Blassgraue Verfärbung um die Augen herum	Funktionsstörung der Nieren meist durch Mineral und Elektrolytverschiebung
Grau-braune Verfärbung um die Augen herum, fettig glänzend	Schleimansammlungen in Nierengewebe, in und an den ableitenden Harnwegen
Abnorm eingerollte oder stark abstehende Ohren	Anlage zu Nierenmissbildungen, Neigung zu Nierensteinleiden
Feine, steil gestellte Fältelung im Wangenbereich	Latente oder manifeste Niereninsuffizienz
Dasselbe mit Bauchschmerzen	Renal bedingte Mineral- und Elektrolytverschiebungen
Kleine bräunliche Pigmentationen über den Augen	Verdacht auf Nephrosklerose (Aterienwandverkalkung der Nieren- und Blutgefäße
Fibrome am oberen Augenlid	Hinweis auf Schwäche der Blase und der Nieren sowie des weiblichen Unterleibs
Gichtknötchen am Ohr	Neigung zu Gicht oder Urat-Steinen
Verspannte Mundpartie	Saftlosigkeit mit Bauchschmerzen

Das Nierengesicht

Merkmale	Krankheitsbild
Lippenzyanose (Bäuliche Lippen)	Extreme CO_2-Überlastung, Angina pectoris, stenokardische Beschwerden
Beidseitig neben der Nase liegende Gefäßreiserchen	Organische oder funktionelle Erkrankungen der Koronarien oder des Herzens
Diff. Diagnos: rötlich violettes Gesicht mit Gefäßreiserchen überall	Allgemeine Durchblutungsstörungen
Dasselbe, jedoch Stirn, Nase und das Mund-Kinn-Dreieck normal gefärbt, evtl. mit Lippenzyanose	Herzmuskelschwäche oder Herzklappenfehler
Isoliert auftretende Xanthelasmen (Fetteinlagerungen unter der Haut) am linken Oberlid	Koronarsklerose (aber auch allgemeine Fettstoffwechselstörungen)
Gedunsenes Oberlid	Mitbeteiligung des Herzens bei nierenbezogenem Hochdruck
Kurze Fingernägel	Disposition zu organischen Herzstörungen
Ringfinger nach innen abknickend	Herz-Nieren-Schwäche

Der Herz-Kreislauf-Kranke

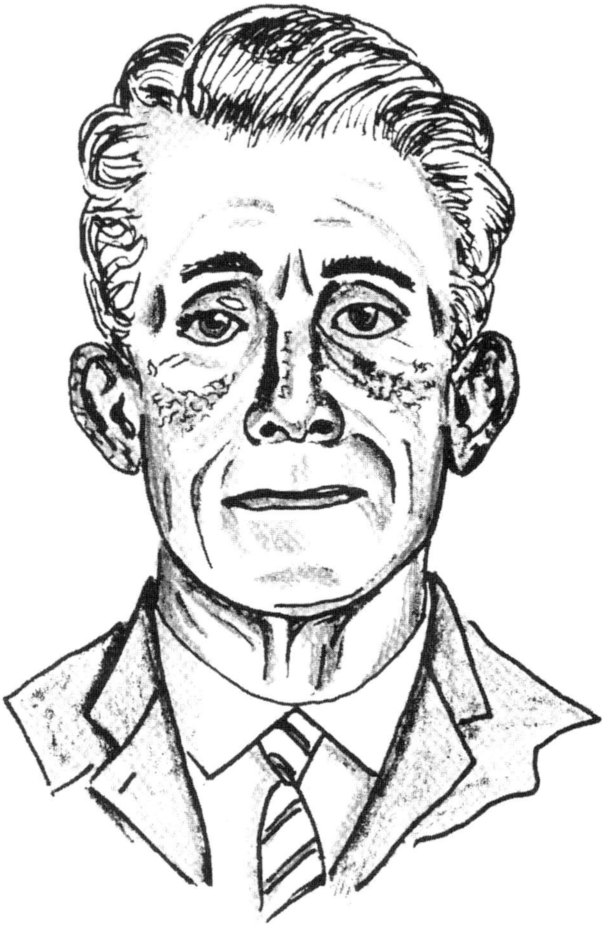

Die Erfolgskontrolle mit der Decoder-Dermographie

In meiner Praxis habe ich nach jeder Behandlung den Behandlungsverlauf mit einem Decoder dokumentiert. Einzelne Parameter werden mit der softwaregesteuerten Technik erfasst und dienen auch der Diagnosestellung. Erkennbar sind folgende Störfelder:
Der Zustand der Abwehrlage, die Allergiebereitschaft, auffällige Ph-Verschiebungen und Fehlernährung
Messbar ist auch das Energiepotenzial in betroffenen Bereichen und der Grad der Umweltbelastung, die sich oft durch eine Regulationsstarre bemerkbar machen.

Dieser Ganzkörper Check up gab mir Gewissheit über die Richtigkeit der Behandlung.
Die Decoder-Demographie ermöglichte mir eine vollautomatische Aufzeichnung körpereigener Elektrischer Signale, die an ausgesuchten Gewebsarealen abgenommen werden.
Ein elektrischer Reizimpuls im 10 Hz-Bereich wird mit der Eingangsmessung kombiniert und dadurch entsteht ein Bild über die Reationsfähigkeit und Regenerationsbereitschaft des Patienten. So finde ich direkte Hinweise auf Therapieerfolge.
Der aktuelle Zustand des Organismus, sowie vor als auch nach der Behandlung und zum Zeitpunkt der Wiedervorstellung nach ca. 1 Woche, lässt den Behandlungsverlauf dokumentieren.
Die zusätzliche Behandlung mit Samora Klostersalz zu Hause, brachte oft den entscheidenden Heilimpuls.
Nach Wiedervorstellung verschiedener Patienten ließen sich ganz enorme Verbesserungen darstellen, die von den Patienten auch als: „Ich fühle mich wieder Gesund“, beschrieben wurde.

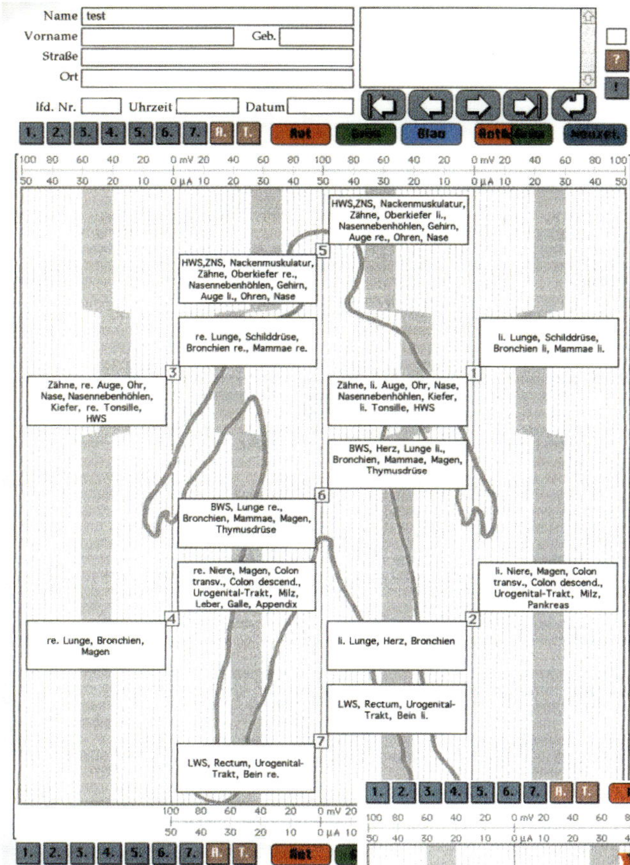

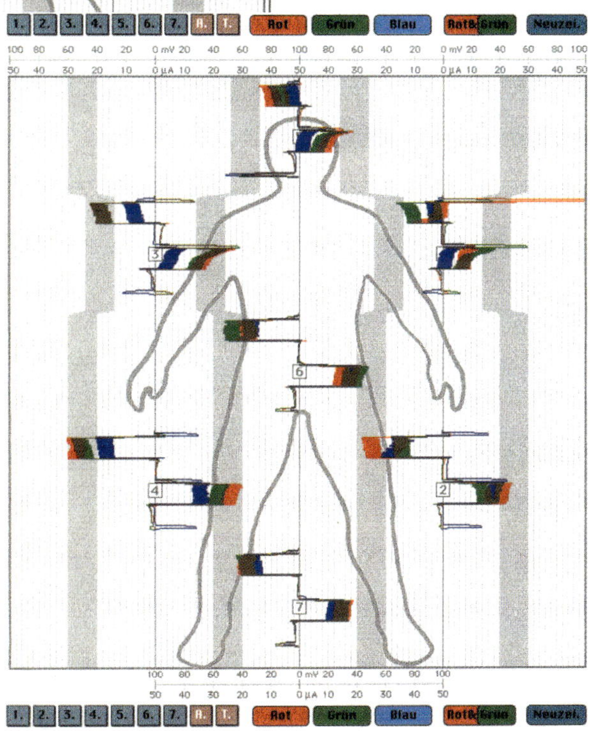

Die Abbildungen zeigen den Übersichtsplan und ein Messergebnis einer Decoder-Dermographie.

Grenzen der Selbstbehandlung

Die Samora Klostersalztherapie lässt sich bei allen Erkrankungen des Körpers erfolgreich einsetzen. Dennoch ist es mir persönlich wichtig, Ihnen die Grenzen der Selbstbehandlung aufzuzeigen. Nach kurzer Zeit sollte eine Besserung eintreten. Ist dies nicht der Fall, suchen Sie bitte einen Therapeuten auf, um die Ursache hierfür zu klären.

Die von mir empfohlenen Behandlungen beziehen sich fast alle auf Krankheiten, die durch einen Mangel an Nährstoffen, durch Umweltbelastungen, Überernährung und insbesondere durch Schadstoffablagerung im Körper verursacht werden.
Das Alter, das Sie alle - auch mit Hilfe der Notfallmedizin - erreichen könnten, ist fast biblisch. Die Betonung liegt auf „fast".

Was hindert uns alle daran, Hundertjährige zu werden? Die Geißel der Zivilisation verlangt ihren Preis. Die Belastungen, die der Körper auszuhalten hat, überfordern ihn täglich. Herz-Kreislauf-Erkrankungen und Krebs in allen Geweben sind Geißeln dieser Zeit.

Sie werden in der Liste der zu behandelnden Krankheiten das Krankheitsbild Krebs nicht beschrieben finden. Die Verantwortung und die Sorgfaltspflicht, die ich als Heilpraktikerin und als Autorin sehr ernst nehme, veranlasst mich, das Thema Krebs für die Selbstbehandlung auszuschließen. Obwohl ich durchaus eine Anwendung parallel zur Therapie, die Sie von Ihrem Behandler bekommen, empfehlen will.

In Verbindung mit dem Krebs werden von so genannten Heilern oder leider auch Heilpraktikern Versprechungen gemacht. Dadurch werden falsche Hoffnungen geweckt, die oft lebenserhaltende Maßnahmen verhindern.

Ich habe in meiner Praxis Krebspatienten gehabt, die ich nur in Begleitung mit der Schulmedizin behandelt habe. Ausgereifte diagnostische und lebenserhaltende Notfallmedizin ist bei Tumorpatienten ein „Muss". Auf der anderen Seite bietet die Naturheilkunde ein entsprechend breites Angebot der Tumorbehandlung, auf die ein Krebspatient auf keinen Fall verzichten sollte. Ein Tumorpatient hat Anspruch auf alles und vor allen Dingen auf das Beste. Es geht um sein Leben.

Leider reagieren viele Schulmediziner allergisch auf das Wort „Heilpraktiker" und deshalb trauen sich viele Patienten nicht, offen mit dem Arzt über eine alternative Tumortherapie zu sprechen.

Die seelische Belastung durch den Zwiespalt der Streiter, der Schulmedizin und der Naturheilkunde ist für den Patienten enorm und wäre durch eine sinnvolle Zusammenarbeit, wie ich sie in einigen Fällen erleben durfte, zu verhindern.

Akne

Die Haut ist das das größte Organ des Menschen und die Fläche von etwa 2 m^2 und gut 2 Kilogramm Gewicht machen sie zu einem zentralen Stoffwechselorgan. Die Aufgabe der Haut ist nicht nur die Isolation und der Schutz vor der Umwelt, sondern sie reguliert die Körpertemperatur, schützt vor der UV Stahlen, bewahrt den Körper vor der Austrocknung, leistet eine enorme Entgiftungsarbeit und umgibt uns mit einem Fettmantel, der eine Barriere gegen Bakterien und andere feindliche Angriffe aus der Welt der Mikroorganismen ist.

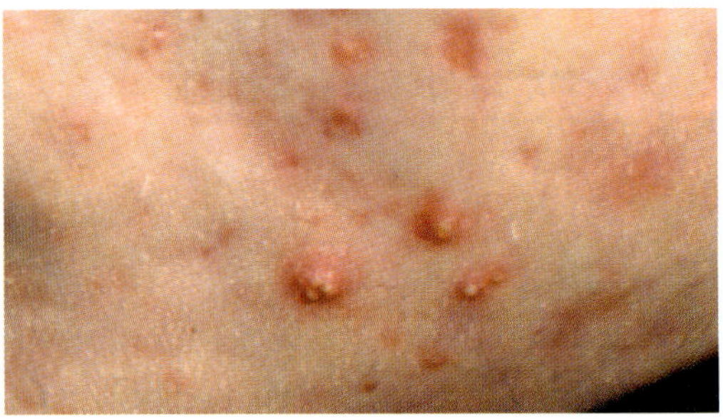

Das Problem der unreinen Haut ist in der Zeit der Pubertät nicht ein Zeichen von mangelnder Pflege, sondern entsteht durch das Einpendeln der Hormone für die Geschlechtsreife. Für die Pickel sind meistens das männliche Hormon Testosteron verantwortlich, denn dieses regt bei einer gesteigerten Ausschüttung die Talgproduktion an.

Pflegt man in dieser Zeit die Haut mit Produkte die den Säureschutzmantel schädigen und über Emulgatoren die Schadstoffe in die Haut und den Körper schleusen, hat man oft bis ins hohe Alter extreme Hautprobleme oder sogar Hautkrankheiten.

Natürlich ist die Haut auch die Projektionsfläche für Gefühle und steht auch in Verbindung mit den Nieren (die Niere ist ein Angstorgan) und der Leber. In der Pubertät fühlt man sich emotional überfordert. Überforderung verursacht ebenfalls meistens Angst.
Bei psychischen Stresssituationen kann deshalb Akne besonders heftig aufblühen.

Anwendung Samora Klostersalz

Auf die entzündeten Hautstellen eine sterile, in Samora Klostersalz getränkte Wundauflage legen. Der Entzündungsschmerz lässt nach kurzer Zeit nach und die eitrige Stelle lässt sich leicht öffnen. Die Leberzone am Kopf abends vor dem Schlafengehen 2- bis 3-mal mit der Essenz einreiben. Die innerliche Einnahme ist je nach Alter verschieden. Ab dem 12ten Lebensjahr 2-mal in der Woche 1 TL Samora Klostersalz mit 50 ml heißem Wasser so zügig wie möglich trinken.
Die Behandlungsdauer sollte 1 bis 2 Wochen betragen. Bei Bedarf kann sie jedoch jederzeit wiederholt werden.

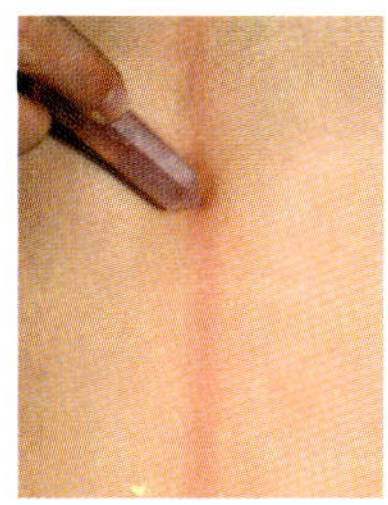

Die Akupunkturmassage nach Penzel 14 Tage lang täglich durchführen und die Hautareale so lange massieren, bis sich eine leichte Rötung einstellt. Die geröteten Hautstellen im Anschluss mit Samora Klostersalz einreiben. Die exakte Beschreibung zur Anwendung entnehmen Sie bitte dem Kapitel „Akupunkturmassage nach Penzel".

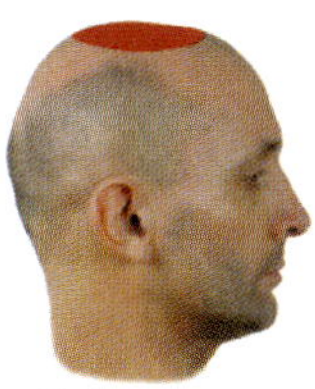

Leberzone am Kopf

Die Leberzone am Kopf fleißig 1- bis 3-mal pro Woche abends einreiben. Bei Bedarf darf es auch öfter sein. Behandlungszeitraum: 1 bis 2 Wochen. Bei Bedarf wiederholen.

Enzyme sind auch hier sehr hilfreich. Bei starken Entzündungen sollten Sie deutlich mehr nehmen, als im Beipackzettel zu lesen ist: 3-mal 3 bis 1-mal 20 Wobenzym eine halbe Stunde vor dem Essen.

Achten Sie darauf, mindestens eine Flüssigkeitsmenge von 2 bis 3 Litern Flüssigkeit täglich zu trinken.

Alterserscheinungen

Auf welche Weise der Alterungsprozess verläuft, hängt entscheidend von den Lebensbedingungen ab.

Die Lebenserfahrung und der Zustand des Körpers spiegelt das gelebte Leben wider. Man sieht schwere Arbeit ebenso wie Bewegungsmangel, Mangelernährung sowie Kummer und Sorgen.
Sie sollten sich auch bewusst machen, dass der Prozess des Älterwerdens mit der Geburt beginnt. Die Zellerneuerung geschieht in der Jugend meist rasch und fehlerfrei. Je älter wir werden, desto weniger reibungslos laufen Stoffwechselprozesse ab.
Der Wassergehalt im Körper sinkt von 60 bis 70 % bis auf etwa 50 % ab. Der Stoffwechsel der inneren Organe verlangsamt sich und die körperliche Entgiftungsleistung sinkt rapide.
Die Aufnahme der Nährstoffe wird blockiert und die Spirale des Älterwerdens dreht sich immer schneller. Altersbedingte Erkrankungen beginnen oft schon jenseits der 40 und äußern sich in Fehlsichtigkeit, schlechtem Hören, Herz-Kreislauf-Erkrankungen, Muskelschwund, Veränderungen an den Gelenken, nachlassender Gedächtnisleistung, vermindertem Abbau von Giftstoffen, gestörter Verdauungsleistung sowie abnehmender Flexibilität der Haut. Altersbedingte Erkrankungen können sich natürlich auch in anderen Krankheiten zeigen, deshalb sollte die Krankheitsvorsorge - besonders im Alter - im Mittelpunkt stehen, denn ein alter Mensch erholt sich von seinen Krankheiten schlechter als ein junger Mensch. Die Abnahme der Kräfte ist zu erkennen.

Die Zeit der Rekonvaleszenz wird länger.

Anwendung Samora Klostersalz

Der Originaltext:

Zur Stärkung dieser Schwäche ist es gut, wenn man mit dem Elixier die Schädeldecke (das Gehirn), die Stirn, die Schläfen und die Augen äußerlich gut anfeuchtet, abends vor dem Schlafengehen 2 bis 3 mal hintereinander tüchtig einreibt und 1 bis 2 EL voll von dem Elixier mit 3 bis 4 EL heißem Wasser vermischt, morgens und abends zügig trinken. Das stärkt die Glieder und die Nerven.

Die Einnahme der Enzyme sollte erwähnt werden. Kurweise Anwendungen über 3-mal 3 Wochen im Jahr sollte man prophylaktisch machen. Täglich 3 mal 2 Tabletten sind für die Vorbeugung ideal. Hier empfehle ich das Präparat „Wobenzym". Die Blutgerinnung sowie die verminderten Enzymaktivitäten im Alter auch durch Schwermetallbelastung sind die Indikationen für die Enzymgabe.

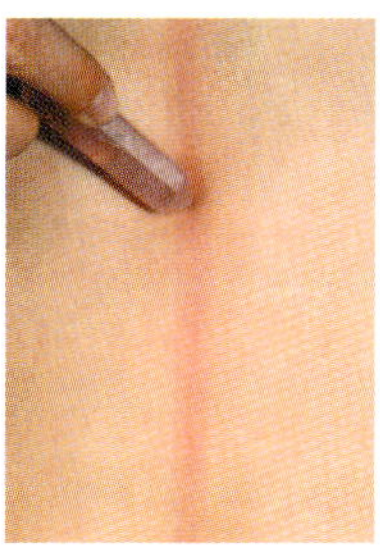

Die Akupunkturmassage nach Penzel empfehle ich einmal in der Woche. Das Stimulieren der beiden Meridiane erfolgt mit einem Massagestab. Nachdem die beiden Meridiane gut gerötet sind, salben Sie diese 2- bis 3-mal hintereinander mit Samora Klostersalz ein.

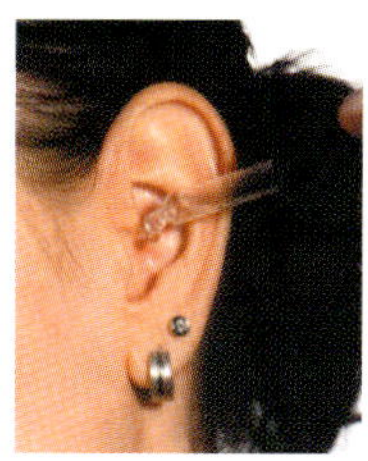

Im Alter empfiehlt sich auch, gelegentlich 1 Tropfen Samora Klostersalz pur oder 1 zu 3 verdünnt in den Gehörgang zu träufeln.

Auch außerhalb der Behandlung sollte die Trinkmenge auf mindestens 3 bis 4 Liter pro Tag erhöht werden.

Ängste

Angst ist als Reaktion des Körpers zu sehen, um sich vor Gefahren zu schützen. Es ist eine Reaktion, die eine Ausschüttung von Adrenalin zur Folge hat. Eine erhöhte Herzfrequenz, die das vegetative Nervensystem mobilisiert, ist nur eine der vielen Stoffwechselreaktionen der Angst.

Jedoch ein überdosierter Reiz über einen langen Zeitraum unterscheidet sich von der normalen Reaktion und ist als Krankheit anzusehen.

Die belastende Angst, die über lange Zeit einwirkt, trennt sich deutlich von der normalen Angst durch ihre Intensität, Dauer und ihre plötzlichen Attacken.
Auch ist Angst dem Organ der Niere zugeordnet. Nieren sind im Körper paarig angelegt und wie alle paarigen Organe haben sie direkt und indirekt mit der Partnerschaft und mit der Kommunikation mit den Mitmenschen zu tun. Die pathogene (krank machende) Angst hat ihre Ursachen am häufigsten im Schlaf, in Beruhigungsmitteln, Antiepileptika, Depressionen, seelischen Erkrankungen, Schilddrüsenerkrankungen, Alkohol und auch in Begleitung von lebensverändernden Krankheiten.

Auch Kinder leiden zunehmend unter Ängste deren Ursachen häufig in der Umwelt und im Umfeld zu finden sind.

Anwendung Samora Klostersalz

Den ganzen Körper je nach Angstzustand 1- bis 3-mal täglich einreiben. Bei einmaliger Einreibung sollten Sie darauf achten, sich vorwiegend abends zu behandeln. Die Augen und die Schläfen bitte nicht vergessen.

Innerlich: 1 bis 2 EL mit 50 ml heißem Wasser übergossen morgens nüchtern so heiß wie möglich trinken. Die Anwendung sollte so lange durchgeführt werden, bis Sie eine Besserung spüren, längstens jedoch 21 Tage.

Im Originaltext heißt es:

Man reibe den ganzen Körper mit dem Klostersalz täglich dreimal tüchtig ein. Das muß 5-6 Tage hintereinander fortgesetzt werden. Dazu muß man täglich 1-2 El. von dem Mittel mit 3-4 El. heißem Wasser morgens nüchtern 8-10 Tage trinken. Die Anwendung lindert sofort.

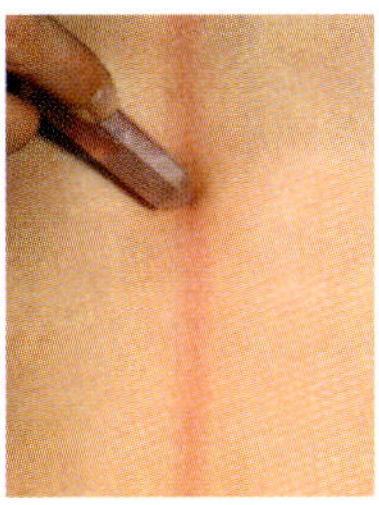

Ich empfehle die Akupunkturmassage nach Penzel zusätzlich jeden 2. Tag so lange, bis die beiden Meridiane sich sichtbar rötet.

Wobenzym: Als Einnahme empfiehlt sich für die Dauer von 4 Wochen 3-mal täglich 2 Tabletten ½ Stunde vor den Mahlzeiten.

Appetitlosigkeit

Das Gefühl, nichts mehr essen zu können, oder die Unlust beim Essen kann viele Ursachen haben. Probleme, die Sie traurig machen, Magenschmerzen, Übelkeit, Völlegefühl, Druck, Vitaminmangel, Verstopfung, Medikamente, aber auch die Erkrankung innerer Organe äußern sich in Appetitlosigkeit. Ihre Aufmerksamkeit ist bei diesem Symptom besonders gefragt, denn es kann natürlich auch der ganz einfache verdorbene Magen sein.

Anwendung Samora Klostersalz

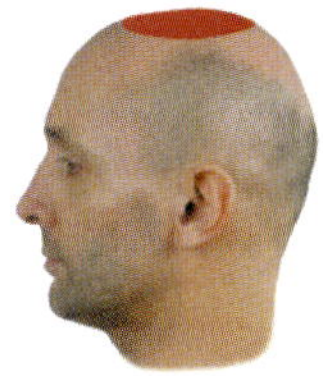

Leberzone am Kopf

Der gesamte Kopf sollte mit Samora Klostersalz 3-mal hintereinander abends einmassiert werden. Die Meridiane, die zum Verdauungstrakt gehören, liegen auf der Schädeloberfläche und den Schädelseiten. Damit Sie keinen auslassen, ist es sicherer, den ganzen Kopf einzumassieren. Die geschlossenen Augen ebenfalls abends einreiben.

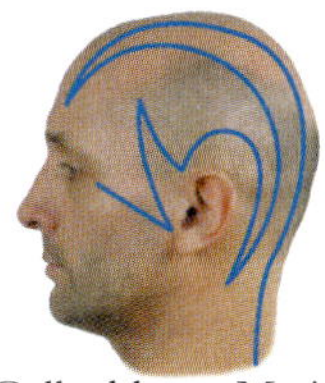

Gallenblasen-Meridian am Kopf

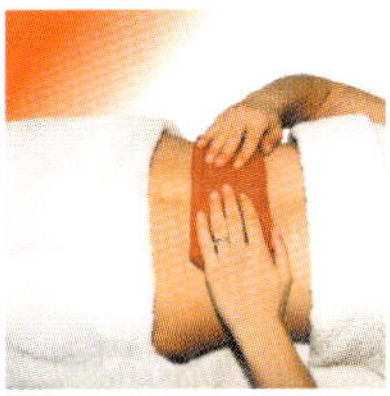

Die Magengrube sollte in diesem Fall nicht vergessen werden. Ich empfehle, abends bis zur Besserung ein mit Samora Klostersalz angefeuchtetes Tuch auf die Magengrube zu legen.

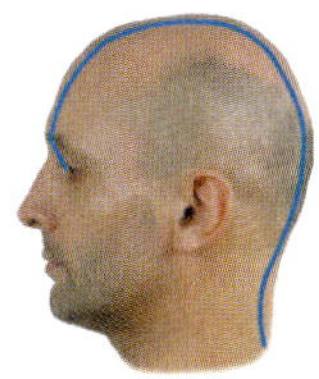

Blasen-Meridian am Kopf

Weiterhin trinken Sie jeden Abend 1 bis 2 EL Samora Klostersalz, mit 50 ml heißem Wasser aufgegossen, möglichst zügig. Nach der Besserung der Symptome ist die Therapie abzusetzen.

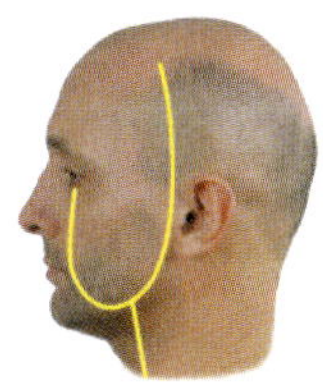

Magen-Meridian am Kopf

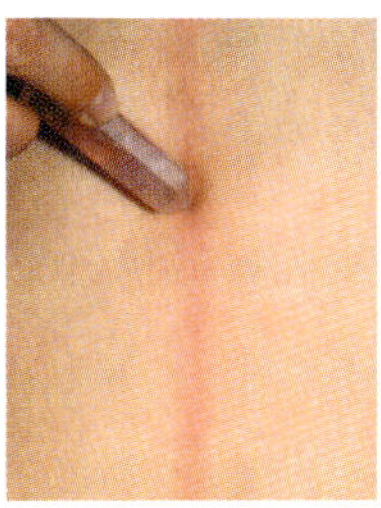

Die Akupunkturmassage nach Penzel ist mit einem Massagestab so lange durchzuführen, bis die Meridiane eine deutliche Rötung zeigen. Im Anschluss sind die Meridiane 2- bis 3-mal mit Samora Klostersalz einzureiben.

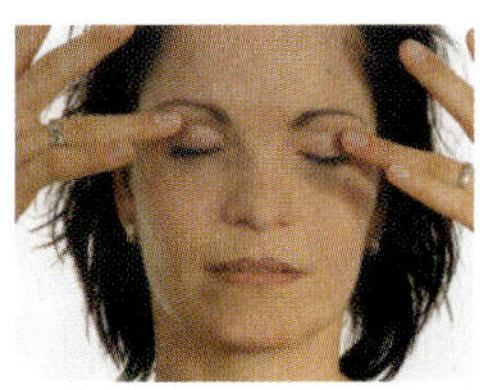

Enzyme sind auch in diesem Fall angezeigt, denn die Blockaden, die vom Samora Klostersalz gelöst werden, schafft der Körper meist nicht allein aus dem Körper. Ich empfehle 3-mal 2 „Wobemucos“ täglich, jeweils ca. ½ Stunden vor dem Essen.

Bitte achten Sie auch hier darauf, eine Trinkmenge von mindestens 2 bis 3 Litern pro Tag einzuhalten.

Arthritis

Die Arthritis, insbesondere die rheumatoide Arthritis wird begleitet durch Entzündung der Gelenke mit den Begleiterscheinungen von Müdigkeit und Leistungsschwäche. Schmerzen, vor allem an den Finger- und Grundgelenken zeigen sich meist an der rechten und linken Körperhälfte gleichzeitig. Mit der Zeit können Verformungen der betroffenen Gelenke auftreten.
Etwas nicht „begreifen" oder das „Leben nicht in den Griff bekommen" sind die Redewendungen, die sehr stark für Arthrosepatienten zutreffen, zeigt sich doch in vielen Fällen Rat- und Handlungsunfähigkeit.

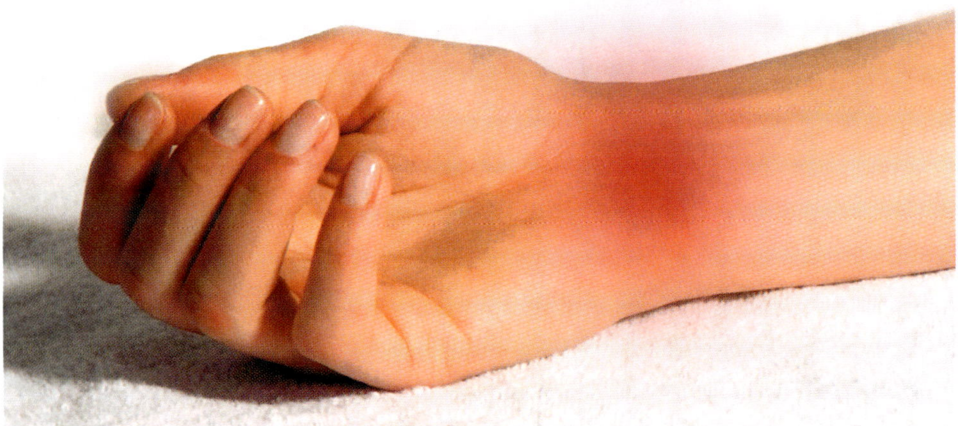

Anwendung Samora Klostersalz

Mehrmals täglich die betroffenen Gelenke mit dem Elixier einreiben. Kopfzone Leber, Augen und die Stirn jeden Abend 2- bis 3-mal kräftig bestreichen.
Jeden Abend ca. 14 Tage lang 2 EL Samora Klostersalz mit 50 ml heißem Wasser übergießen und so heiß wie

möglich zügig trinken. Die Behandlung kann nach Erfolg abgesetzt werden. Bei erneutem Aufflackern der Symptome kann mit der Therapie wieder begonnen werden.

Phlogenzym oder Wobenzym könnenbei schwerer rheumatoider Arthritis zur Stoßtherapie eingesetzt werden. 2- bis 3-mal täglich 10 Stück eine halbe Stunde vor den Malzeiten. Nach Reduzierung der Schmerzen sollte man auf die Normaldosis von 3-mal 2 Stück gehen.

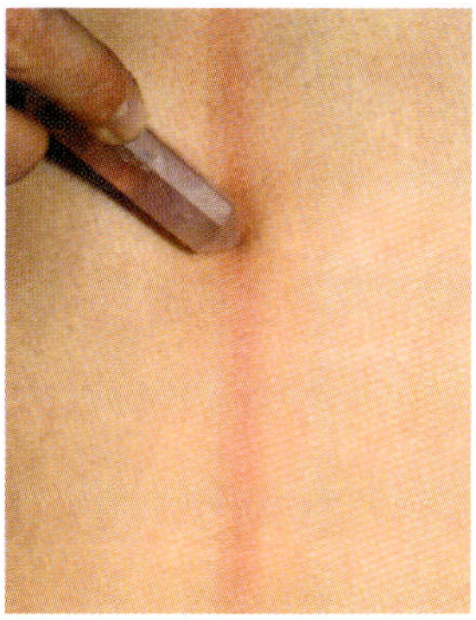

Die Akupunkturmassage nach Penzel sollte 1- bis 2-mal pro Woche durchgeführt werden. Mit einem Massagestab auf den Meridianen so lange entlangfahren, bis eine Rötung sichtbar ist. Anschließend mit Samora Klostersalz gut einreiben.

Während der Behandlung sollte die Flüssigkeitszufuhr auf mindestens 3 bis 4 Liter pro Tag erhöht werden.

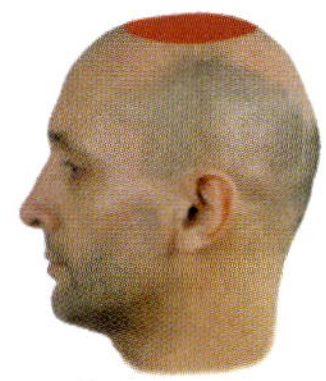

Leberzone am Kopf

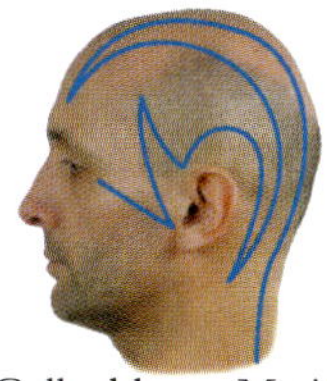

Gallenblasen-Meridian am Kopf

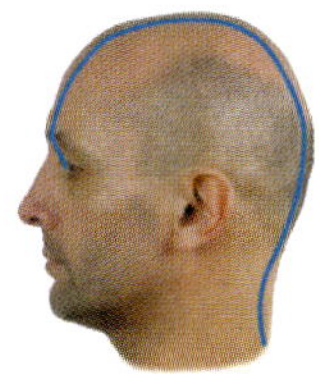

Blasen-Meridian am Kopf

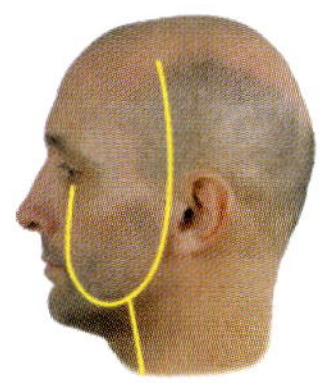

Magen-Meridian am Kopf

Asthma

Hustenanfälle und Atemnot sind die Kennzeichen des asthmatischen Anfalls. Im Gegensatz zur Bronchitis tritt Asthma anfallartig auf. Der Anfall beginnt meist mit einem Reizhusten, der immer quälender wird. Das Ausatmen fällt schwer. Der verzweifelte Versuch, mehr Luft einzuatmenn verschlimmert das Ganze, weil sich die Lunge überbläht.

Bei einem akuten Asthmaanfall ist auf jeden Fall ein Notarzt zu verständigen, da Erstickungsgefahr droht.

Die **chronische Form von Asthma** ist jedoch sehr gut mit Samora Klostersalz behandelbar. Häufige Bronchialentzündungen, verschmutzte Luft, Nebel, Chemikalien, aber auch allergische Erkrankungen sind die Ursache von Asthma.

Anwendung Samora Klostersalz

Im Originaltext heißt es:

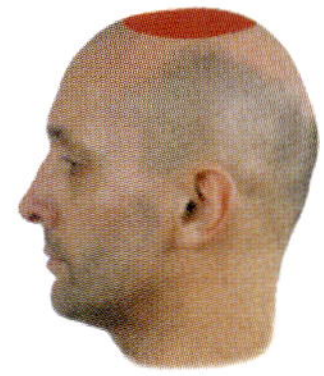

Leberzone am Kopf

Die Beschwerden werden dadurch sehr erleichtert, wenn man den oberen Teil des Kopfes einmal vor dem Schlafengehen einreibt und mehrere Morgen nacheinander 1-2 EL voll mit etwa 2 EL voll heißen Wassers verdünnt zügig trinkt.

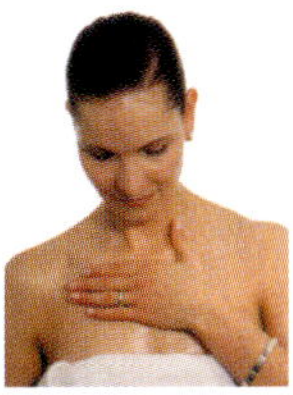

Diese Anwendung habe ich im Wesentlichen so übernommen, dennoch habe ich immer zusätzlich die weiteren Zonen mitbehandelt. Die Zone direkt über den Bronchien ist bitte immer mit zu behandeln.

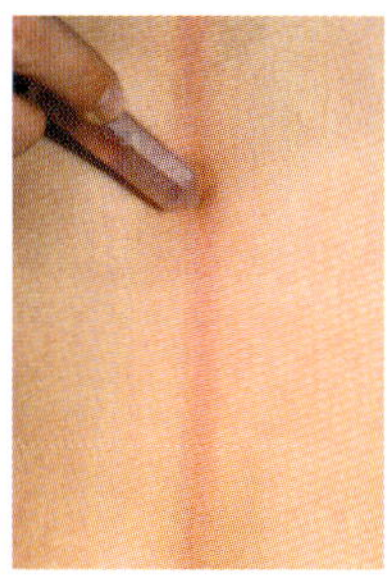

Die Akupunkturmassage nach Penzel sollte 1- bis 2-mal pro Woche durchgeführt werden. Mit einem Massagestab auf den Meridianen so lange entlangfahren, bis eine Rötung sichtbar ist. Anschließend mit Samora Klostersalz gut einreiben.

Während der Behandlung sollten Sie darauf achten, mindestens 2 bis 3 Liter Flüssigkeit pro Tagzu sich zu nehmen.

Kurweise Anwendungen von Enzymen über 3-mal 3 Wochen im Jahr sollte man prophylaktisch vornehmen. Täglich 3-mal 2 Tabletten sind für die Vorbeugung ideal. Hier empfehle ich das Präparat „Wobenzym“.

Aufstoßen und Sodbrennen

„Dieser Tag liegt mir wie ein Stein im Magen."
Der Magen ist die Pforte für alles, was verdaut werden muss. Erlebtes Genauso wie gegessenes. **Der Magen rebelliert - will nicht alles schlucken - wird „sauer".**

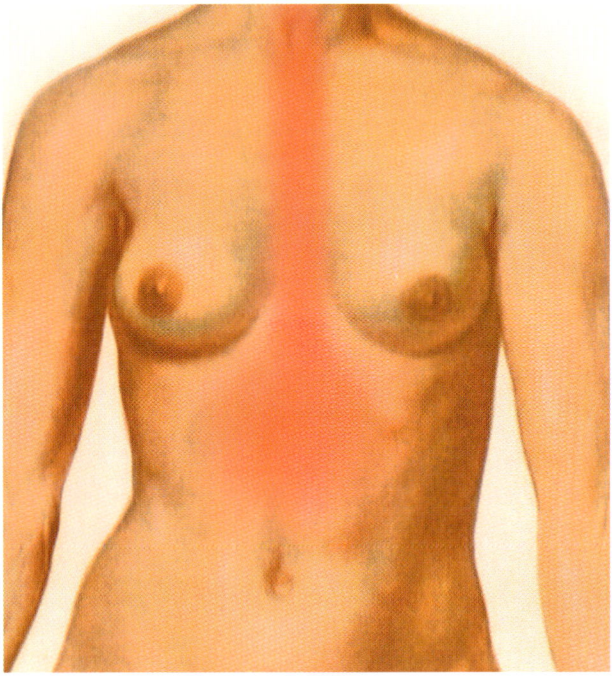

Medizinisch bedeutet das: Der Speisebrei und der Magensaft „stoßen immer wieder auf". Brennen und drückende Schmerzen hinter dem Brustbein sind die Folge. Alkohol, Kaffee und fette Mahlzeiten intensivieren diese Symptome.

„Ich habe bloß Sodbrennen", sagt der Magenkranke und sieht oft nicht die Krankheit: das Leiden des Magens und der Seele.

Anwendung Samora Klostersalz

Aus dem Originaltext:

Aufstoßen und Sodbrennen wird mit Hilfe von Klostersalz am besten beseitigt durch das Einreiben der Schädeldecke, der Stirn und der Schläfen. Abends vor dem schlafengehen werden die Augen äußerlich dreimal gut angefeuchtet, morgens und abends vor dem schlafengehen 1-2 EL voll Klostersalz mit 3-4 EL heißem Wasser zügig eingenommen führt sofort zu Besserung.

Ich habe mit der Anwendung von Samora Klostersalz bei Sodbrennen sehr schnelle Erfolge erzielt. Die Speiseröhre und der Magen reagieren extrem schnell auf dieses Elixier.

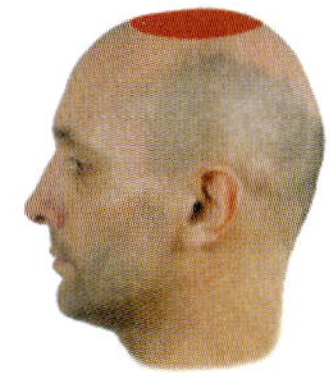

Leberzone am Kopf

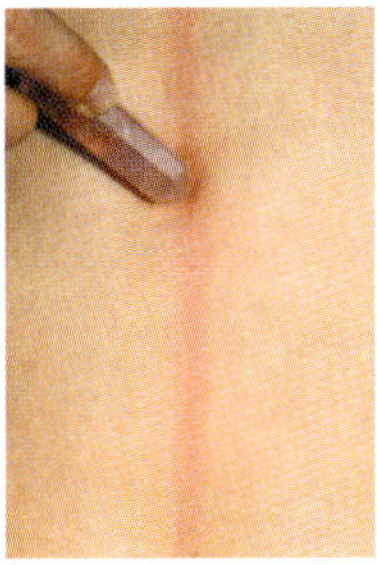

Die Akupunkturmassage nach Penzel sollte 1- bis 2-mal pro Woche durchgeführt werden. Mit einem Massagestab auf den Meridianen so lange entlangfahren, bis eine Rötung sichtbar ist. Anschließend mit Samora Klostersalz gut einreiben.

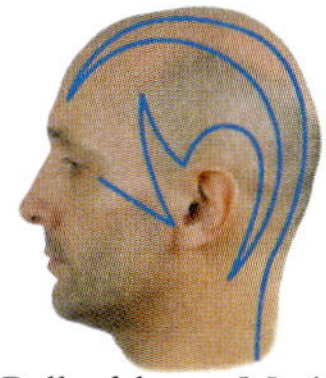

Gallenblasen-Meridian am Kopf

Der gesamte Kopf sollte mit Samora Klostersalz 3-mal hintereinander abends fest einmassiert werden. Die Meridiane, die zum Verdauungstrakt gehören, liegen auf der Schädeloberfläche und den Schädelseiten. Damit Sie keinen auslassen, ist es sicherer, den ganzen Kopf einzumassieren.

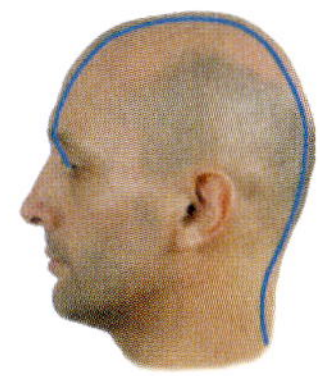

Blasen-Meridian am Kopf

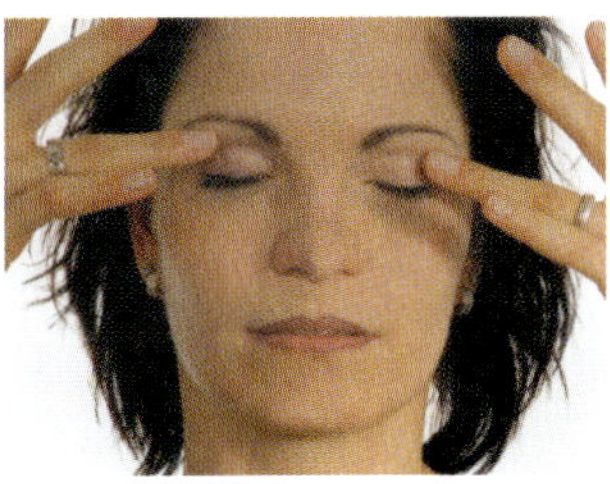

Die geschlossenen Augen mit Samora Klostersalz abends mit sanft kreisenden Bewegungen einreiben.

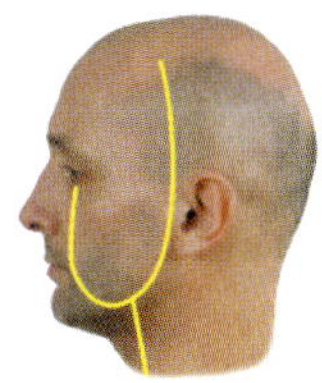

Magen-Meridian am Kopf

Ich empfehle, täglich 3-mal 5 Tabletten Wobenzym eine halbe Stunde vor den Mahlzeiten zu nehmen.

Augenermüdung und Augenrötung

Das ist ein Symptom, das von vielen oft auf die leichte Schulter genommen wird. Eine kleine Einführung in die Ganzheitlichkeit möchte ich Ihnen bei diesen Symptomen jedoch mit auf den Weg geben.
Die Augen sind immer auf Höchstleistung eingestellt, ohne dass es zu Ermüdungserscheinungen kommt. Mit den Jahren lässt jedoch die Belastbarkeit mehr und mehr nach. Die Augen werden müde. Langes Arbeiten vor dem Bildschirm, der blendet, flimmert und fleißig Elektrosmog von sich gibt, Klimaanlagen und vieles mehr lassen die Augen schnell ermüden. Das hört sich alles recht vernünftig an und es würde normalerweise als Erklärung ausreichen.

Wenn man jedoch bedenkt, dass die Augen den Spiegel der Seele darstellen, bekommen die Symptome müde Augen und rote Augen einen völlig neuen Ansatz. Schaut man einem Menschen in die Augen, erkennt man die momentane Stimmung, den Gesundheitszustand und vieles mehr. Gerötete und müde Augen lassen vermuten, dass der Mensch müde und gereizt ist. Entzündungsprozesse sowie eine Überlastung der Entgiftungsorgane können vorliegen.

Beim allergischen Auge, das durch seine Rötung auffällt, liegen ganz klar Schwierigkeiten der Entgiftungsorgane vor. Der Darm ist meist nicht in Ordnung und der Kreislauf der Überlastung schließt sich.

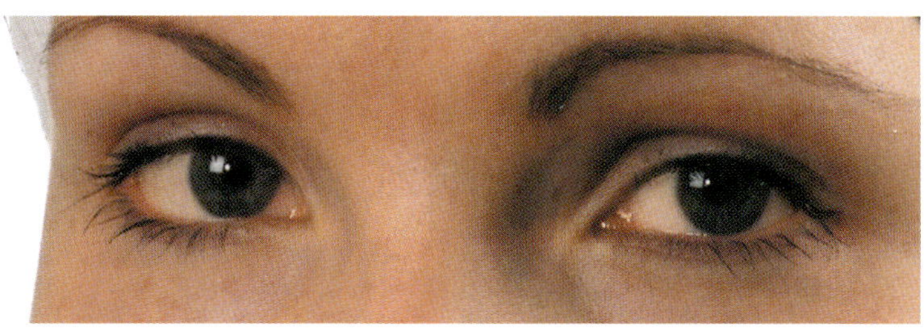

Anwendung Samora Klostersalz

Aus dem Originaltext:

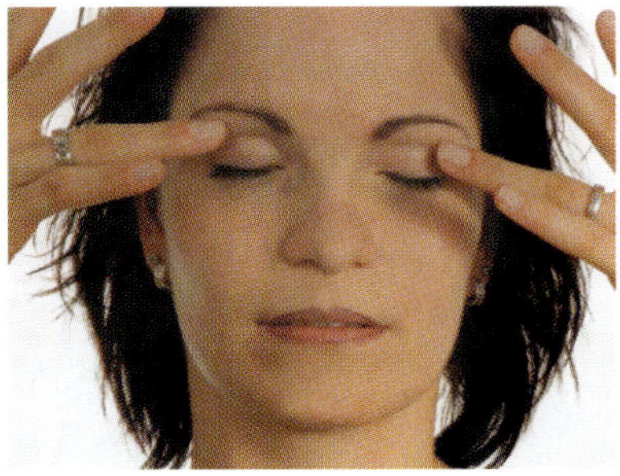

Augenkrankheiten - Ehe ich von der Art und Weise spreche, wie diese geheilt werden, will ich sagen, daß dieses Mittel, wenn es auch nur diese Krankheit heilte, wie es denn tatsächlich der Fall ist, ganz unschätzbar ist. Der Kranke braucht nicht mehr seine gewöhnliche Beschäftigung aufzugeben; Es fällt das Brennen des Auges hinweg und damit die Gefahr, daß die Kranken ihr Gesicht verlieren; es gibt keinen Jammer mehr in den Familien. Der Patient wird geheilt, indem er 5 bis 6 mal täglich mit einem reinen Schwamm das Auge äußerlich mit dem Elixier gut anfeuchtet. Der Schmerz ist ganz unbedeutend und die Heilung gewiß.

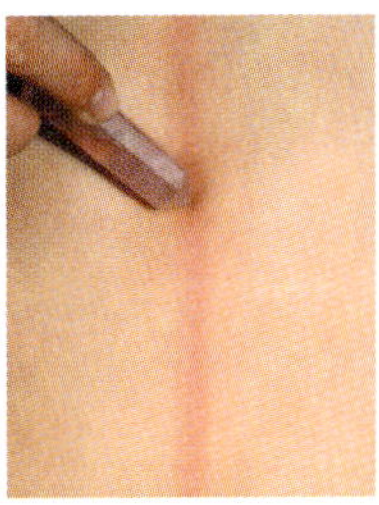

Ich empfehle zusätzlich die Akupunkturmassage nach Penzel. Streichen Sie mit einem Massagestab über die beiden Meridiane, bis sie deutlich gerötet sind, und reiben sie dann mit dem Samora Klostersalz ein.

Enzyme sollten auch bei dieser Behandlung nicht fehlen. Täglich 3-mal 4 Tabletten Wobenzym eine halbe Stunde vor dem Essen halte ich für empfehlenswert.

Diese komplette Behandlung sollten Sie bis zum Abklingen der Symptome anwenden.

Sie sollten darauf achten, täglich mindestens 3 bis 4 Liter Flüssigkeit zu trinken.

Bauchschmerzen

Dieses Symptom ist oft harmlos. Die diffusen Beschwerden sind meist nicht genau zu beschreiben. Ursachen sind Stress, Aufregung, opulente Mahlzeiten, Nahrungsmittel, diverse Unverträglichkeiten, Medikamente oder beginnende, entzündliche Erkrankungen, an denen Bakterien, Viren oder Pilze beteiligt sein können. Die Anzahl der Bauchorgane multipliziert sich allerdings mit den Krankheitsursachen. Die Behandlung mit Samora Klostersalz ist jedoch bei allen Symptomen gleich.

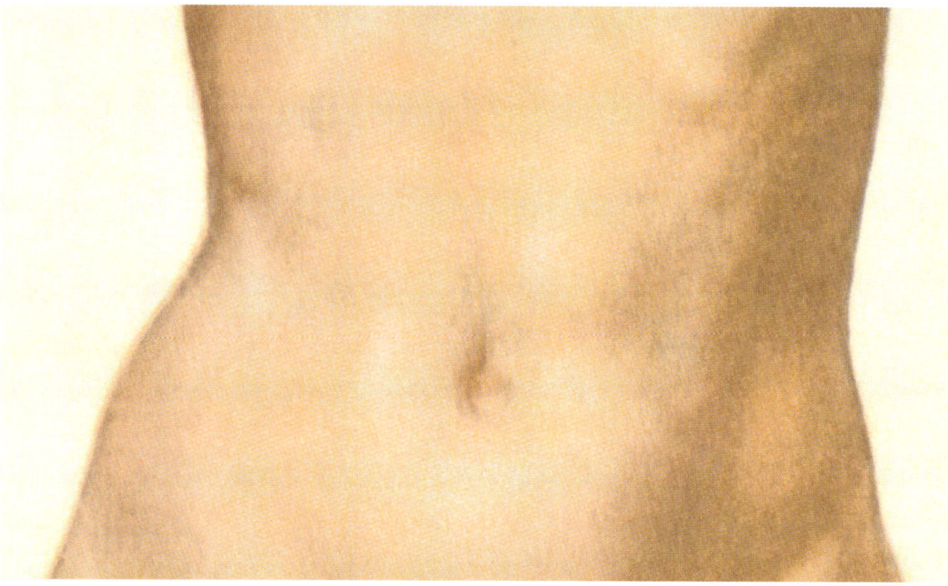

Anwendung Samora Klostersalz

Im Originaltext heißt es:

Bei der Behandlung von Bauchschmerzen ist nachfolgende Behandlung anzuwenden, indem man mit dem Elixier warme Umschläge über den schmerzenden Teil auflegt. Zusätzlich trinke man 1-2 EL vom Klostersalz

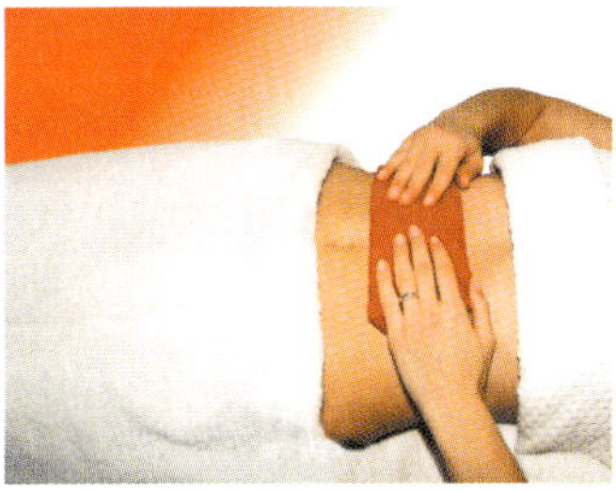

mit 3-4 EL heißem Wasser zügig morgens vor dem Frühstück und abends vor dem Schlafengehen. Die Wirkung wird sofort erfolgen.

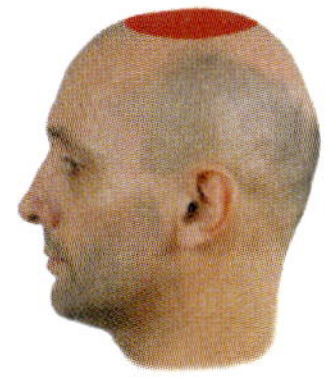

Leberzone am Kopf

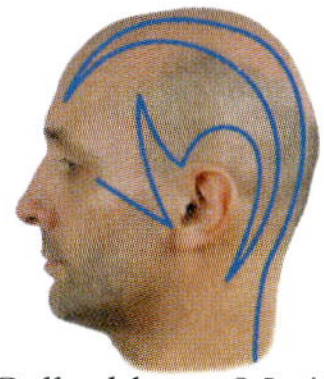

Gallenblasen-Meridian am Kopf

Die Behandlung bezieht sich auf die damaligen Gegebenheiten. Ich habe sie zusätzlich auf weitere Zonen angewendet.

Alle Zonen am Kopf fleißig 1- bis 3-mal pro Woche abends einreiben, bei Bedarf auch öfter. Behandlungszeitraum: 1 bis 2 Wochen, bei Bedarf wiederholen.

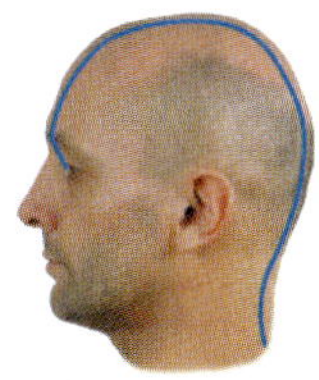

Blasen-Meridian am Kopf

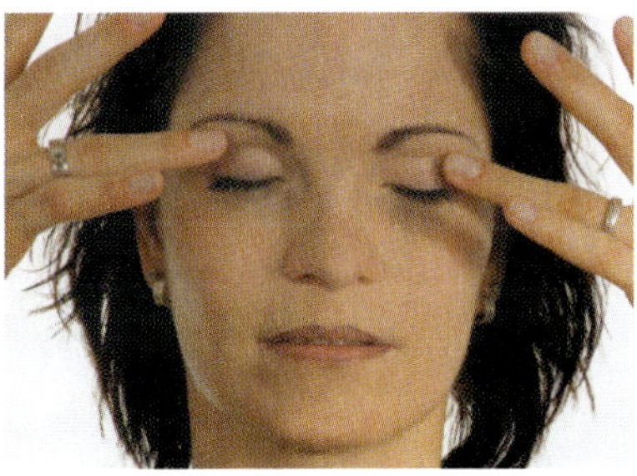

Die Salbung der Augen erfolgt mit Samora Klostersalz, 50 % mit Wasser verdünnt. Sanft in kreisender Bewegung über die geschlossenen Augenlider fahren.

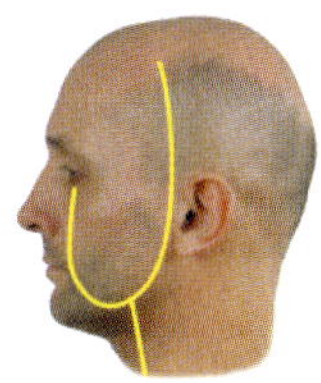

Magen-Meridian am Kopf

Bei entzündlichem Geschehen empfiehlt sich zusätzlich eine Enzymtherapie. Meine Empfehlung: Akut 3-mal 10, sonst 3-mal 3 Wobenzym täglich jeweils eine halbe Stunde vor den Mahlzeiten.

Während der Behandlung achten Sie bitte auf eine tägliche Flüssigkeitszufuhr von 3 bis 4 Litern sowie auf ausreichende Nährstoffzufuhr.

Bisse von Tieren

Diese Indikation habe ich in dem Buch des alten Arztes gefunden. Ich habe kurz nachdenken müssen, ob ich sie überhaupt in die Indikationsliste aufnehme. Früher war das sicher sehr sinnvoll, da es im Ernstfall keinen Arzt gab. Die Wunde musste gereinigt werden. Zu beachten war auch die Tatsache, dass je nach Tierart unterschiedliche Krankheitskeime übertragen wurden.

Im Zeitalter der Hygiene und der Impfungen ist das zweitrangig geworden. Sie können allerdings sofort nach dem Biss die Wunde selbst mit Samora Klostersalz behandeln, um sie zu säubern und um evtl. vorhandene Keime zu töten. (Ein kleiner Exkurs: Salz verhindert die Keimentwicklung und wird deshalb auch heute noch verwendet, um Fleisch oder Fisch haltbar zu machen.)
Nach der Wundversorgung des Bisses gehen Sie bitte umgehend zu einem Arzt.

Anwendung Samora Klostersalz

Im Originaltext heißt es:

Die gebissene Person wird keine Beschwerden fühlen, wenn sie noch am nämlichen Tage damit eingerieben wird; immer jedoch ist es das beste, wenn das Einreiben unmittelbar darauf geschieht; es solle dies mehrere Male vorgenommen und ein Stück weiche Leinwand mit dem Elixier gesättigt auf die Stelle gelegt werden.

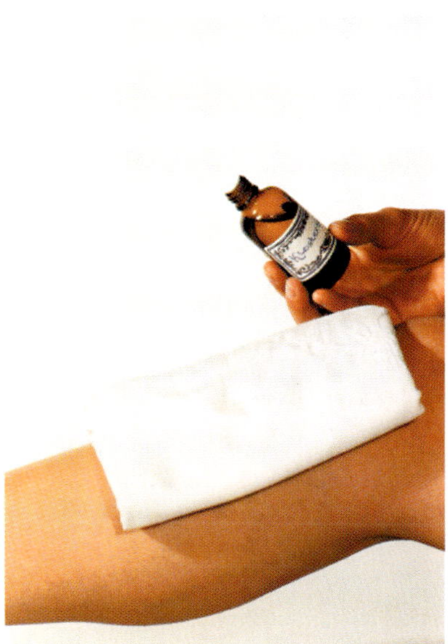

Zusätzlich empfehle ich immer Enzyme, um das Immunsystem zu mobilisieren.
Im Fall von Verletzungen für die Dauer von 3 Tagen eine Stoßtherapie 3-mal 10, später 3-mal 3 Wobenzym eine halbe Stunde vor den Mahlzeiten.

Blähungen

Dieses Thema ist von besonderer Brisanz.
Der Darm als zentrales Stoffwechselorgan leidet besonders in Zeiten, in denen bei jedem kleinen Infekt ausgiebige Antibiotikatherapien verschrieben werden. Die empfindlichen Bakterien, die positiv den Darm bevölkern und Teil des Gesamtstoffwechsels sind, überleben diese Prozedur nie.

Das Ergebnis der Therapie ist die Vernichtung der lebensnotwendigen Keime. Zuerst spürt man noch nichts. Je nachdem, was Sie gegessen haben, treten dann mehr oder weniger starke Blähungen auf. Ursache ist meistens ein ausgiebiger Pilzbefall. Der Name des häufigsten Pilzes ist Candida albicans. Dieser Pilz gast und bildet Fuselalkohole, die natürlich auch die Leber belasten.

Sollten Sie sich angesprochen fühlen, empfehle ich Ihnen zusätzlich dringend eine Darmsanierung bei einem guten Heilpraktiker.

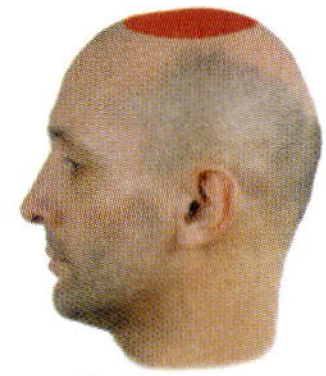
Leberzone
am Kopf

Anwendung Samora Klostersalz

Für die innerliche Einnahme morgens nüchtern und abends vor dem Schlafengehen 1 bis 2 EL mit 50 ml heißem Wasser zügig trinken. Die Dauer der Behandlung sollte mindestens zwei Wochen betragen. Bei Bedarf wiederholen.

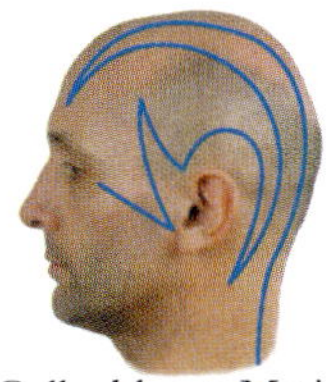
Gallenblasen-Meridian
am Kopf

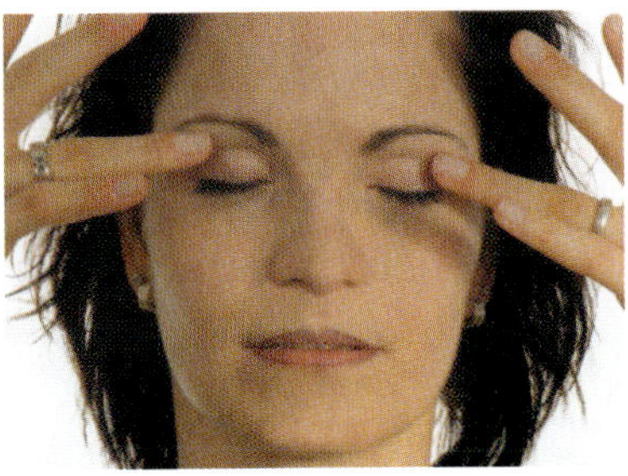

Die Salbung der Augen erfolgt mit Samora Klostersalz, 50 % mit Wasser verdünnt. Sanft in kreisender Bewegung über die geschlossenen Augenlider fahren.

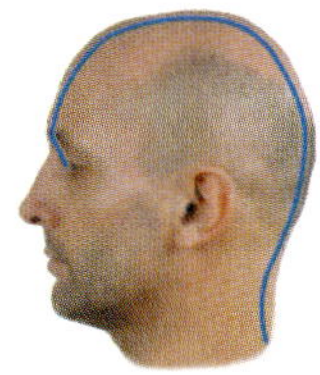
Blasen-Meridian
am Kopf

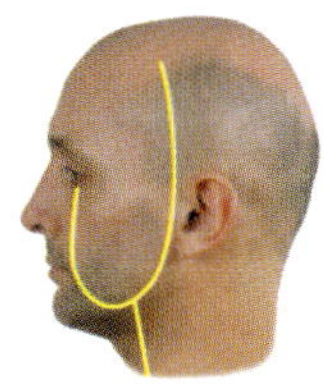
Magen-Meridian
am Kopf

Reiben Sie 1- bis 3-mal pro Woche, jeden Abend die alle Kopfzonen mit dem Elixier ein. Bei Bedarf auch öfter. Behandlungszeitraum: 1 bis 2 Wochen, bei Bedarf wiederholen.

Die Akupunkturmassage nach Penzel ist mit einem Massagestab so lange durchzuführen, bis die Meridiane eine deutliche Rötung aufweisen. Danach sind die Meridiane 2- bis 3-mal mit Samora Klostersalz einzureiben.

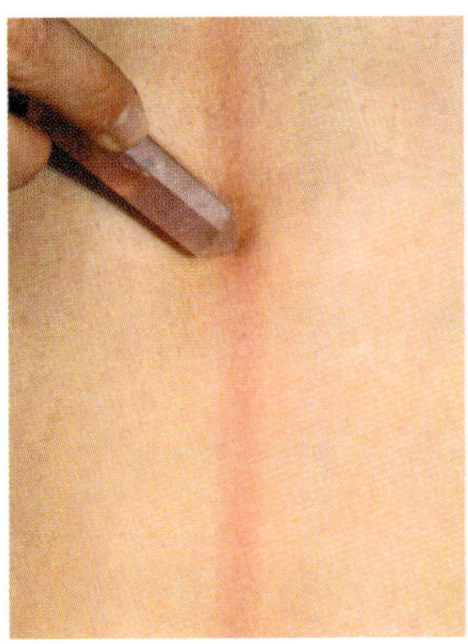

Blaseninfektion

In der Blase werden die von der Niere gefilterten und ausgeschiedenen Stoffe aufgefangen, gesammelt und, wenn die Blase voll ist, ausgeschieden. Die Blase dient also als Sammelbecken für den Urin. Je nach Trinkmenge muss ihr Besitzer oft oder weniger oft Wasser lassen. Wenn zu wenig getrunken wird, ist auch entsprechend wenig Harn vorhanden und die Flüssigkeitsmenge, die Nieren und Blase spült, fehlt.

Es besteht in dem Fall nicht nur die Gefahr von Nieren- oder Blasensteinen, sondern - und das trifft insbesondere für Frauen zu - die Gefahr einer Harnwegsinfektion ist um ein Vielfaches erhöht. Die Entzündung der Blase zeigt sich mit dem typischen „Brennen beim Wasserlassen“.

Keime haben es bei einem Menschen, der wenig trinkt, leicht, denn sie werden sonst normalerweise mit der Flüssigkeit immer wieder ausgeschwemmt. Der Urin unmittelbar aus der Niere ist steril. Bei zu wenig Flüssigkeitszufuhr ist jedoch die ausreichende Durchspülung der Harnwege nicht gewährleistet, so dass auch hier Keime ein leichtes Spiel haben können.

Anwendung Samora Klostersalz

Im Originaltext heißt es:

Es ist von Wirkung, wenn man ein Stück angefeuchtete Leinwand auf die schmerzende Stelle legt und von diesem Elixier morgens nüchtern und abends vor dem schlafengehen 1-2 EL voll mit 3 EL voll heißen Wassers zügig trinkt.

Dieser Anweisung möchte ich noch hinzufügen, dass Sie mindestens 3 bis 4 Liter Flüssigkeit am Tag trinken sollten.
Auch habe ich meinen Patienten empfohlen, bei der Intimpflege Intimsprays, Seifen und Schaumbäder zu meiden. Die Intimpflege sollte mit Samora Klostersalz erfolgen, denn Salz wirkt auch antibakteriell.
Für die Anwendung nehmen Sie 1 EL Samora Klostersalz und 5 EL warmes Wasser und betupfen den Bereich vorsichtig. Anschließend tragen sie etwas Nachtkerzenöl auf.

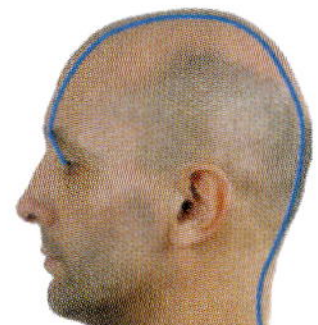
Blasen-Meridian am Kopf

Blasen-Meridian am Kopf fleißig 1- bis 3-mal pro Woche abends einreiben, bei Bedarf auch öfter. Behandlungszeitraum: 1 bis 2 Wochen, bei Bedarf wiederholen.

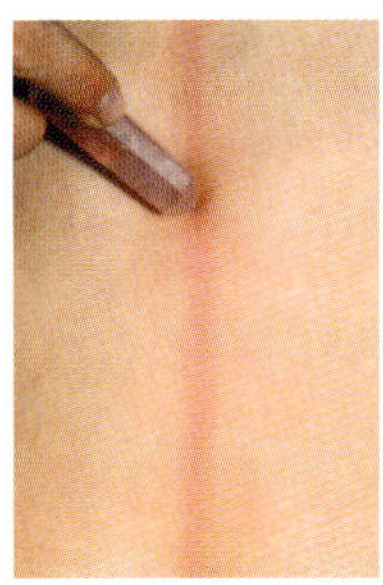

Die Akupunkturmassage nach Penzel ist mit einem Massagestab so lange durchzuführen, bis die Meridiane eine deutliche Rötung aufweisen. Danach sind die Meridiane 2- bis 3-mal mit Samora Klostersalz einzureiben.

Die Einnahme von Enzymen empfehle ich im akuten Stadium der Blaseninfektion als Stoßtherapie 3-mal 10 bis 15 Tabletten eine halbe Stunde vor den Mahlzeiten, bis die Beschwerden verschwunden sind.

Blaue Flecken

Das sichtbare Zeichen einer geschlossenen Verletzung durch einen kräftigen Stoß oder Schlag ist der blaue Fleck. Schmerzend reagiert der Fleck, wenn man drauf drückt. Bei der Entstehung des Hämatoms platzen durch den Druck die Äderchen und bluten oft ausgedehnt ins Gewebe. Besonders schmerzhaft ist eine Prellung im Bereichen der Gelenke, die die Bewegungsfreiheit schmerzhaft einschränkt.

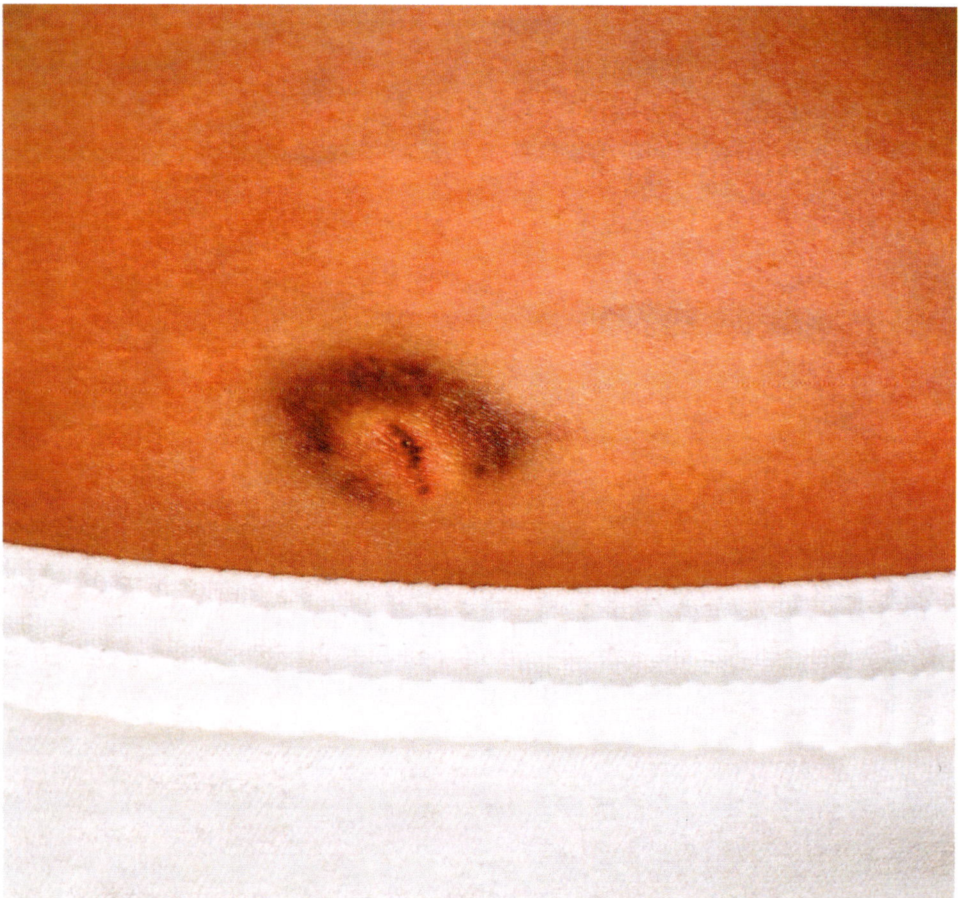

Übrigens:
Ein blauer Fleck bedeutet immer eine kleine Eigenblut-Therapie

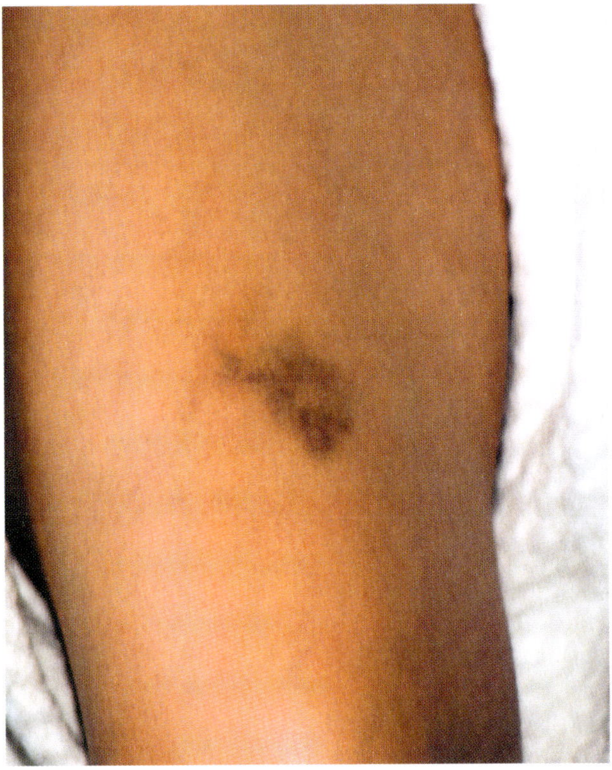

Anwendung Samora Klostersalz

Wenn es möglich ist, sollten Sie gleich nach der Verletzung Samora Klostersalz mehrmals hintereinander auf die Haut auftragen. Auch bei älteren Verletzungen ist es noch sinnvoll, 3- bis 4-mal täglich die Stelle kräftig einzureiben.

Enzyme sind auch bei dieser Art Verletzung sinnvoll: 3-mal 3 Wobenzym eine halbe Stunde vor den Mahlzeiten, bis die schmerzhafte Schwellung abklingt.

Blutungen mit Beschwerden bei Frauen

Gerne möchte ich Ihnen meine eigenen Erfahrungen mitteilen.
Als Heilpraktikerin ist es mir nicht erlaubt, die primären Geschlechtsorgane von Männern oder Frauen zu behandeln. Deshalb kann ich nur über meine persönlichen Erfahrungen berichten. Es gibt viele Gründe, warum bei einer Frau Zwischenblutungen und Beschwerden auftreten können. Verschiedene Einflüsse können der Grund für Blutungen zwischen den Menstruationen sein: Verletzungen durch Geschlechtsverkehr, Entzündungen an inneren Geschlechtsorganen, Hormongaben, Wechseljahre, niedriger Hormonspiegel, Myome, Polypen und vieles mehr. Sie sehen schon, auch hier gibt es verschiedene Möglichkeiten, die Sie von Ihrem Gynäkologen klären lassen sollten.

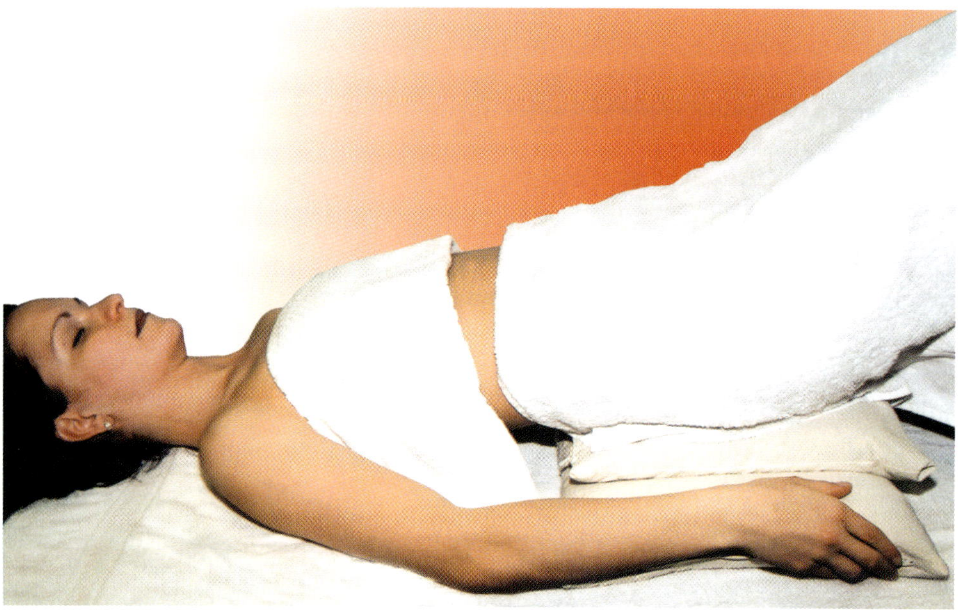

Auch Infektionen durch Pilze oder Bakterien an den inneren Geschlechtsorganen lassen sich mit dem Samora Klostersalz gut behandeln. Ich selbst hatte vor Jahren eine Infektion und nach der ersten Behandlung mit dem Samora Klostersalz waren die Beschwerden verschwunden.

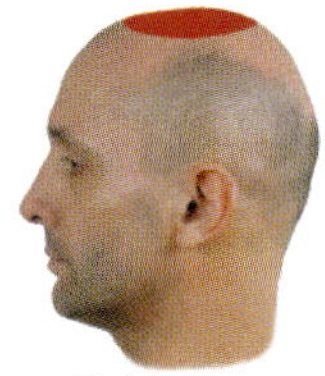
Leberzone am Kopf

Anwendung Samora Klostersalz

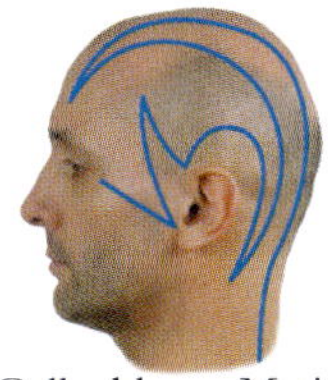
Gallenblasen-Meridian am Kopf

Besorgen Sie sich in der Apotheke eine 10-ml-Plastikspritze ohne Nadel.
Ziehen Sie bitte 3 ml Samora Klostersalz und 6 ml Wasser auf. Anschließend legen Sie sich mit dem Po etwas erhöht auf eine weiche Unterlage und führen die gefüllte Spritze möglichst vorsichtig und weit in Ihre Vagina ein. Entleeren Sie diese zügig und bleiben ein paar Minuten liegen. Sie werden schon nach wenigen Minuten eine deutliche Entspannung spüren. Anschließend legen Sie in den Slip einen Wäscheschutz und ziehen ihn an.

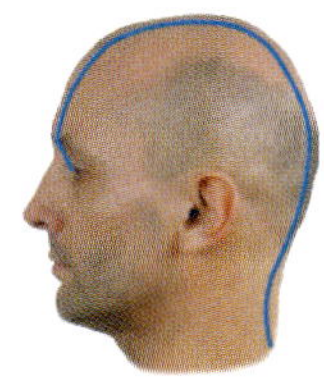
Blasen-Meridian am Kopf

Alle Zonen am Kopf fleißig 1- bis 3-mal pro Woche abends einreiben, bei Bedarf auch öfter. Behandlungszeitraum: 1 bis 2 Wochen, bei Bedarf wiederholen.

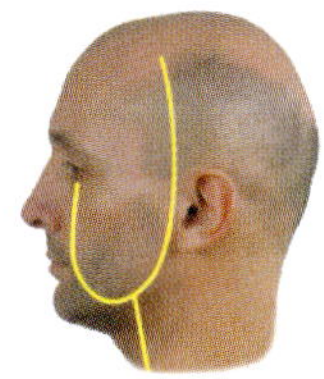
Magen-Meridian am Kopf

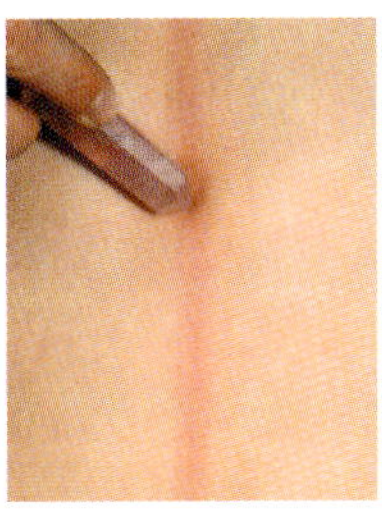

Die Akupunkturmassage nach Penzel ist mit einem Massagestab so lange durchzuführen, bis die Meridiane eine deutliche Rötung aufweisen. Danach sind die Meridiane 2- bis 3-mal mit Klostersalz einzureiben.

Enzyme sind auch in diesem Fall angezeigt, denn die Blockierungen, die durch das Klostersalz gelöst werden, kann der Körper nicht allein abtransportieren. Ich empfehle, 3-mal 3 Wobenzym täglich eine halbe Stunde vor den Mahlzeiten einzunehmen, bei akuten Beschwerden 3-mal 10.

Brandwunden

Verbrennungen können ihre Ursache aus verschiedenen Quellen haben. Ob heißer Wasserdampf, Verbrennungen durch übermäßige Sonneneinstrahlung, kochendes Wasser oder das heiße Bügeleisen, Verbrennungen sind immer ausgesprochen schmerzhaft. Je nach Stärke und Fläche der Verbrennung empfiehlt sich die Behandlung mit Klostersalz. Ich empfehle, ausschließlich die geschlossenen und kleinflächigen Verbrennungen selbst zu behandeln. Bei großflächigen oder auch offenen Verbrennungen besteht eine akute Schockgefahr und Gefahr des Flüssigkeitsverlustes. Aus diesem Grund sollten Sie auf jeden Fall je nach Schwere einen Arzt aufsuchen oder sogar den Notarzt rufen.

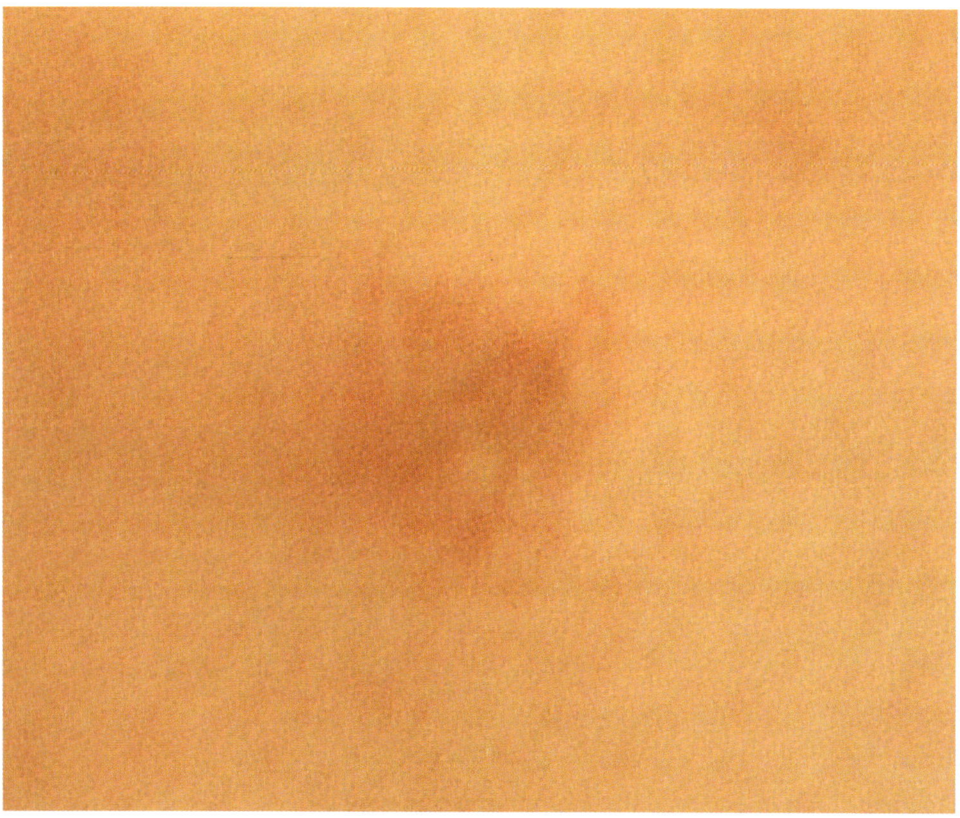

Anwendung Samora Klostersalz

Für kleine oder geschlossene Brandverletzungen empfehle ich, nach der Behandlung mit kaltem Wasser, die Brandwunde mehrmals täglich mit einer Tinktur aus ¼ Liter kaltem Wasser und 50 ml Samora Klostersalz zu bestreichen. Wenn der Schmerz komplett nachgelassen hat, streichen Sie bitte pures Samora Klostersalz auf die Fläche. 4- bis 5-mal täglich sollte dies wiederholt werden.

Im Originaltext heiß es:

Brandwunden und Verbrühungen werden sehr bald durch das Mittel geheilt. Der leidende Teil wird mit der puren Flüssigkeit eingerieben. Die erste Anwendung ist schmerzhaft, aber nur kurze Zeit, und jeder fernere Gebrauch macht weniger Schmerzen.

Ich empfinde diese Art der Anwendung als Rosskur. Allerdings ist die Behandlung mit Samora Klostersalz für die Heilung grundsätzlich wichtig, denn Sie wissen, dass naturbelassene Salze eine Vielzahl an Mineralien und Spurenelementen besitzen, die in der gesättigten Solekonzentration heilsam sind und der Spagyrik einen Anteil der Heilreize geben.

Enzyme sind bei Verbrennungen dringend einzusetzen, um die Entzündung zu minimieren. Ich empfehle im akuten Stadium 3-mal 10 Tabletten Wobenzym eine halbe Stunde vor den Mahlzeiten. Später 3-mal 3 Tabletten einnehmen.

Bronchitis

Bei diesem Krankheitsbild unterscheidet sich die akute Bronchitis von der chronischen Bronchitis nur durch das plötzliche und heftige Auftreten der akuten Form. Die Symptome der akuten Form sind meist durch Fieber begleitet wie bei einer Grippe.
Die chronische Form findet man häufig bei Rauchern, Menschen mit belastetem Arbeitsplatz oder auch bei Patienten, deren akute Bronchitis nicht richtig ausgeheilt ist.
Die unterstützende Selbstbehandlung ist jedoch in beiden Fällen die gleiche.

Anwendung Samora Klostersalz

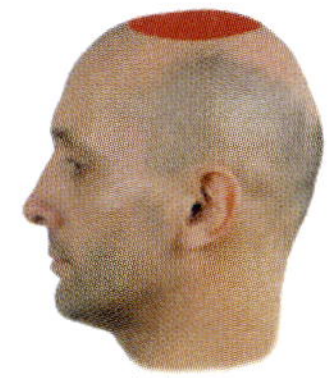

Leberzone am Kopf

Im Originaltext heiß es:

... wird bei sofortiger Anwendung von Samora Klostersalz gelindert; mit SAmora Klostersalz angefeuchtete Umschläge um den Hals und auf die Bronchien werden öfter wiederholt, zwischendurch sollte man mit dem Elixier gurgeln. Die gute Wirkung wird sofort darauf folgen.

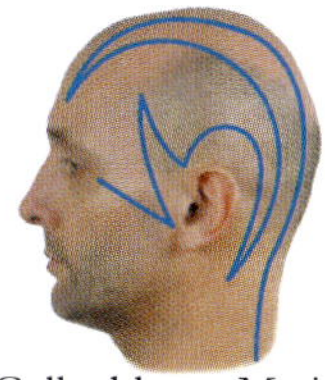

Gallenblasen-Meridian am Kopf

Alle Zonen am Kopf fleißig 1- bis 3-mal pro Woche abends einreiben, bei Bedarf auch öfter. Behandlungszeitraum: 1 bis 2 Wochen, bei Bedarf wiederholen.

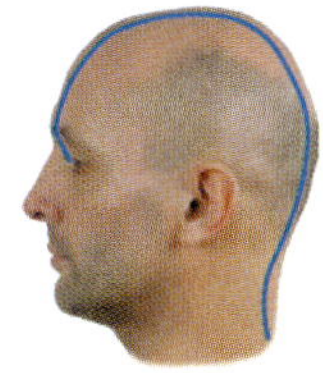

Blasen-Meridian am Kopf

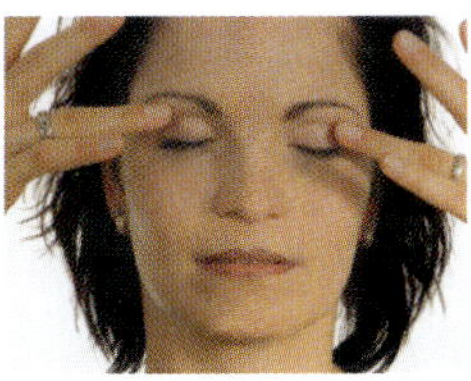

Die Salbung der Augen erfolgt mit Samora Klostersalz, 50 % mit Wasser verdünnt. Sanft in kreisender Bewegung über die geschlossenen Augenlider fahren.

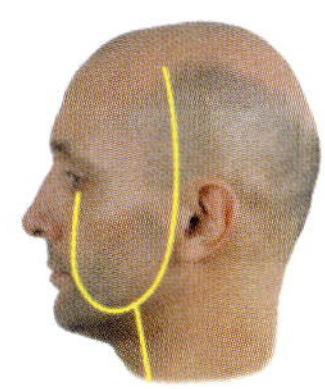

Magen-Meridian am Kopf

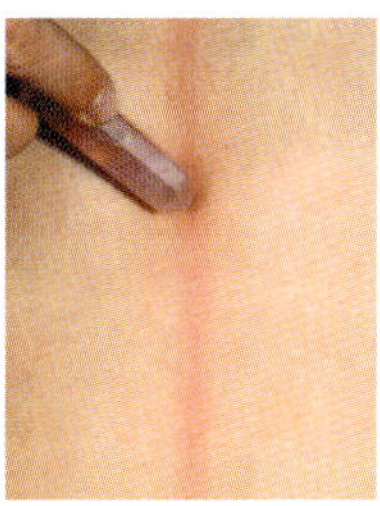

Die Akupunkturmassage nach Penzel ist mit einem Massagestab so lange durchzuführen, bis die Meridiane eine deutliche Rötung aufweisen. Danach sind die Meridiane 2- bis 3-mal mit Samora Klostersalz einzureiben

Eine Enzymgabe ist bei beiden Arten der Bronchitis anzuraten. Ich empfehle bei chronischer Bronchitis oder beim Abklingen der Symptome der akuten Bronchitis 3-mal 3 Wobenzym täglich eine halbe Stunde vor den Mahlzeiten, bei akuter Bronchitis 3-mal 10.

Achten Sie darauf, täglich eine Mindesttrinkmenge von 3 bis 4 Litern zu sich zu nehmen.

Cellulite

Die leidige Cellulite ist mehr ein Problem des Schönheitsempfindens. Dies ist eine der Beschreibungen, bei denen ich mich gefragt habe, ob ich überhaupt darauf eingehen soll. Die Unwichtigkeit dieses Themas ist bei der Ernsthaftigkeit aller anderen Symptome jedem klar.
Obwohl es sich eher um einen kosmetischen Makel handelt, möchte ich Ihnen etwas aus dem gesundheitlichen Hintergrund der Cellulite vermitteln.
Unter dem Kapitel „Kritisches und Wissenschaftliches“ habe ich Ihnen die Nachteile von Speisesalz beschrieben. Gereinigtes und behandeltes Speisesalz besteht zu mindestens 97 % aus Natriumchlorid.
Wenn Sie bedenken, dass Fettzellen einen hohen Anteil an Wasser beherbergen, dann wird Ihnen bei dem nachfolgenden Wert klar, warum bei „stärkeren“ Frauen die Cellulite besonders stark ausgeprägt ist.

1 Gramm reines Natriumchlorid (NaCl) bindet ca. 24 Gramm Wasser. Wasser, das durch den ständigen Gebrauch von Speisesalz immer wieder im Körper gebunden wird. Fertignahrung, Wurst, Käse alles ist versalzen. Hat man als Endverbraucher eine Chance, dem zu entgehen?
Übrigens:
Ich verwende zum Kochen unbehandeltes Kristallsalz!

Die Behandlung mit Samora Klostersalz ist auch bei Cellulite möglich.
Durch die Osmosefähigkeit von Samora Klostersalz ist es möglich, dem Körper überflüssiges Wasser und Schadstoffe zu entziehen.

Anwendung Samora Klostersalz

Mischen Sie einen halben Liter Samora Klostersalz mit einem Viertel Liter Wasser. Füllen Sie Ihre Samora Klostersalzmischung in eine Sprühflasche und sprühen Sie jeden Morgen und Abend die Problembereiche mit diesem Elixier ein. Sie sollten mindestens über die Dauer von 3 Monaten täglich dieses Ritual durchführen.

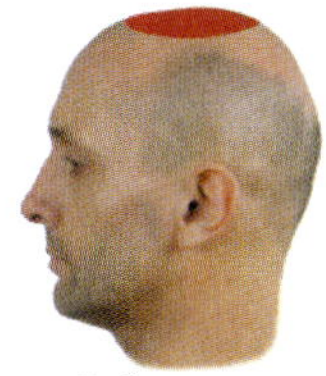

Leberzone am Kopf

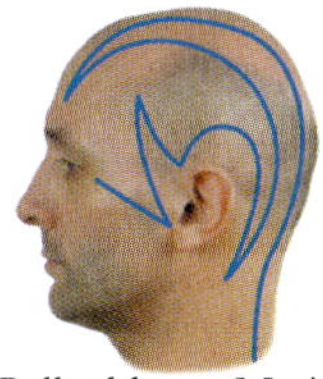

Gallenblasen-Meridian am Kopf

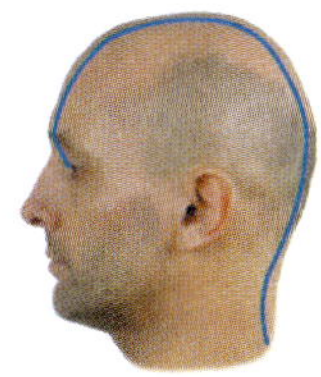

Blasen-Meridian am Kopf

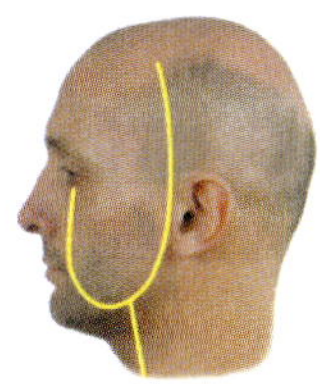

Magen-Meridian am Kopf

Für die innerliche Anwendung sollten Sie morgens und abends 1 bis 2 EL Samora Klostersalz mit 50 ml heißem Wasser verdünnt, zügig trinken.

Zusätzlich empfehle ich Ihnen, die Zufuhr von Speise- und Tafelsalz einzuschränken oder ganz darauf zu verzichten.

Die Kopfbehandlung sollte auch hier nicht vergessen werden. Alle Zonen am Kopf fleißig 1- bis 3-mal pro Woche abends einreiben, bei Bedarf auch öfter. Behandlungszeitraum: 1 bis 2 Wochen, bei Bedarf wiederholen.

Enzyme sind auch bei dieser Indikation sinnvoll: 3-mal 3 Tabletten Wobenzym eine halbe Stunde vor den Mahlzeiten, mindestens über 3 Monate.

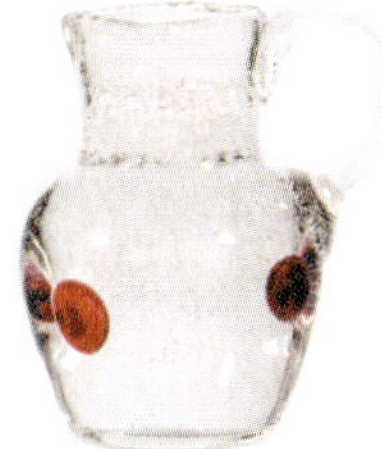

Während der Behandlung empfehle ich Ihnen eine Mindesttrinkmenge von 3 bis 4 Litern pro Tag.

Darmstörungen allgemein

Treten Beschwerden im Bereich des Bauches auf, ist es oft der Darm. Wenn es heißt: „der Darm“, ist es für den Laien eine einfache und komplexe Diagnose. So einfach ist das allerdings nicht und das Beschwerdebild Bauchschmerzen kann vielfältige Ursachen haben. Der Dünndarm ist der eigentliche Ort der Verdauung und die Darmzotten im Inneren beherbergen unglaubliche Mengen und Arten so genannter physiologischer Darmflora. Der Dickdarm entzieht dem Speisebrei die Feuchtigkeit und die Nahrungsrückstände werden ausgeschieden. Schwere und fettige Nahrung verursacht ein Völlegefühl.

Angst- und Stresssituationen verschlimmern oft die Bauchbeschwerden. Psychische Notsituationen können allerdings auch Auslöser für Bauchschmerzen sein. Oft dauern diese Beschwerden tagelang an.

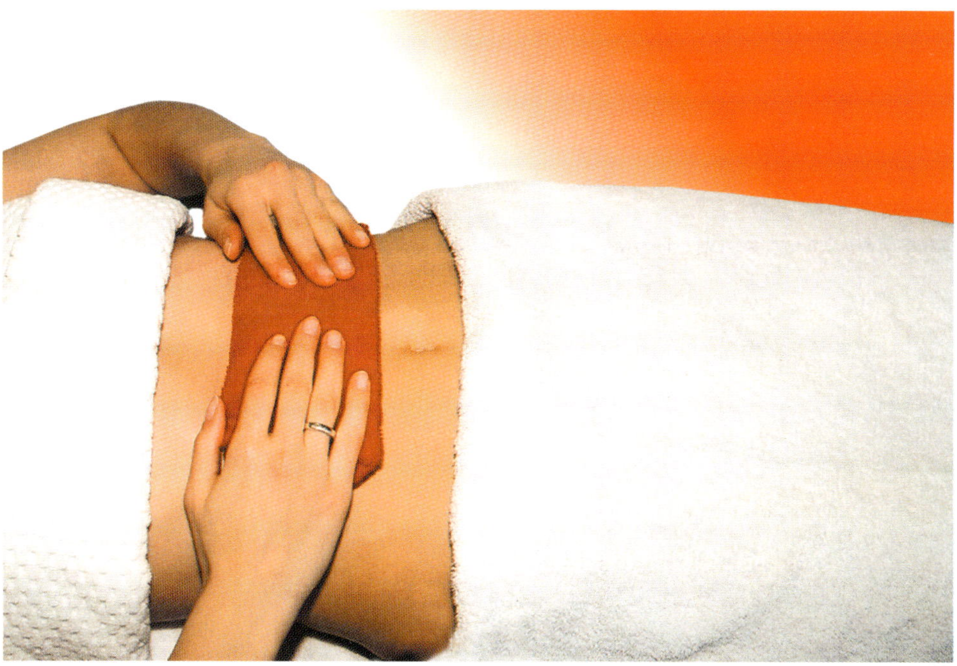

Anwendung Samora Klostersalz

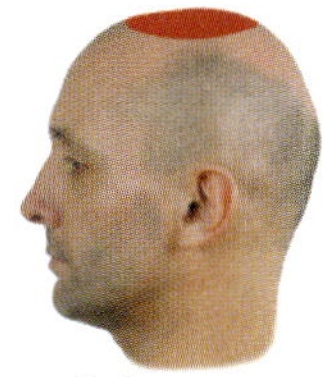
Leberzone am Kopf

Als Erstes reiben Sie am Kopf die Leberzone 2- bis 3-mal hintereinander mit Samora Klostersalz ein.

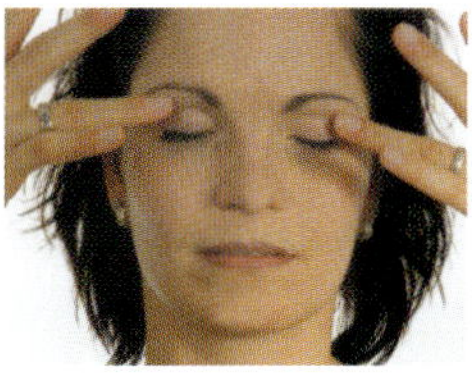

Die geschlossenen Augen ebenfalls 2- bis 3-mal hintereinander und mehrmals täglich mit sanft kreisenden Bewegungen einreiben.

Innerlich: 1 bis 2 EL mit 50 ml heißem Wasser übergießen und so schnell und so heiß wie möglich trinken. Die Anwendungen wiederholen Sie so viele Tage, bis die Beschwerden vorbei sind.

Enzyme sind auch bei Darmstörung sinnvoll: 3-mal 3 Tabletten Wobenzym eine halbe Stunde vor den Mahlzeiten, bis die Beschwerden abklingen.

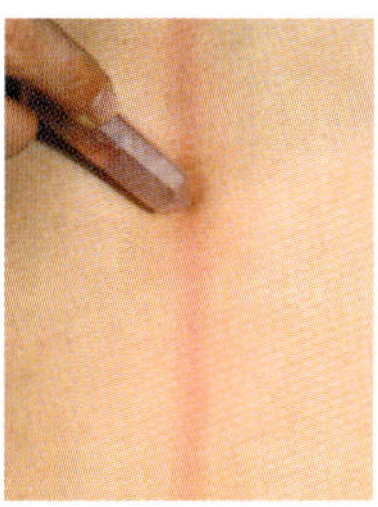

Die Akupunkturmassage nach Penzel ist mit einem Massagestab so lange durchzuführen, bis die Meridiane eine deutliche Rötung aufweisen. Danach sind die Meridiane 2- bis 3-mal mit Samora Klostersalz einzureiben.

Unbedingt sollten Sie Ihren Bauch regelmäßig mit dem Samora Klostersalz einreiben.

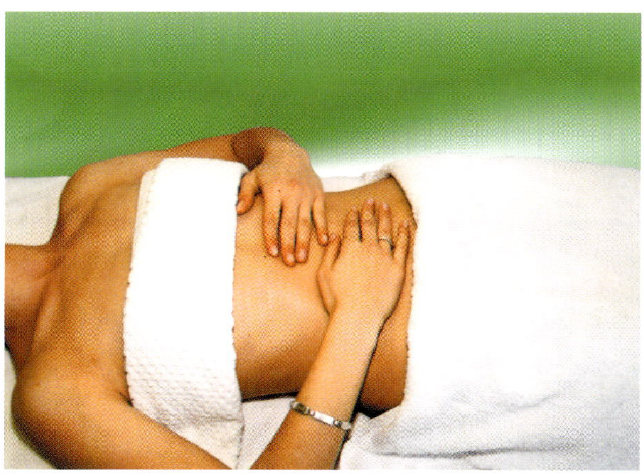

Depressionen

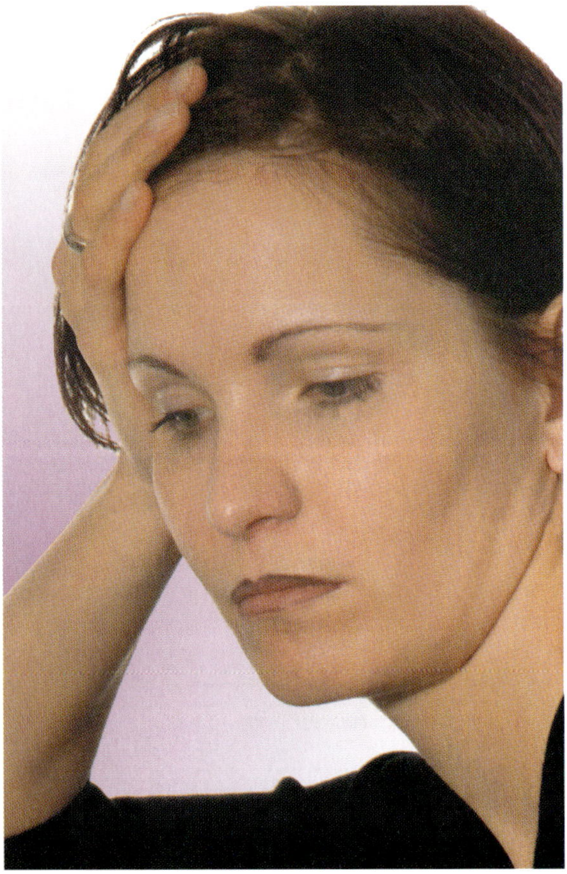

Schwermut, Abkapselung, Unsicherheit, Verzweiflung, Selbstzweifel, innerer Rückzug, das Gefühl der Sinnlosigkeit und der inneren Leere sind die mehr oder weniger ausgeprägten Symptome der Depression. Das höchste Erkrankungsrisiko liegt zwischen dem 30. und 60. Lebensjahr. Die Auslöser für diese Erkrankung sind in den letzten Jahren sehr gut erforscht worden.

Diese extremen Stimmungsveränderungen haben ihre Wurzeln oft in organischen Ursachen. Man diskutiert den Darm, die Leber und auch die Schilddrüse. Auffällig ist, dass sich bei vielen Stoffwechselkrankheiten das Krankheitsbild Depression dazugesellt.

Auch weiß man heute, dass die Folgen der Umwelteinflüsse depressionsauslösend sein können. Kunststoffe, Schwermetalle wie Blei, Cadmium, Quecksilber oder Thallium sind ebenso Auslöser wie die Inhaltstoffe von Pestiziden und Pflanzenschutzmitteln oder Nebenwirkungen von Arzneimitteln. Der Körper speichert diese Stoffe und kein Wissenschaftler vermag die Folgen der Giftstoffdepots für den menschlichen Organismus zu überblicken.

Mit diesen Erkenntnissen wird klar, warum gerade bei Depressionen die Samora Klostersalztherapie sehr wichtig ist.

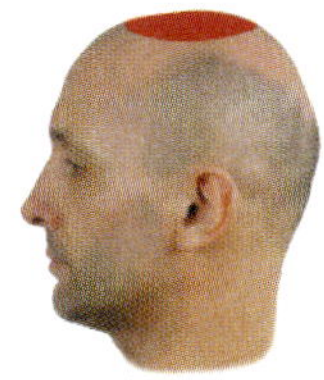

Leberzone
am Kopf

Anwendung Samora Klostersalz

Der Originaltext:

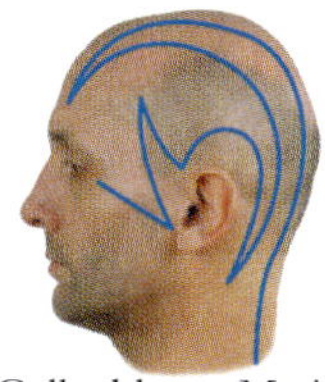

Gallenblasen-Meridian
am Kopf

Zur Stärkung dieser Schwäche ist es gut, wenn man mit dem Elixier die Schädeldecke (das Gehirn), die Stirn, die Schläfen und die Augen äußerlich gut anfeuchtet, abends vor dem Schlafengehen 2 bis 3 mal hintereinander tüchtig einreibt und 1 bis 2 EL voll von dem Elixier mit 3 bis 4 EL heißem Wasser vermischt, morgens und abends zügig trinken. Das stärkt die Glieder und die Nerven.

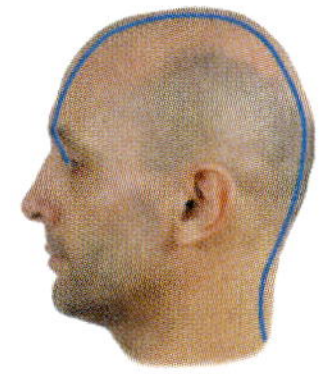

Blasen-Meridian
am Kopf

Die Einnahme der Enzyme noch jedoch erwähnt werden. Kurweise Anwendungen über 3-mal 3 Wochen im Jahr sollte man prophylaktisch machen. Täglich 3-mal 2 Tabletten sind für die Vorbeugung ideal. Hier empfehle ich ebenfalls das Präparat „Wobenzym“.

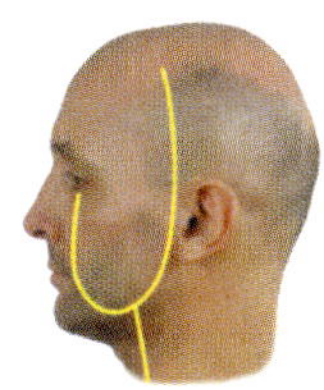

Magen-Meridian
am Kopf

Die Akupunkturmassage nach Penzel empfehle ich einmal in der Woche. Das Stimulieren der beiden Meridiane erfolgt mit einem Massagestab. Nachdem die beiden Meridiane gut gerötet sind, salben Sie diese 2- bis 3-mal hintereinander mit Samora Klostersalz.

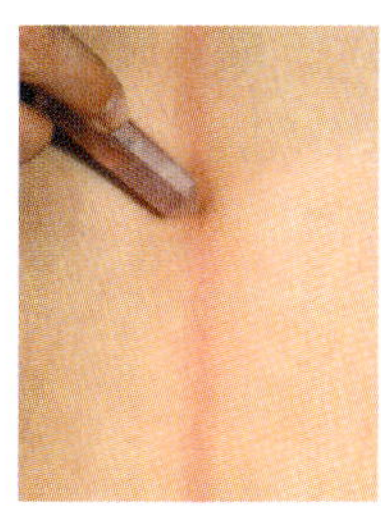

Zusätzlich empfiehlt sich auch, gelegentlich 1 Tropfen Samora Klostersalz pur oder 1 zu 3 verdünnt in den Gehörgang zu träufeln.

Während der Behandlung und auch später sollte die Trinkmenge auf 3 bis 4 Liter pro Tag erhöht werden.

Durchfall

Das Symptom Durchfall wird durch eine Infektion des Darms hervorgerufen und ist auch häufig mit Erbrechen verbunden. Die Fremdbesiedelung des Verdauungstraktes durch Viren und Bakterien, die den Durchfall auslösen, wird je nach Art des Eindringlings verschieden ausfallen. Die typische Darmgrippe, die durch Bakterien ausgelöst wird, unterscheidet sich deutlich von einer Virusinfektion.
Das Erkrankungsrisiko für „Montezumas Rache“ ist wenn man ins Ausland reist um ein Vielfaches höher als für den zu Hause Gebliebenen.
Die mangelnde Hygiene und die fremden Bakterienkulturen stürmen auf einen unvorbereiteten Organismus ein. Waren Sie auf Fernreisen und der Durchfall lässt trotz Behandlung nach wenigen Tagen nicht nach, ist ein Besuch im nächsten Tropeninstitut nötig. Dennoch empfehle ich aufgrund meiner positiven Erfahrungen eine **parallele Selbstbehandlung**, wie ich sie nachfolgend beschreibe.

Anwendung Samora Klostersalz

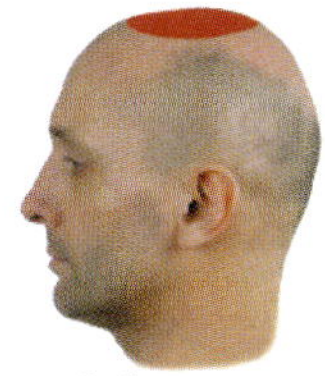
Leberzone am Kopf

Als Erstes reiben Sie am Kopf die Leberzone 2- bis 3-mal hintereinander mit Samora Klostersalz ein. So sollten Sie auch mit allen anderen Kopfzonen verfahren.

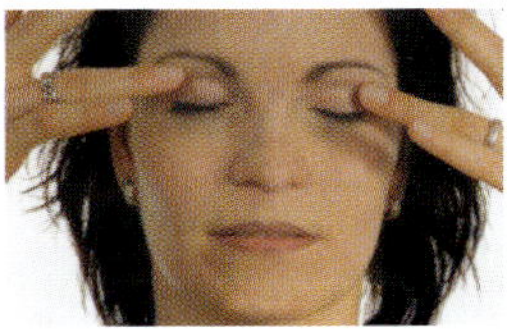

Die geschlossenen Augen ebenfalls 2- bis 3-mal hintereinander einreiben.

Innerlich: 1 - 2 EL Samora Klostersalz mit 50 ml heißem Wasser übergießen und so schnell und so heiß wie möglich trinken. Die Anwendungen wiederholen Sie so viele Tage, bis die Beschwerden vorbei sind.
Ebenso sollten Sie regelmäßig den Bauch mit dem Samora Klostersalz einreiben.

Enzyme sind äußerst sinnvoll: Akut empfehle ich 3-mal 10 bis 15 Wobenzym, sonst 3-mal 3 Tabletten eine halbe Stunde vor den Mahlzeiten, bis die Beschwerden abklingen.

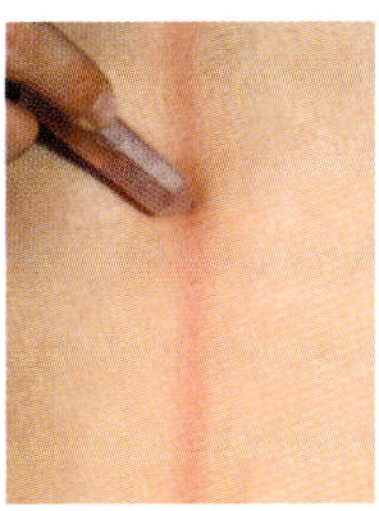

Die Akupunkturmassage nach Penzel ist mit einem Massagestab so lange durchzuführen, bis die Meridiane eine deutliche Rötung aufweisen. Danach sind die Meridiane 2- bis 3-mal mit Samora Klostersalz einzureiben.

Zusätzlich empfehle ich zum Aufbau der Darmflora die folgenden Präparate in der angegebenen Dosis bis zum Abklingen der Symptome zu nehmen:
Perenterol 3-mal täglich 3 Tabletten, Paidoflor 3-mal 2 und Mutaflor 100 mg 3-mal 2, alles auch jeweils eine halbe Stunde vor den Mahlzeiten.

Entgiftung

Die Bewertung der Umweltbelastungen des Menschen und seiner Nahrung gestaltet sich äußerst schwierig. Da wir Menschen meist nicht mit Gift in Höchstmengen in Kontakt kommen, ist der Nachweis von Toxinen im Körper schwierig.
Eine schleichende Vergiftung ist die Folge, man merkt kaum, wie die Kräfte schwinden, und erst an dem Punkt, an dem sich der Körper mit so genannten Zivilisationskrankheiten meldet, erkennt man oft genug zu spät ,das das Gesundheits-Barometer auf „Sturm“ steht.
Sehr häufig werden diese armen Menschen die unter einer chronischen Vergiftung leiden, von ihrer Umwelt als Simulanten eingestuft und stehen ihrem Leiden hilflos gegenüber.
Die Schulmedizin ist mit den unklaren Symptomen überfordert und eine Diagnose ist meist nicht klar zu stellen.

Die folgenden Symptome sind für chronische Vergiftungen typisch, wobei gleichzeitig eine oder mehrere Erscheinungen auftreten können.

- Depressionen
- Euphorie
- zentralnervöse Störungen
- Kopfschmerzen
- Übelkeit und Schwindel
- Müdigkeit
- Sehstörungen
- Lähmungen
- Taubheitsgefühl
- Auffälligkeiten der Zunge
- Berührungsempfindlichkeit der Haut und Haare
- Schleimhautreizungen
- Atemwegserkrankungen
- allergische Erscheinungen

- Störungen im Blutbild
- Arhythmien des Herzens
- Herzmuskelschäden
- Schlaflosigkeit
- Leberschäden
- Nierenerkrankungen
- Tumore
- Rheuma
- Darmstörungen
- Hauterkrankungen
- Schilddrüsenveränderungen

In diesen Fällen reicht es nicht mehr aus, seinen Körper mit Antioxidanzien zu füttern, sondern der Körper muss zusätzlich entgiftet werden.

Entgiften Sie Ihren Körper mit Hilfe der Eigennosode (Rezept) und versuchen Sie während der Einnahme mindestens 3 bis 4 Liter Wasser zu trinken.

Wichtig ist außerdem die Einnahme von Wobenzym nach folgendem Schema:
Am 1.Tag 3-mal 1, am 2. Tag 3-mal 2 usw., bis zum 7. Tag aufsteigend und dann zurück absteigend.

Die Akkupunkturmassage nach Penzel empfehle ich einmal in der Woche. Fahren Sie mit einem Massagestab die Meridiane so lange auf und ab, bis sich eine deutliche Rötung zeigt. Nun salben Sie diese Hautzonen mit Samora Klostersalz sanft ein.

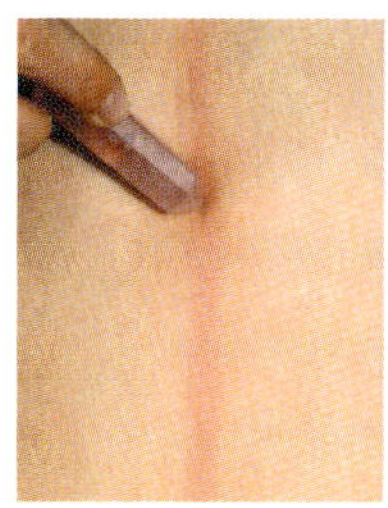

Es empfiehlt sich, 3-mal wöchentlich 1 Tropfen Samora Klostersalz 1 zu 1 verdünnt, in den Gehörgang zu täufeln.

Zur innerlichen Einnahme empfehle ich 2 bis 3 EL Samora Klostersalz mit 50 ml heißem Wasser verdünnt, so zügig wie möglich zu trinken.

Zusätzlich empehle ich Ihnen, dreimal wöchentlich eine Öl-Ziehkur durchzuführen. Spülen Sie Ihren Mund- und Rachenraum gründlich mit einem geeigneten Öl aus.

Erbrechen

Die Abwehr des Körpers gegen Stoffe, die ihm offensichtlich nicht gut tun, ist das Erbrechen.
Übermäßiger Alkoholgenuss, übermäßiges Essen, bakterielle oder virale Infektionen können nur einige Ursachen sein.
Das gilt in Bezug auf Nahrung, aber auch auf alles, was seelisch nicht verdaut werden kann. In diesem Fall sollten Sie einmal darauf achten, was Sie dazu bringt, sich immer wieder zu übergeben.
Sie sehen schon, das ist ein Thema, das aus verschiedenen Blickrichtungen anzusehen ist. Auf jeden Fall muss die Entgiftung und Regenerationsfähigkeit gefördert werden.

Anwendung Samora Klostersalz

Als erstes reiben Sie am Kopf die Leberzone 2- bis 3-mal hintereinander mit Samora Klostersalz ein. So sollten Sie auch mit der Magenzone verfahren.

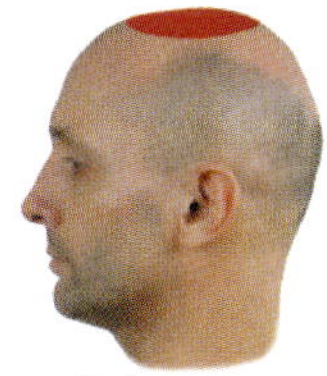
Leberzone am Kopf

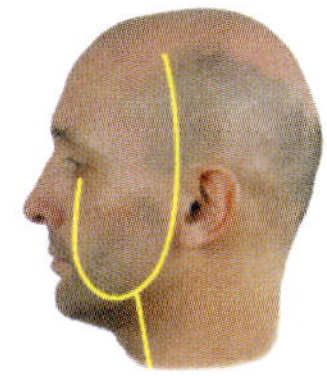
Magen-Meridian am Kopf

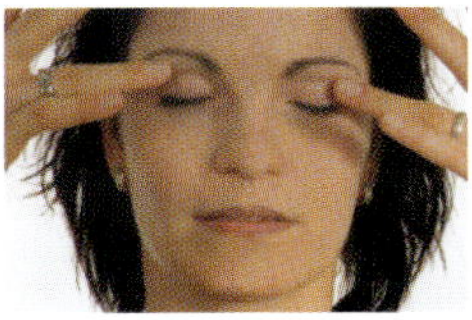

Die geschlossenen Augen ebenfalls 2- bis 3-mal hintereinander einreiben.

Innerlich: 1 bis 2 EL mit 50 ml heißem Wasser übergießen und so schnell und so heiß wie möglich trinken. Die Anwendungen wiederholen Sie so viele Tage, bis die Beschwerden vorbei sind.

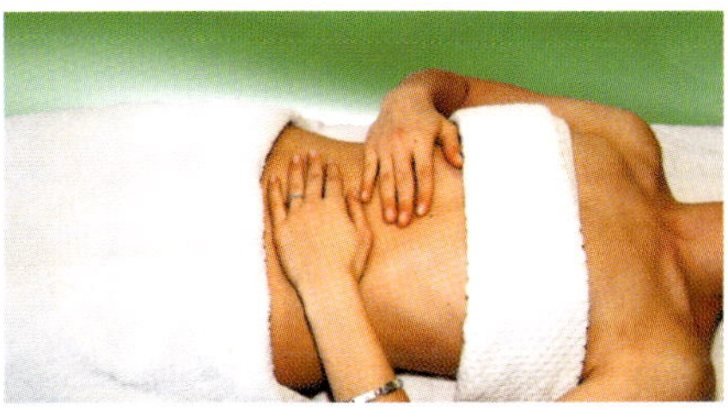

Auch sollten Sie 2- bis 3-mal täglich in sanften, kreisenden Bewegungen die Magengrube einreiben.

Ebenfalls empfehle ich Ihnen die Einnahme von 3-mal 3 Tabletten Wobenzym jeweils eine halbe Stunde vor den Malzeiten, bis die Beschwerden abklingen.

Die Akupunkturmassage nach Penzel ist mit einem Massagestab so lange durchzuführen, bis die Meridiane eine deutliche Rötung aufweisen. Danach sind die Meridiane 2- bis 3-mal mit Samora Klostersalz einzureiben.

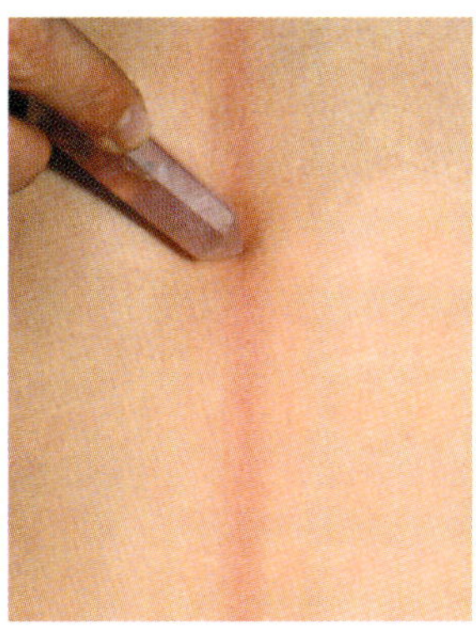

Erkältung

Die ersten Symptome bei einer Grippe oder einer banalen Erkältung gleichen sich stark. Dennoch unterscheiden sie sich in Heftigkeit und Dauer. Die Ursache der Grippe oder Erkältung ist eine Infektion der oberen Atemwege mit Viren oder Bakterien. Die ersten Anzeichen sind Kopf- und Halsschmerzen, die oft von starken Gliederschmerzen begleitet werden. Je nach Anzahl und Art der Erreger kommt häufig Fieber oder sogar Schüttelfrost hinzu. Der Rachen schwillt meist genauso zu wie die Nase und oft breitet sich der Krankheitsherd auf die Bronchien aus. Die typische Erkältungszeit beginnt mit der Heizperiode. Die Übertragung von einem Wirt zum anderen ist für den Erreger am einfachsten, wenn viel gehustet und geniest wird.
Allerdings ist es schon lange nicht mehr so wie früher, dass Sie nur im Winter erkältet sind. Ich habe das Gefühl, dass immer mehr Menschen das ganze Jahr über alle paar Wochen erkältet sind. Die Erreger sind oft die gleichen wie noch vor 20 Jahren. Das Immunsystem ist allerdings bei vielen Menschen chronisch geschwächt.

Ausgelöst wird diese Schwächung durch eine Unterernährung an Vitalstoffen und mangelnde Entgiftungsleistung (siehe Kapitel Vitamine, Mineralstoffe und Spurenelemente). Wen wundert es, dass der Körper reaktionsmüde wird und sich eine schleichende Vergiftung im Körper bemerkbar macht.
Ich habe viele Menschen mit chronischen Infekten behandelt. Samora Klostersalz ist eine wichtige Grundlage für eine erfolgreiche Therapie.

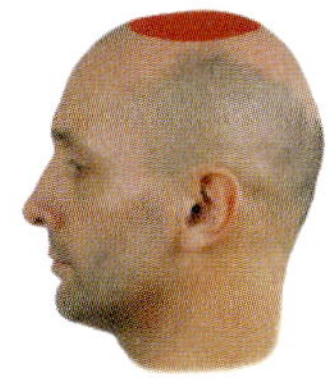

Leberzone
am Kopf

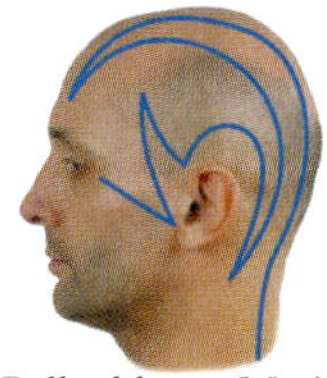

Gallenblasen-Meridian
am Kopf

Anwendung Samora Klostersalz

Der Originaltext:

Zur Stärkung dieser Schwäche ist es gut, wenn man mit dem Elixier die Schädeldecke (das Gehirn), die Stirn, die Schläfen und die Augen äußerlich gut anfeuchtet, abends vor dem Schlafengehen 2 bis 3 mal hintereinander tüchtig einreibt und 1 bis 2 EL voll von dem Elixier mit 3 bis 4 EL heißem Wasser vermischt, morgens und abends zügig trinken. Das stärkt die Glieder und die Nerven.

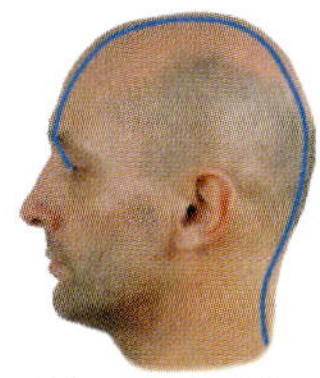

Blasen-Meridian
am Kopf

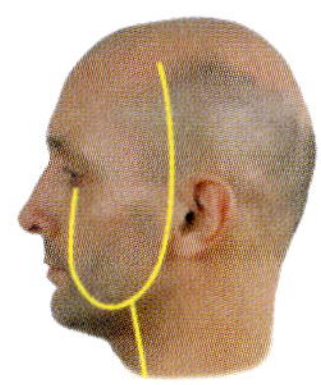

Magen-Meridian
am Kopf

Zusätzlich Samora Klostersalz in eine Sprühflasche geben und immer wieder in den Hals und Rachen sprühen.
.

Die Einnahme der Enzyme sollte noch erwähnt werden. Kurweise Anwendungen über 3-mal 3 Stück 1/2 Stunde vor den Mahlzeiten sollte man prophylaktisch über mehrere Wochen im Jahr machen. Täglich 3-mal 2 Tabletten sind für die Vorbeugung ideal. Ich empfehle das Präparat „Wobenzym“.

Achten Sie darauf, mindestens 3 bis 4 Liter Flüssigkeit täglich zu sich zu nehmen.

Falten

Die Lehre von den Krankheitszeichen im Gesicht, die Pathophysiognomie, oder das Lesen im Gesicht, die Physiognomie, ist leider nur bei wenigen Therapeuten bekannt. Der Laie nimmt die langsamen Veränderungen im Gesicht kaum wahr. Ist es Ihnen vielleicht auch schon so gegangen: Sie sehen einen Bekannten nach langen Jahren wieder und sind erschrocken über die Veränderung?

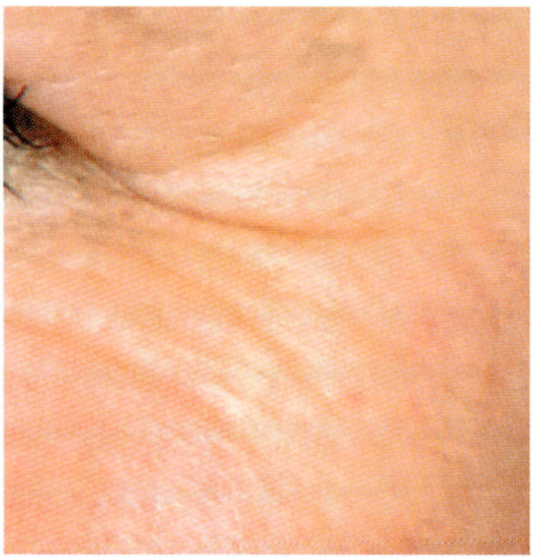

Jede Falte, jedes Gesichtsmerkmal offenbaren dem Kundigen den Zustand des Körpers und der Organe. Falten, sowie Schwellungen, Rötungen, Verfärbungen, Blässe und Male verraten nicht nur den momentanen Zustand des Körpers, sondern auch die über Generationen weitergegebenen Erbkrankheiten. Diese sind für den Therapeuten ein wichtiger Hinweis für eine entsprechende Disposition. Der Vorteil ist, dass der Kundige gegensteuern kann. Mit Samora Klostersalz können Sie an jeder einzelnen Falte konkret gegensteuern. Das Wissen der Physiognomie bedeutet auch, dass Sie sich aufmerksamer beobachten und mit der täglichen Salbung von Samora Klostersalz Ihrem Körper eine effiziente Hilfestellung anbieten, die über diese besonderen Zonen hinausgeht. Unter dem Kapitel Physiognomie finden Sie die Erläuterung der Mimikfalten und Veränderungen im Gesicht.

Anwendung Samora Klostersalz

Alle Zonen am Kopf fleißig 1- bis 3-mal pro Woche abends einreiben, bei Bedarf auch öfter. Behandlungszeitraum: 1 bis 2 Wochen, bei Bedarf wiederholen.

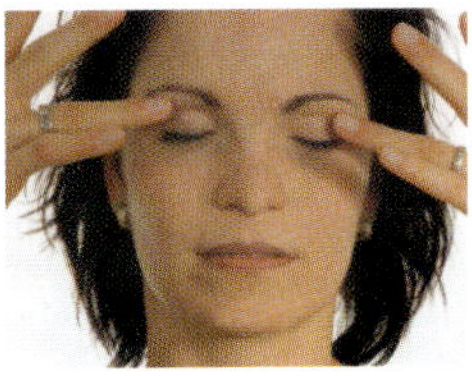

Die Salbung der Augen erfolgt mit Klostersalz, 50 % mit Wasser verdünnt. Sanft in kreisender Bewegung über die geschlossenen Augenlider fahren.

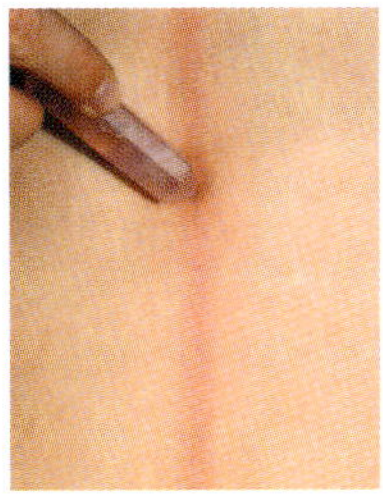

Die Akupunkturmassage nach Penzel ist mit einem Massagestab so lange durchzuführen, bis die Meridiane eine deutliche Rötung aufweisen. Danach sind die Meridiane 2- bis 3-mal mit Samora Klostersalz einzureiben.

Die innerliche Anwendung: 1 bis 2 EL Samora Klostersalz mit 50 ml heißem Wasser einmal täglich zügig trinken.

Es empfiehlt sich zusätzlich eine Enzymtherapie. Meine Empfehlung: 3-mal 3 Wobenzym täglich jeweils eine halbe Stunde vor den Mahlzeiten.

Während der Behandlung achten Sie bitte auf eine tägliche Flüssigkeitszufuhr von 3 bis 4 Litern sowie auf ausreichende Nährstoffzufuhr.

Falten und Veränderungen sowie Schwellungen jeden Abend gründlich mit Samora Klostersalz massieren.

Bei morgendlichen Schwellungen achten Sie darauf, dass Sie nach 17 Uhr keine feste Nahrung und kein Obst mehr zu sich nehmen, denn damit verzögern Sie die Entgiftungsleistung ihres Körpers.

Fieber

Fieber ist, obgleich es eine natürliche und sinnvolle Abwehrreaktion des Körpers darstellt, für viele Menschen Grund zur Panik.

Sie sollten sich freuen, denn die körpereigene Polizei vertreibt Eindringlinge, die sonst einen großen Schaden anrichten würden. Solange das Fieber nicht dauerhaft ist oder über 39,5° C steigt, sollten Sie sich gänzlich mit jeder Art der medikamentösen Fieberbekämpfung zurückhalten.

Die Ursache einer fieberhaften Erkrankung ist oft der typische grippale Infekt mit allen Symptomen der Atemwegsorgane, Entzündungen im Verdauungstrakt mit Durchfällen und natürlich alle Arten von Entzündungen im Körper. Davon kann jede Art von Geweben und Organen betroffen sein. Sollte auch gemäßigtes Fieber nach einigen Tagen nicht abklingen, suchen Sie bitte einen Therapeuten auf.

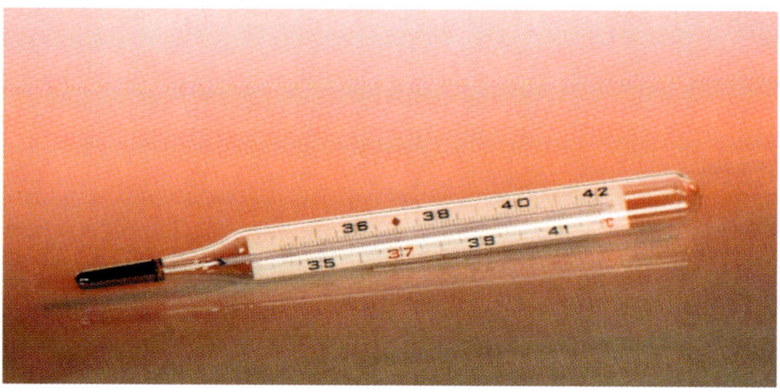

Dies gilt besonders nach Auslandsaufenthalten, nach einem Zeckenbiss und selbstverständlich auch, wenn Sie sich in einem körperlich geschwächten Zustand befinden.

Anwendung Samora Klostersalz

Im Originaltext heißt es:

In allen Fällen des Fiebers, und es gibt allerlei Arten, ist das erste, dass man den oberen Teil des Kopfes mit dem Mittel einreibt und dann, daß der Patient unmittelbar darauf 2 EL voll verdünnt mit heißem Wasser nimmt. Es wird in Zwischenräumen von 1 Stunde bis zu 3 Stunden, je nach der Beschaffenheit und der

Heftigkeit des Anfalls, wiederholt. Es kann keine Besserung erhofft werden, ehe die Entzündung entfernt ist, und nichts wird sie so bald entfernen als dieses Mittel; alle Krankheiten aber werden in ihrem Anfange sehr leicht geheilt.

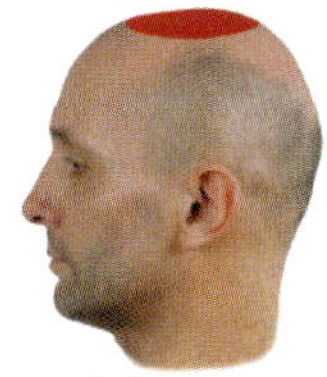

Leberzone am Kopf

Dies bedeutet, dass Sie mit der Samora Klostersalztherapie immer gleich am Anfang der Beschwerden beginnen sollten, sich zu behandeln. Also: Nicht erst warten, bis die Erreger sich in solch großer Zahl vermehrt haben, dass es für den Körper eine Belastung wird, die Sie ihm durch rechtzeitiges Handeln ersparen können.

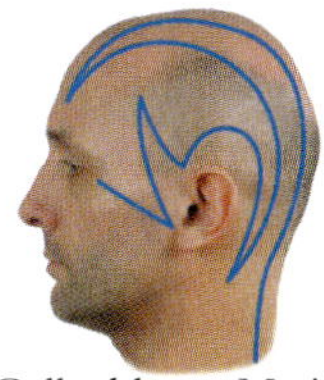

Gallenblasen-Meridian am Kopf

Es wird der obere Teil des Kopfes angesprochen. Gemeint ist die Leberzone. Ich empfehle, zusätzlich den ganzen Kopf und den Nacken einzureiben.

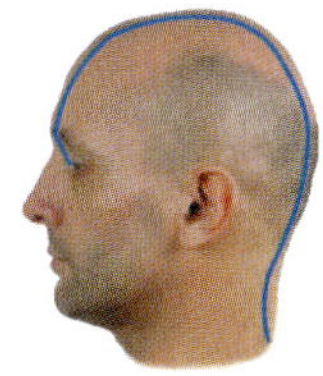

Blasen-Meridian am Kopf

Bei Beschwerden im Hals sprühen Sie mit einem Pumpsprayer den Hals- und Rachenraum ein.

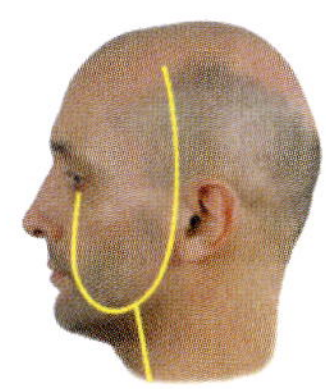

Magen-Meridian am Kopf

Zusätzlich empfehle ich bei lang anhaltendem hohem Fieber, besonders auch bei Kindern, Wadenwickel mit Samora Klostersalz zur Senkung des Fiebers. Für die Mischung sollten Sie einen Liter handwarmes Wasser und 50 ml Samora Klostersalz in eine Glas- oder Plastikschüssel geben und den Wadenwickel wie gewohnt ausführen.

Die Penzel-Massage sollte auch bei Fieber selbstverständlich sein.

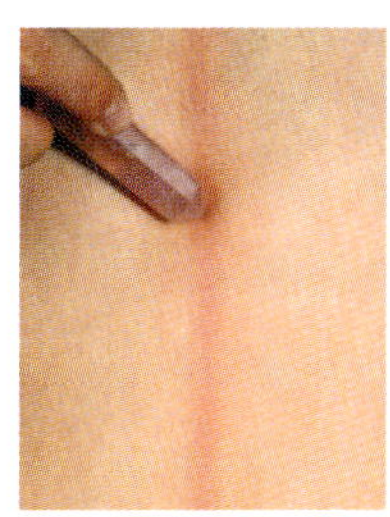

Als Enzymgabe halte ich es für angebracht, im akuten Krankheitsschub 3-mal 10 Tabletten eine halbe Stunde vor den Mahlzeiten und bis zum Abklingen 3- mal 3 Tabletten einzunehmen.

Während der Behandlung die Trinkmenge auf 3 bis 4 Liter warme oder heiße Flüssigkeit pro Tag erhöhen.

Furunkel

Definition: Schmerzhafter und entzündlicher Knoten mit eitriger Kuppel. Furunkel sind allerdings keine einfachen Entzündungen! Sie sitzen oft tief im Gewebe und entstehen meist aus einer Haarwurzel. Die Verursacher sind Bakterien, meist Staphylokokken. Durch Reibung, Immunschwäche oder Überbeanspruchung bestimmter Hautpartien treten tief liegende Furunkel auf. Hier empfiehlt sich gleich am Anfang – vorausgesetzt, Sie spüren die Entstehung des Knotens - die sofortige Behandlung mit Samora Klostersalz.

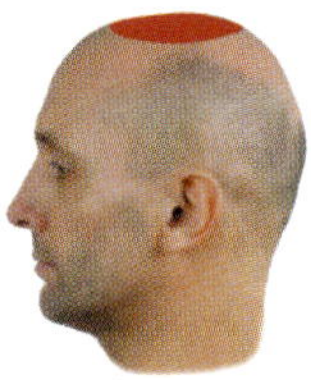

Leberzone
am Kopf

Anwendung Samora Klostersalz

Im Originaltext heißt es:

Ein Furunkel wird durch Auflegen eines angefeuchteten Lappens und durch Einnehmen des Elixiers 1-2 EL voll mit 3-4 EL heißen Wassers auf raschestem Wege geheilt.

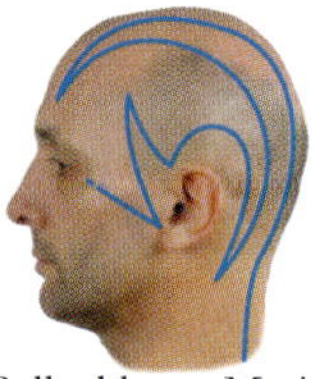

Gallenblasen-Meridian
am Kopf

Zusätzlich zur Entgiftung:
Alle Zonen am Kopf fleißig 1- bis 3-mal pro Woche abends einreiben, bei Bedarf auch öfter. Behandlungszeitraum: 1 bis 2 Wochen, bei Bedarf wiederholen.

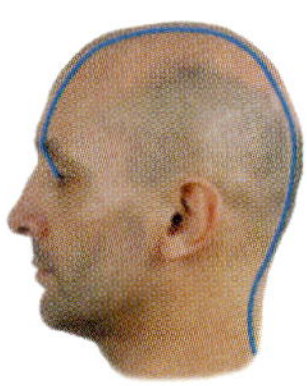

Blasen-Meridian
am Kopf

Die Akupunkturmassage nach Penzel ist mit einem Massagestab so lange durchzuführen, bis die Meridiane eine deutliche Rötung aufweisen. Danach sind die Meridiane 2- bis 3-mal mit Samora Klostersalz einzureiben.

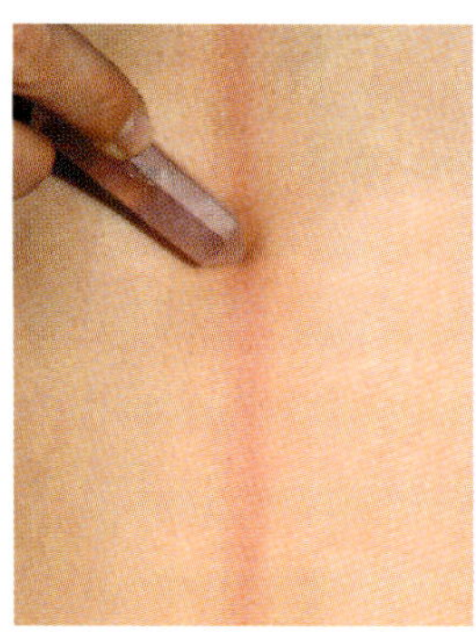

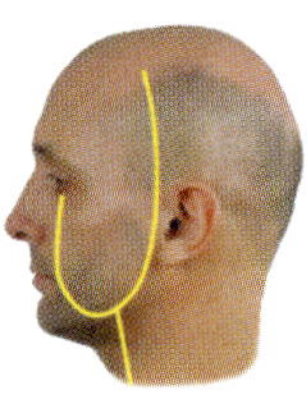

Magen-Meridian
am Kopf

Es empfiehlt sich zusätzlich eine Enzymtherapie. Meine Empfehlung: 3-mal 3 Wobenzym täglich jeweils eine halbe Stunde vor den Mahlzeiten. Im akuten Zustand 3-mal 10 bis 15 Tabletten.

Während der Behandlung achten Sie bitte auf eine tägliche Flüssigkeitszufuhr von 3 bis 4 Litern sowie auf ausreichende Nährstoffzufuhr.

Fuß- und Handreflexzonen

Die Fußreflexzonen sind - wie die Handzonen - eine Landkarte der Körperorgane und Gewebe. Selbstverständlich zählen auch die Ohren zu diesen Reflexzonen, die Sie natürlich auch mit Samora Klostersalz behandeln sollten. Überall wo Zonen in dieser Komplexität auftreten bietet sich natürlich auch die Behandlung mit Samora Klostersalz an. Besonders druck- und schmerzempfindliche Areale von der Handfläche oder der Fußsohle sind Ansatzpunkte für eine Diagnose und der anschließenden Behandlung mit Samora Klostersalz.

REFLEXZONEN AM FUß

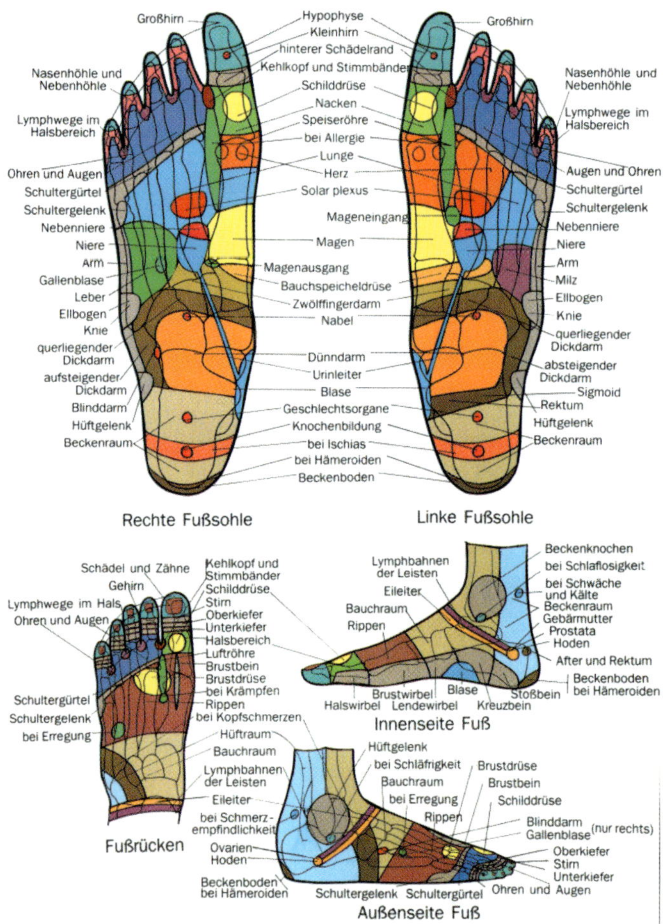

REFLEXZONEN AN DER HAND

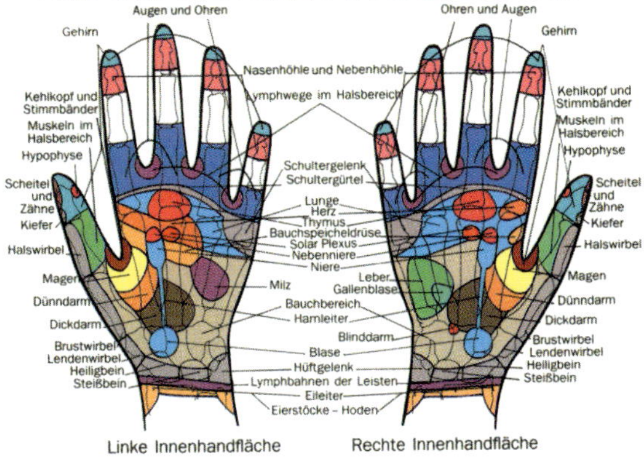

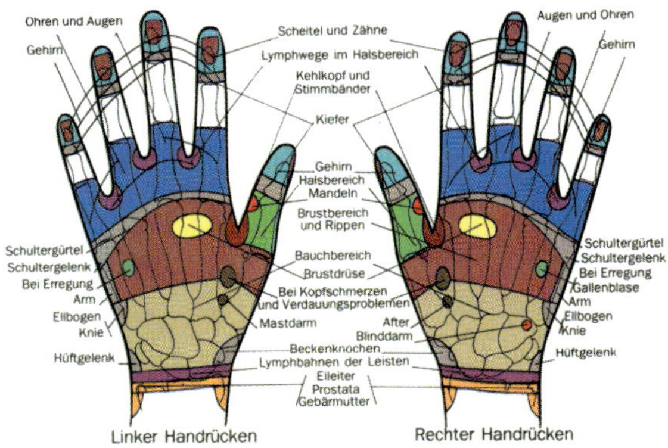

Anwendung Samora Klostersalz

Zur Vorbereitung der Füße reiben Sie bitte Ihre Füße, Hände oder Ohren mit einen Traubenkernöl ein. Anschließend massieren Sie alle Zonen mit einem leichten Druck. Sollte sich der ein oder andere Bereich schmerzhaft melden, merken Sie sich diese Stelle und massieren im Anschluss mit etwas festerer Massage 2- bis 3-mal hintereinander das Samora Klostersalzelixier ein.
Diese Art der Behandlung lockert und beruhigt das oder die Organ(e) über die Reflexzonen.
Selbstverständlich können Sie auch zur Hebung des allgemeinen Wohlbefindens nach der Ölmassage die gesamten Fuß- oder Handflächen mit Samora Klostersalz nachmassieren. Ich habe meinen Patienten oft nur durch diese einfache Behandlung helfen können.

Gallenbeschwerden

Die Gallenblase ist im eigentlichen Sinne kein Organ, sondern eine Blase, die die Gallenflüssigkeit speichert die die Leber produziert hat, und bei Bedarf zur Verfügung stellt.

Gallenbeschwerden werden oft erst nach dem Entstehen von Gallensteinen, die den Ausstoß der Gallenflüssigkeit behindern und die Gallengänge reizen, ausgelöst. Die Ursache für Gallensteine liegt allerdings in der Stoffwechselstörung der Leber. Das führt dazu, dass aus Cholesterin oder aus Calcium Steine gebildet werden. Der Gallengrieß hat Sandkorngröße und Gallensteine erreichen die Größe von Kieselsteinen. Die Erkrankung an Gallensteinen gehört zu den häufigsten Krankheitsbildern. Fast jeder zehnte Mann und fast doppelt so viele Frauen, meist ab dem 35. Lebensjahr, leiden unter Gallensteinen. Das Risiko, an einer Kolik zu erkranken, zählt zu den Komplikationen dieses Krankheitsbildes.

Am Anfang ist es nur das typische Druckgefühl nach dem Essen, das ein Unwohlsein verursacht. Bleibt allerdings ein größerer Stein in dem Gallengang stekken, kommt es zu einer Kolik. Diese ist auf jeden Fall eine Indikation für den Notarzt, da die Gefahr einer Perforation besteht. Diffuse Beschwerden können Sie jedoch bestens mit Samora Klostersalz behandeln.

Anwendung Samora Klostersalz

Im Originaltext heiß es:

Gallensteine entstehen ohne Zweifel, wenn die Eingeweide in einem ungesunden Zustand sind; man sorge daher ja dafür, diese immer rein zu halten, was in der Regel bewerkstelligt werden dürfte, wenn man den obe-

ren Teil des Kopfes mit dem Elixier einreibt und dieses jeden Morgen eine Stunde vor dem Frühstück acht bis zehn Tage lang mit heißem Wasser verdünnt nimmt. Sind die Gallensteine einmal gebildet, dann können sie meines Erachtens auf keine andere als die gewöhnliche Weise entfernt werden, doch möchte auch da der Schmerz durch die Anwendung dieses Mittels bedeutend erleichtert werden; Man muß dem Schmerz auf alle mögliche Weise nahe zu kommen suchen, in dem man den schmerzenden Teil mit dem Klostersalz so warm wie möglich einreibt.

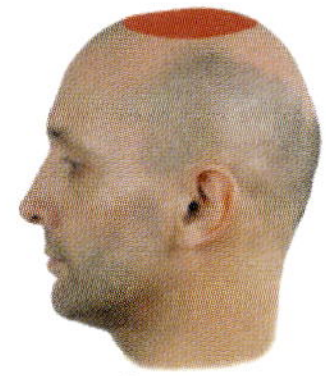

Leberzone am Kopf

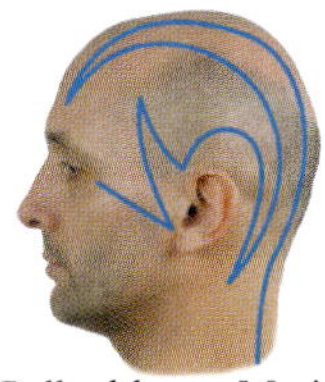

Gallenblasen-Meridian am Kopf

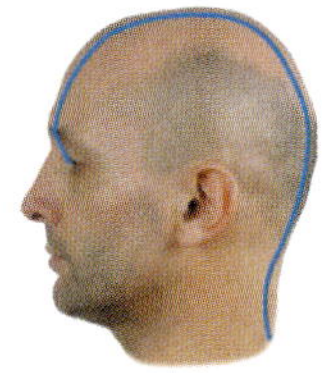

Blasen-Meridian am Kopf

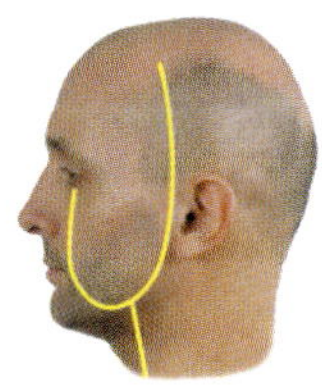

Magen-Meridian am Kopf

Ich empfehle Ihnen auf jeden Fall frühzeitig, schon wenn diffuse Beschwerden auftreten, die Sie vielleicht noch gar nicht der Gallenblase zuordnen, zusätzlich **einmalig** eine Trink-Kur aus ½ Liter Olivenöl, 150 ml Zitronensaft und 10 ml Samora Klostersalz. Das Olivenöl erwärmen Sie auf ca. 38° und geben dann den frisch gepressten Zitronensaft und das Samora Klostersalz hinzu. Dies trinken Sie dann so zügig, wie möglich aus. Diese Trink-Kur habe ich schon bei einigen Patienten empfohlen, die **Gallengrieß** hatten. Bei Gallensteinen empfehle ich, die Trink-Kur mit einem Therapeuten durchzuführen.

Alle Zonen am Kopf fleißig 1- bis 3-mal pro Woche abends einreiben, bei Bedarf auch öfter. Behandlungszeitraum: 1 bis 2 Wochen, bei Bedarf wiederholen.

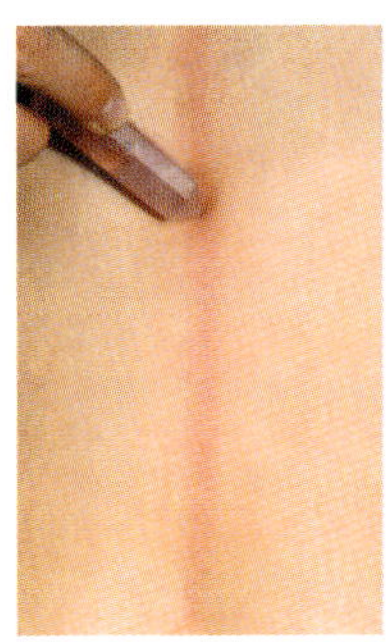

Die Akupunkturmassage nach Penzel ist mit einem Massagestab so lange durchzuführen, bis die Meridiane eine deutliche Rötung aufweisen. Danach sind die Meridiane 2- bis 3-mal mit Samora Klostersalz einzureiben.

Bei Akuten Beschwerden ist die Stoßtherapie mit einer Enzymgabe notwendig. Bitte nehmen Sie 3-mal 10 Tabletten Wobenzym täglich jeweils eine halbe Stunde vor dem Essen, ansonsten 3-mal 3 Wobenzym.

Gelenkschmerzen

Schmerzende Gelenke können, wie alle andere Krankheiten, verschiedene Ursachen haben.
Die Arthrose ist zum Beispiel eine **Verschleißerscheinung**, die durch übermäßige Belastung der Gelenke verursacht wird. Leistungssportler ebenso wie übergewichtige Menschen und auch Schwerarbeiter sind oft von dieser Krankheit befallen. Zu einer Arthrose kann natürlich zusätzlich eine Entzündung im Gelenk auftreten. Allerdings tritt auch häufig eine isolierte Entzündung auf, deren Ursache Rheuma, Gicht oder manchmal Psoriasis ist.

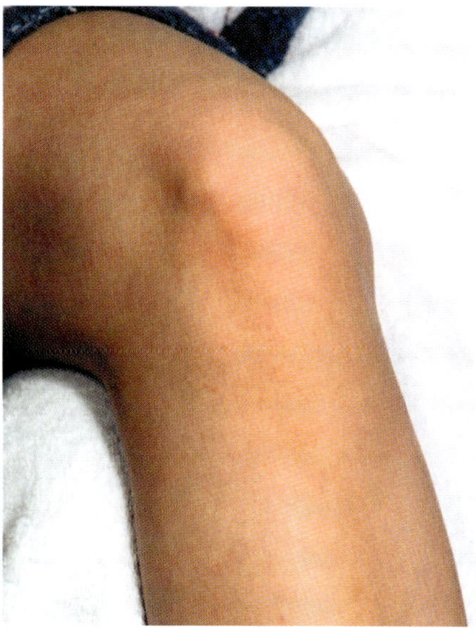

Ein schmerzendes Gelenk, das durch Abnutzungserscheinungen verursacht wird, ist in Gefahr, durch die ständige Schonhaltung schlecht ernährt zu werden. Schlechte Ernährung bedeutet für ein Gelenk auch eine mangelnde Entgiftung. Hier greift hervorragend die Samora Klostersalztherapie. Durch den erhöhten Stoffaustausch wird das Gelenk wieder besser versorgt und die Entzündungsstoffe werden hinausgeschleust.

Anwendung Samora Klostersalz

Im Originaltext heißt es:

(Fluß, Ziehen, Reißen in den Gliedern) wird immer erleichtert und oft geheilt, wenn man den leidenden Teil mit diesem Mittel einreibt. Es muß dies aber mehrere Tage und selbst Wochen lang ein- bis zweimal täglich fortgesetzt werden. Es gibt Fälle, wo es not-

wendig ist, daß der Patient zwei Eßlöffel voll, mit heißem Wasser vermischt, einmal täglich, zwölf bis vierzehn Tage lang nimmt. - Es ist dies eine der hartnäckigsten Krankheiten und sie erfordert große Geduld und Ausdauer, aber auch Sie hat dem Mittel weichen müssen, obwohl manchmal die Anwendung der Bürste nötig war. Es könnten sehr viele Fälle angeführt werden, da solche Personen, welche mit dieser Krankheit behaftet waren und ihre Winter in großen Schmerzen innerhalb der vier Wände zubringen mußten, durch die Anwendung dieses Mittels in den Stand gesetzt wurden, sich das ganze Jahr ihres Lebens zu freuen.

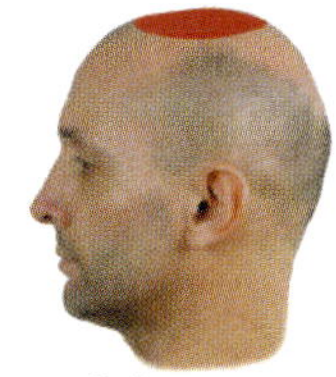

Leberzone am Kopf

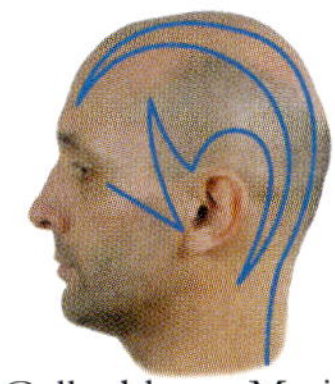

Gallenblasen-Meridian am Kopf

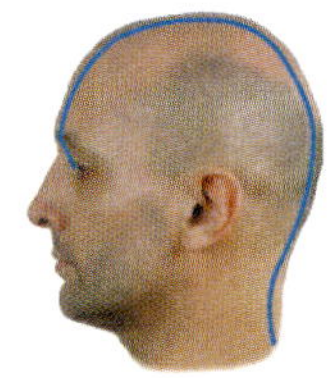

Blasen-Meridian am Kopf

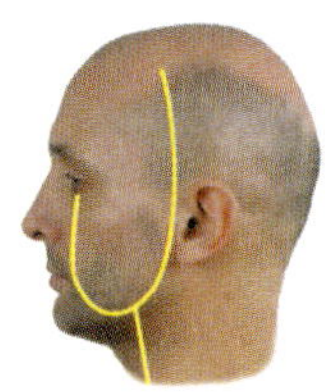

Magen-Meridian am Kopf

Alle Zonen am Kopf fleißig 1- bis 3-mal pro Woche abends einreiben, bei Bedarf auch öfter. Behandlungszeitraum: 1 bis 2 Wochen, bei Bedarf wiederholen.

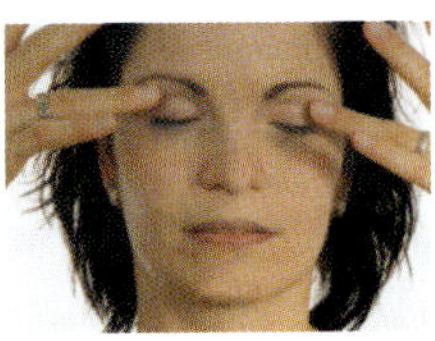

Die Augensalbung erfolgt mit 50 % verdünntem Samora Klostersalz. Sanft in kreisender Bewegung über die geschlossenen Augenlider fahren.

Zusätzlich kann die Akupunkturmassage nach Penzel mit einem Massagestab so lange durchgeführt werden, bis die Meridiane eine deutliche Rötung aufweisen. Danach sind die Meridiane 2- bis 3-mal mit Samora Klostersalz einzureiben.

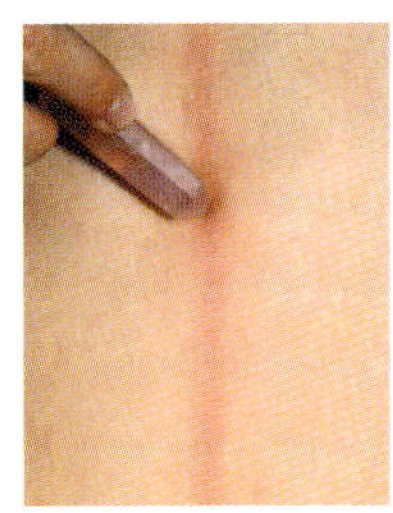

Hier empfiehlt sich zusätzlich eine Enzymtherapie. Meine Empfehlung: 3-mal 3 Phlogenzym täglich jeweils eine halbe Stunde vor den Mahlzeiten, akut 3-mal 10 Stück.

Während der Behandlung achten Sie bitte auf eine tägliche Flüssigkeitszufuhr von 3 bis 4 Litern sowie auf ausreichende Nährstoffzufuhr.

Gesichtsschmerz

Der Schmerz im Gesicht wird oft als Migräne-Schmerz beschrieben.
Es ist Ihnen sicher aufgefallen, das der Kopf und das Gesicht mit den verschiedensten Meridianen bedeckt ist. Weiterhin wissen wir, dass alle diese Meridiane für die körperliche Entgiftung zuständig sind. Nicht umsonst sticht der kundige Therapeut bei Migräne und Gesichtsschmerz Punkte auf diesen Meridianbahnen. Das Wichtigste für ihn ist die Entlastung und die Hilfe zur Ausleitung, dann erfolgt automatisch eine Schmerzlinderung. So einfach ist das!

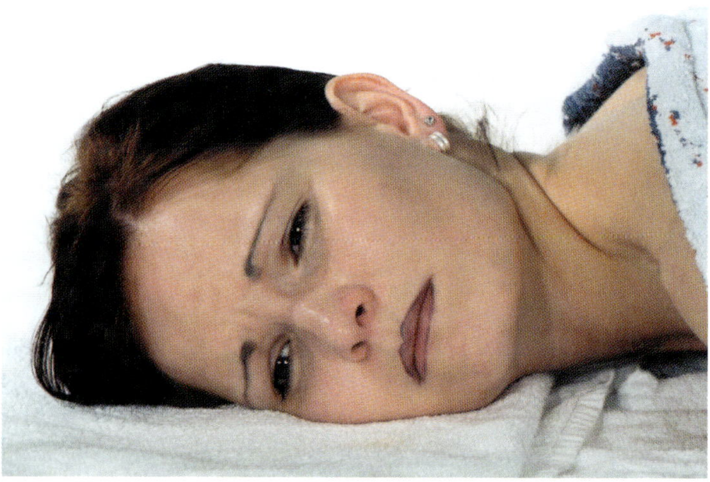

Deshalb liegt es nahe, bei Kopf- und Gesichtsschmerz an eine organische Überlastung zu denken. Schmerz ist ein Signal des Körpers. Er sagt uns, dass wir genauer hinschauen sollen. Leider greifen die meisten Menschen direkt zur Schmerztablette. Dadurch wird die natürliche Alarmanlage abgestellt. Damit ist das Übel aber nicht beseitigt. Die Überlastung besteht weiter, und die Folgen für den Gesamtorganismus sind oft erst später ersichtlich.
Ich habe mit der Samora Klostersalztherapie die allerbesten Erfahrungen gemacht. Auch mir persönlich ist sie eine unersetzliche Hilfe.

Anwendung Samora Klostersalz

Im Originaltext heiß es:

Diese Krankheit dürfte durch den Gebrauch dieses Elixiers bedeutend erleichtert, sogar geheilt werden. Man reibt den oberen Teil des Kopfes mit dem Mittel gut ein; darauf wird das Ohr an der Seite des Kopfes, wo der Schmerz ist, mit dem Mittel gefüllt, welches man ungefähr zehn Minuten lang drin läßt. Nachher wird der leidende Teil mit dem Elixier eingerieben. Wird dadurch noch keine Heilung erwirkt, so muß der Patient 14 Tage lang jeden Morgen etwa eine Stunde vor dem Frühstück 2 EL voll von dem Klostersalz mit heißem Wasser verdünnt nehmen.

Ich empfehle, zusätzlich die Akupunkturmassage nach Penzel mit einem Massagestab so lange durchzuführen, bis die Meridiane eine deutliche Rötung aufweisen. Danach sind die Meridiane 2- bis 3-mal mit Samora Klostersalz einzureiben.

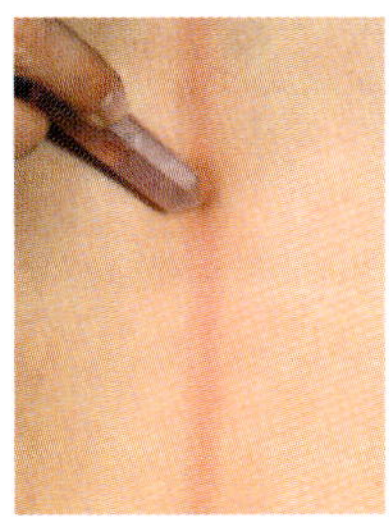

Enzyme sind auch hier angezeigt, denn die Blockierungen, die durch das Samora Klostersalz gelöst werden, sind vom Körper nicht allein zu bewältigen. Meine Empfehlung: 3-mal 3 Wobenzym täglich jeweils eine halbe Stunde vor den Mahlzeiten, akut 3-mal 10 Tabletten.

Die Salbung der Augen erfolgt jeweils morgens und abends.2 Tropfen Samora Klostersalz mit 6 Tropfen Wasser verdünnen und sanft über die geschlossenen Augenlider fahren.

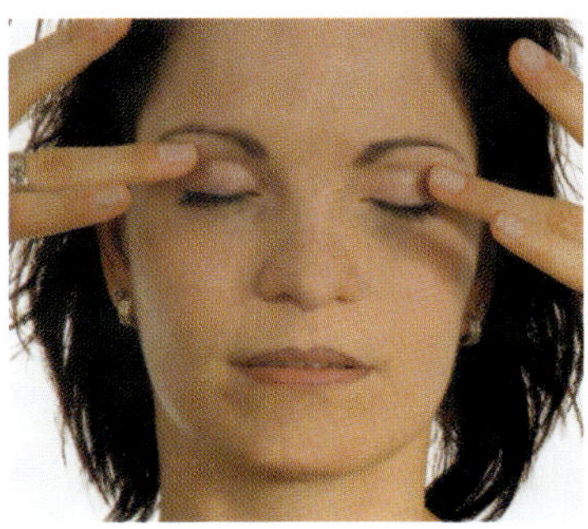

Gicht

Diese Krankheit zählt zu den so genannten Wohlstandskrankheiten. Die Ursache für diese Stoffwechselkrankheit liegt in der übermäßigen Zufuhr an Fleisch, Geflügel, Alkohol, Hülsenfrüchten, Innereien und fetthaltigen Saucen. Darüber gibt es spezielle Literatur.
Die Nieren scheiden die im Körper gebildeten Harnsäuren nicht in ausreichender Menge aus, so dass die Konzentration im Blut ansteigt.
Ab einer Konzentration von etwa 8-9 Milligramm pro 100 ml Blut kristallisiert die Harnsäure aus. Passiert das in den Gelenken, spricht man von einem Gichtanfall. Die Zerstörung des Knorpels ist oft die Folge dieser Stoffwechselerkrankung. Auch entwickelt sich bei vielen Patienten im Lauf der Erkrankung ein Nierenschaden.

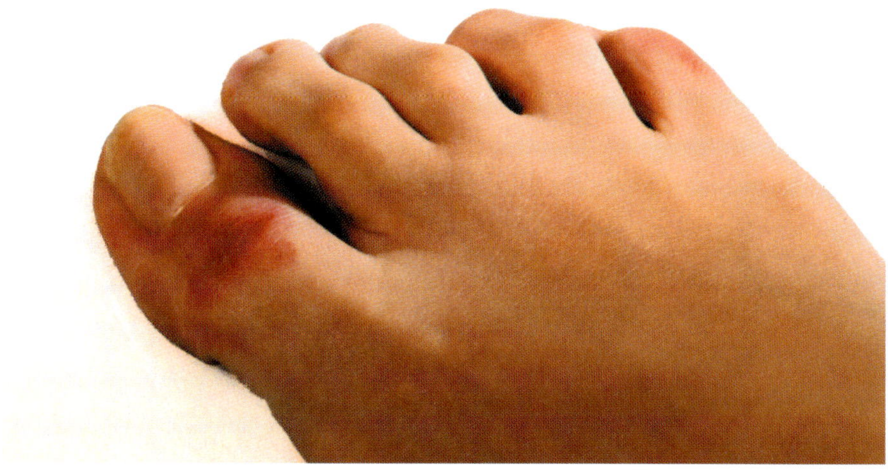

Anwendung Samora Klostersalz

Im Originaltext heißt es:

Da dieses schmerzvolle Leiden seinen Sitz im Blute hat, so ist es notwendig, dass die damit behaftete Person

den Oberteil des Kopfes einmal beim Schlafengehen mit dem Mittel einreibt und am folgenden Morgen zwei Eßöffel voll, mit heißem Wasser vermischt, eine Stunde vor dem Frühstück nimmt; dies wird 12 bis 14 Tage lang wiederholt und der entzündete Teil, oder wo der Schmerz eben ist, mit etwas weichem, vielleicht mit einer Feder berührt, bis der Patient es ertragen kann, dass man ihn mit dem Finger das Elixier einreibt. Diese Krankheit erfordert große Ausdauer. Gicht-Anfälle müssen in dem nämlichen Augenblicke gepflegt werden, da der Anfall beginnt.

Daraus ist zu ersehen, wie notwendig es für alle Familien ist, immer eine Flasche mit diesem Mittel zur Verfügung zu haben.

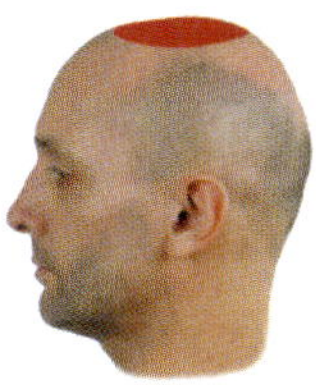

Leberzone am Kopf

Es wird damit der obere Teil des Kopfes gut eingerieben. Bei Beschwerden nimmt der Patient 2 EL mit 50 ml heißen Wassers verdünnt, morgens nüchtern und abends vor dem Schlafengehen ein. Bei Befolgung dieser Anweisung, wenn sie mehrere Male ausgeführt wurde, ist immer eine sehr gute Wirkung erzielt worden.

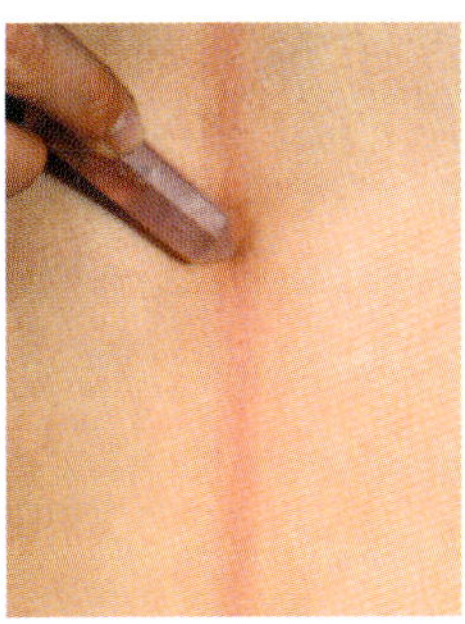

Ich empfehle zusätzlich die Akupunkturmassage nach Penzel mit einem Massagestab so lange durchzuführen, bis die Meridiane eine deutliche Rötung aufweisen. Danach die Meridiane 2- bis 3-mal mit Samora Klostersalz einreiben.

Auch hier ist die Einnahme von Enzymen angezeigt. Ich empfehle akut 3-mal 10 Stück, sonst 3-mal 3 Wobenzym eine halbe Stunde vor den Mahlzeiten.

Grippe

Die Symptome bei einer Grippe oder einer banalen Erkältung gleichen sich stark. Dennoch unterscheiden sie sich in Heftigkeit und Dauer. Die Ursache der Grippe oder Erkältung ist eine Infektion der oberen Atemwege mit Viren oder Bakterien.

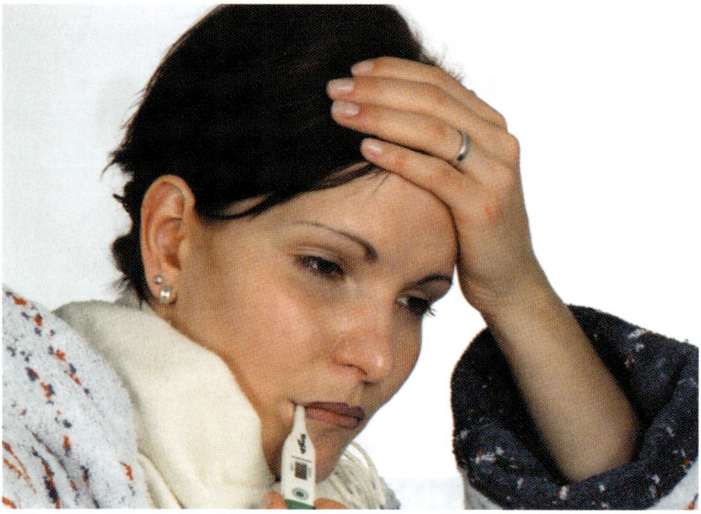

Die ersten Anzeichen sind Kopf- und Halsschmerzen, die oft von starken Gliederschmerzen begleitet werden.
Je nach Anzahl und Art der Erreger kommt häufig Fieber oder sogar Schüttelfrost hinzu. Der Rachen schwillt meist genauso zu wie die Nase und oft breitet sich der Krankheitsherd auf die Bronchien aus. Die typische Erkältungszeit beginnt mit der Heizperiode. Die Übertragung von einem Wirt zum anderen ist für den Erreger am einfachsten, wenn viel gehustet und geniest wird.
Allerdings ist es schon lange nicht mehr so wie früher, dass Sie nur im Winter erkältet sind. Ich habe das Gefühl, dass immer mehr Menschen das ganze Jahr über alle paar Wochen erkältet sind. Leider ist das Immunsystem allerdings bei vielen Menschen chronisch geschwächt. Ausgelöst wird diese Schwächung durch eine Unterernährung an Vitalstoffen (siehe Seite Kapitel Vitamine, Mineralstoffe und Spurenelemente).
Auch die schleichende Vergiftung im Körper macht sich bemerkbar.

Ich habe viele Menschen mit chronischen Infektionen behandelt. Samora Klostersalz ist eine wichtige Grundlage für eine erfolgreiche Therapie.
Der Unterschied zur banalen Erkältung ist das wesentlich heftigere Krankheitsbild. Auch dauert die Zeit der Genesung wesentlich länger. Allerdings kann man auch davon ausgehen, dass immunschwache Menschen sowie Kinder oder ältere Menschen besonders gefährdet sind.

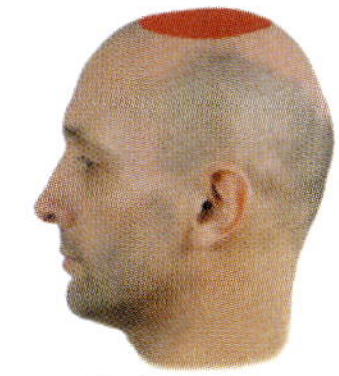
Leberzone am Kopf

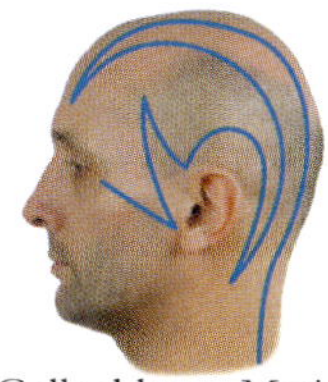
Gallenblasen-Meridian am Kopf

Anwendung Samora Klostersalz

Im Originaltext heiß es:

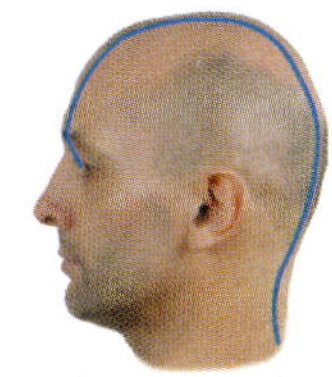
Blasen-Meridian am Kopf

Grippe oder Influenza werden rasch und sicher in einigen Tagen geheilt, indem man den ganzen Kopf und den Körper mit diesem Mittel zweimal am ersten Tag nach dem Auftreten der Krankheit bei mehrmaligen Anfeuchten des Kopfes und des Körpers tüchtig einreibt und morgens und abends einnimmt wie im allgemeinen empfohlen wird.

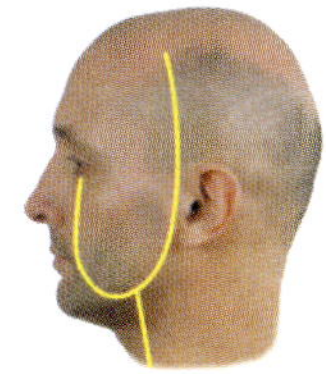
Magen-Meridian am Kopf

Da die Ohren oft stark beteiligt sind, empfehle ich, morgens und abends jeweils 1 bis 2 Tropfen in jedes Ohr zu träufeln.

Während der Behandlung achten Sie bitte auf eine tägliche Flüssigkeitszufuhr von 3 bis 4 Litern sowie auf ausreichende Nährstoffzufuhr.

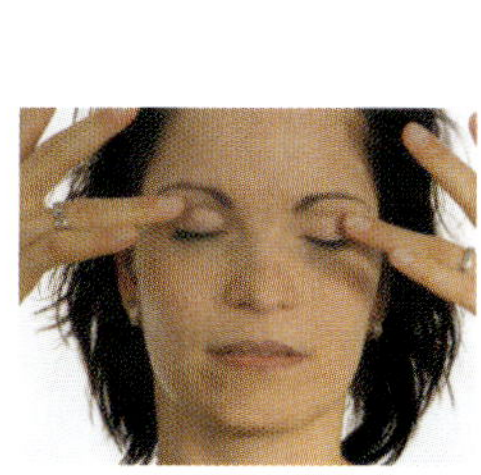

Die Salbung der Augen erfolgt morgens und abends mit 2 Tropfen Samora Klostersalz und 6 Tropfen Wasser verdünnt.

Enzyme sind empfehlenswert. 3-mal täglich, jweils eine halbe Stunde vor den Mahlzeiten 3 Stück, akut 10 Stück.

Haarausfall

Wenn in der Dusche und im Kamm immer wieder vermehrt Haare auftauchen und nicht mehr den Kopf zieren, bricht bei manchen Menschen berechtigte Panik auf.

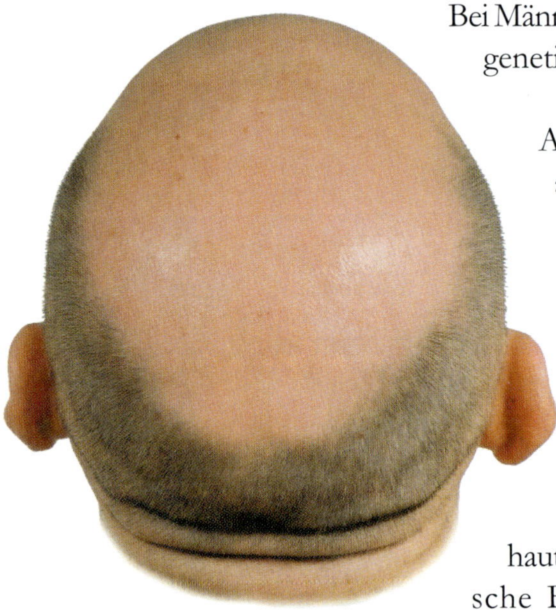

Bei Männern ist der Haarausfall meist genetisch programmiert.

Aber vielen Menschen - vor allem Frauen - fallen die Haare aus anderen Gründen aus: Hormonstörungen, Medikamente, Eisenmangel, Vitalstoffmangel, Erkrankungen des Bindegewebes, Pilz und bakterielle Entzündungen der Kopfhaut, Mangelernährung, chemische Behandlungen der Haare beim Friseur, Lebererkrankungen und vieles mehr. Das sind nur die wichtigsten Ursachen für Haarausfall. Diese Liste könnte beliebig erweitert werden.

Ich habe, gerade was den Haarausfall angeht, sehr viele positive Erfahrungen mit dem Samora Klostersalz gemacht. Oft hat der Haarausfall mit der Verschlackung des Gewebes zu tun. Mal ehrlich: Wer kümmert sich um seine Kopfhaut? Jucken und harmlose Schuppen kündigen allerdings schon oft frühzeitig kommende Schwierigkeiten an. Erst wenn das Gewebe so verschlackt ist, dass die Haare ausfallen, wird die Kopfhaut zum Thema.

Anwendung Samora Klostersalz

Alle Zonen am Kopf fleißig 1- bis 3-mal pro Woche abends einreiben, bei Bedarf auch öfter. Behandlungszeitraum: 1 bis 2 Wochen, bei Bedarf wiederholen.

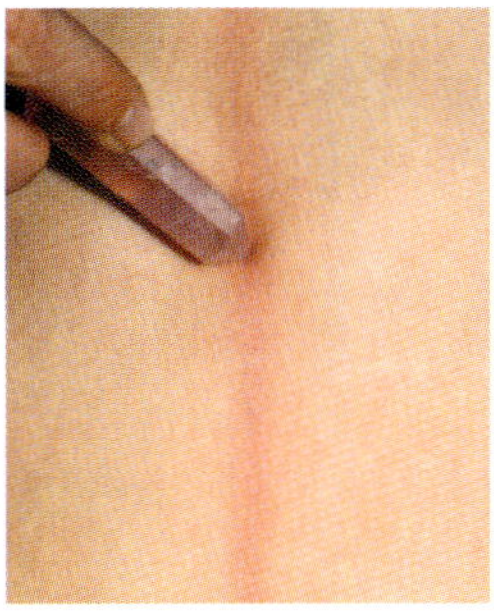

Die Akupunkturmassage nach Penzel ist mit einem Massagestab so lange durchzuführen, bis die Meridiane eine deutliche Rötung aufweisen. Danach sind die Meridiane 2- bis 3-mal mit Samora Klostersalz einzureiben.

Enzyme sind auch hier angezeigt, denn die Blockierungen, die durch das Klostersalz gelöst werden, sind vom Körper nicht allein zu bewältigen. Meine Empfehlung: 3mal 3 Tabletten Wobenzym täglich jeweils eine halbe Stunde vor den Mahlzeiten.

Während der Behandlung achten Sie bitte auf eine tägliche Flüssigkeitszufuhr von 3 bis 4 Litern sowie auf ausreichende Nährstoffzufuhr.

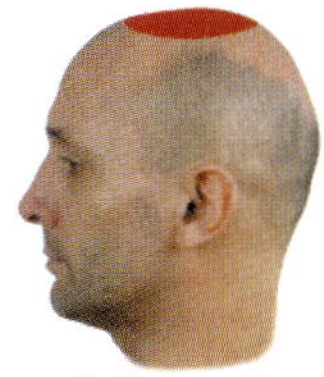

Leberzone
am Kopf

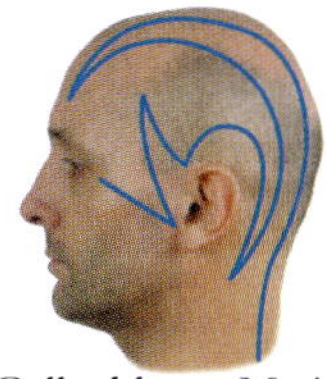

Gallenblasen-Meridian
am Kopf

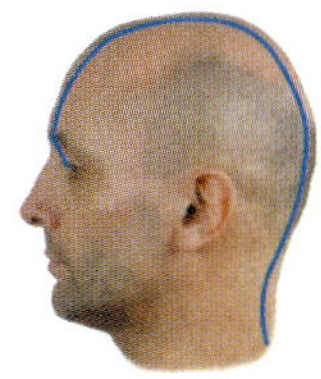

Blasen-Meridian
am Kopf

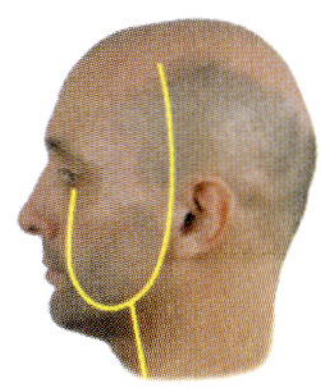

Magen-Meridian
am Kopf

Halsschmerzen und Angina

Diese beiden Symptome möchte ich zusammenfassen. Schmerzen im Hals haben verschiedene Ursachen. Rauchen und übermäßiger Alkoholgenuss sind ebenso Auslöser. Meistens jedoch treten Halsschmerzen auf, wenn die Atemwege entzündet oder gereizt sind. Dann sind die Auslöser Bakterien und Viren.

Zu trockene Raumluft und eine geschwächte Abwehr begünstigen ebenso die ständig wiederkehrenden Halsentzündungen wie die Unterernährung an wertvollen Nährstoffen.

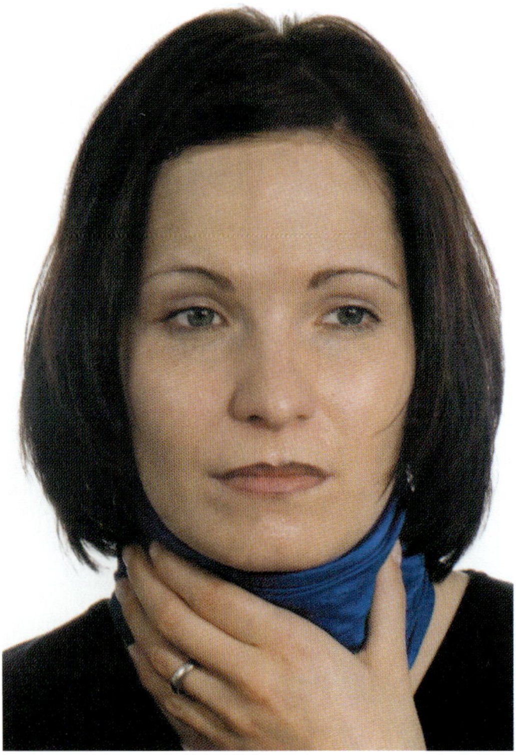

Besonders leiden die typisch lymphatischen Menschen unter der Entzündung des so genannten „Waldeyerschen Rachenrings", der das lymphische Gewebe in Hals und Rachen beschreibt.

Diese Menschen haben vorwiegend blaue Augen und eine eher blasse Haut. Auffällig ist, dass besonders Kinder immer wieder unter Halsschmerzen und Angina leiden, so dass vielen Kindern die Rachenmandeln, die einen wesentlichen Teil der Abwehr darstellen, in früher Jugend entfernt werden.

Leider fehlen dann die Wächter der Atemwege und die Infekte der abführenden Atemwegsorgane häufen sich zwangsläufig.

Anwendung Samora Klostersalz

Ich empfehle grundsätzlich auch bei bloßem Halsweh mehrere Anwendungen.

Alle Zonen am Kopf fleißig 1- bis 3-mal pro Woche abends einreiben, bei Bedarf auch öfter. Behandlungszeitraum: 1 bis 2 Wochen, bei Bedarf wiederholen.

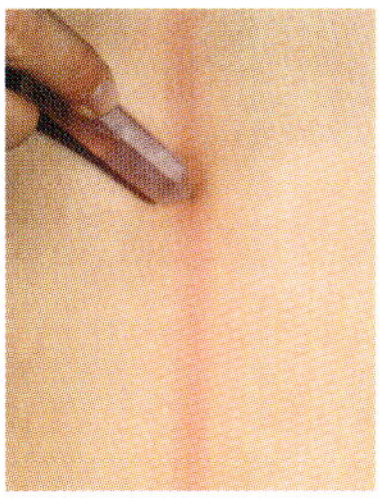

Die Akupunkturmassage nach Penzel ist mit einem Massagestab so lange durchzuführen, bis die Meridiane eine deutliche Rötung aufweisen. Danach sind die Meridiane 2- bis 3-mal mit Samora Klostersalz einzureiben.

Enzyme sind auch hier angezeigt, denn die Blockierungen, die durch das Samora Klostersalz gelöst werden, sind vom Körper nicht allein zu bewältigen. Meine Empfehlung: 3-mal 3 Wobenzym täglich jeweils eine halbe Stunde vor den Mahlzeiten, akut 3-mal 10 Tabletten.

Während der Behandlung achten Sie bitte auf eine tägliche Flüssigkeitszufuhr von 3 bis 4 Litern sowie auf ausreichende Nährstoffzufuhr.

Zusätzlich empfehle ich Ihnen morgens und abends die Halszonen mit Samora Klostersalz, 1:1 verdünnt einzureiben.

Zur innerlichen Anwendung empfehle ich, die Samora Klostersalzlösung mit einem Sprayer in den Hals und den Rachen zu sprühen.

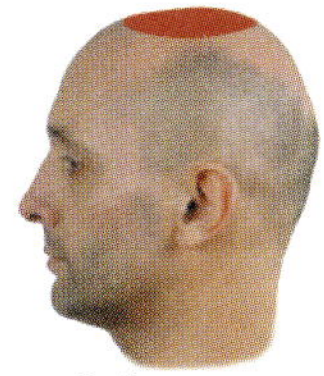

Leberzone am Kopf

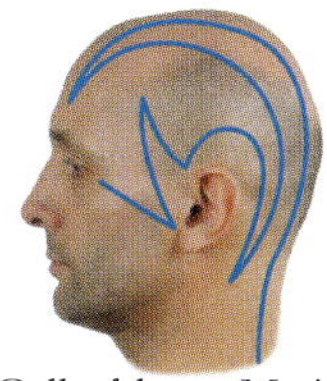

Gallenblasen-Meridian am Kopf

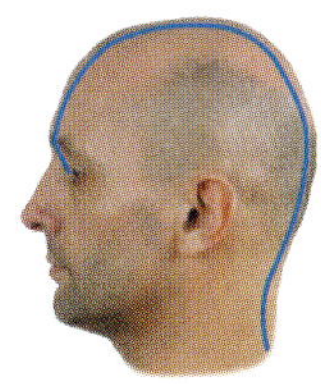

Blasen-Meridian am Kopf

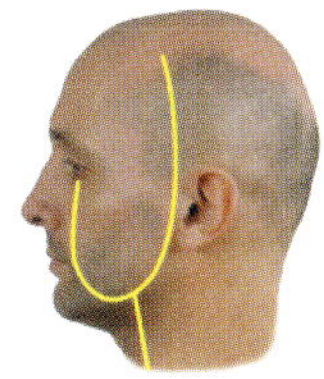

Magen-Meridian am Kopf

Hämorrhoiden

Hämorrhoiden sind ein eher peinliches Thema, das viele Menschen zu verbergen versuchen. Wenn die Beschwerden nach langem, stillem Leiden unerträglich werden, sucht man Hilfe beim Therapeuten.

Hämorrhoiden treten innerlich und äußerlich auf. Äußere Hämorrhoiden treten meist bei Menschen auf, die vorwiegend einem sitzenden Beruf nachgehen und kleine Hautfalten am Schließmuskel aufweisen. Innerliche Hämorrhoiden haben ganz andere Ursachen. Stuhlverstopfung, geschädigte Darmflora, Abführmittel, Bewegungsmangel, Übergewicht und Lebererkrankungen, die einen erhöhten Druck auf das Pfortadersystem führen (das ist die Ausbildung eines zweiten Blutsystems, das venöses Blut von Baucheingeweiden zur Leber bringt), lösen innere Hämorrhoiden aus.

Anwendung Samora Klostersalz

Im Originaltext heißt es:

Hämorrhoiden bilden sich durch Ansammeln des Blutes im Mastdarm. Das führt zur Erweiterung des Darmes; schwarze dicke Knoten bilden sich, welche heftige Schmerzen mit Blutungen verursachen. Die Heilung geschieht meist auf folgende Weise: Man nimmt täglich, je öfter desto besser, häufig mit Wasser verdünnt eine Auswaschung des Afters vor; ferner trinkt man morgens und abends von dem Elixier mit Wasser gemischt, wie bei allen Krankheiten üblich. Ebenso nimmt man Kopfwaschungen vor dem Schlafengehen vor. Die Heilung erfolgt überraschend schnell.

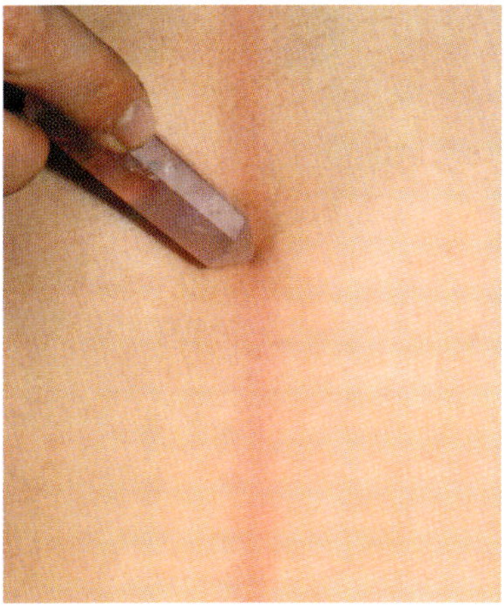

Die Akupunkturmassage nach Penzel ist mit einem Massagestab so lange durchzuführen, bis die Meridiane eine deutliche Rötung aufweisen. Danach sind die Meridiane 2- bis 3-mal mit Samora Klostersalz einzureiben.

Sie sollten unbedingt darauf achten, dass Sie eine tägliche Flüssigkeitszufuhr von 2 bis 3 Liter nicht unterschreitet.

Ebenso empfehle ich hier Enzyme. Es gilt hier 3-mal 3 Stück jeweils eine halbe Stunde vor den Mahlzeiten einnehmen.

Hautausschlag

Plötzlich auftretende Hautveränderungen haben ebenso vielfältige Ursachen wie die lang anhaltenden Ekzeme und Hautausschläge.
Besonders das seelische Problem, das bei Hauterkrankungen auftritt, sollte man beachten, denn ein juckendes Ekzem, das für jeden ersichtlich ist, bewirkt beiden Betroffenen eine Rückzugreaktion.
Isolation ist die Folge.

Die Projektionsfläche der Haut gibt Ihnen allerdings auch deutlich über Reflexzonen, Haedsche Zonen, Meridiane und Akupunkturpunkte Hinweise auf innerliche Erkrankungen.
Sehr oft sind Hauterkrankungen nicht die eigentliche Erkrankung, sondern eine Reaktion der Haut auf Giftstoffe (Toxine) im Körper.

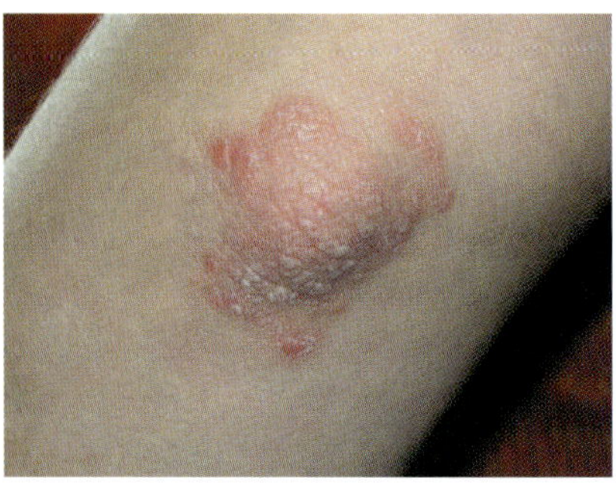

Als großes Entgiftungsorgan nimmt die Haut ihre Aufgabe sehr ernst. Sie wird immer reagieren, wenn nicht ständig eine Ausleitung betrieben wird.
Aus diesen Körperzonen zu lesen und dem Körper bei der Ausleitung zu helfen, ist eine wesentliche Domäne der Samora Klostersalztherapie.
Sie finden in diesem Buch einen kleinen Exkurs in die Welt der giftigen Substanzen, die sich mit Vorliebe im Körper ablagern.

Anwendung Samora Klostersalz

Ausschnitt aus dem Originaltext:

Ausschläge am Körper werden entfernt, wenn man den damit bedeckten Teil mit dem Elixier einreibt. Gleichzeitig muß das Mittel morgens und abends etwa 2 EL voll mit 4 EL heißen Wassers zügig eingenommen werden.

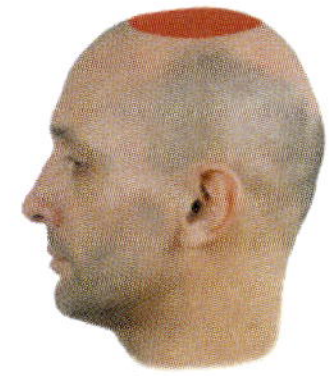

Leberzone am Kopf

Ich bin mit dieser Anwendung nicht ganz zufrieden. Früher war der Mensch nicht in diesem Maß Giftstoff-Depot wie heute. Deshalb habe ich immer die Augen, alle Kopfzonen und die Stellen, an denen die Haut Läsionen zeigt, behandelt.

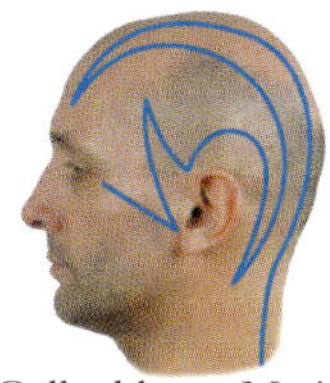

Gallenblasen-Meridian am Kopf

Alle Zonen am Kopf fleißig 1- bis 3-mal pro Woche abends einreiben, bei Bedarf auch öfter. Behandlungszeitraum: 1 bis 2 Wochen, bei Bedarf wiederholen.

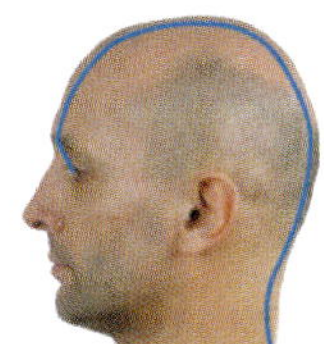

Blasen-Meridian am Kopf

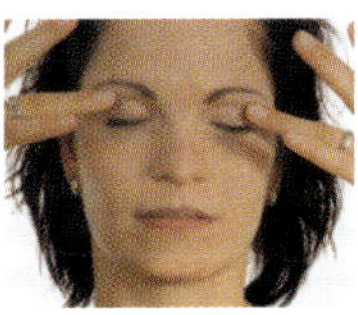

Die Salbung der Augen erfolgt mit Samora Klostersalz, 50 % mit Wasser verdünnt. Sanft in kreisender Bewegung über die geschlossenen Augenlieder fahren.

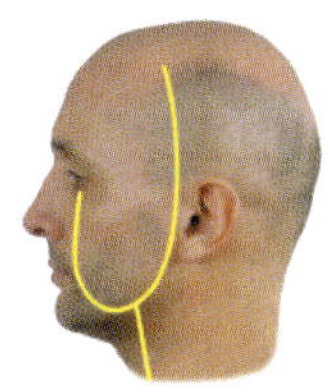

Magen-Meridian am Kopf

Massieren Sie die Fuß- und Handreflexzonen mit Samora Klostersalz 50 % mit Wasser verdünnt in einer sanften Druckpunkt-Massage.

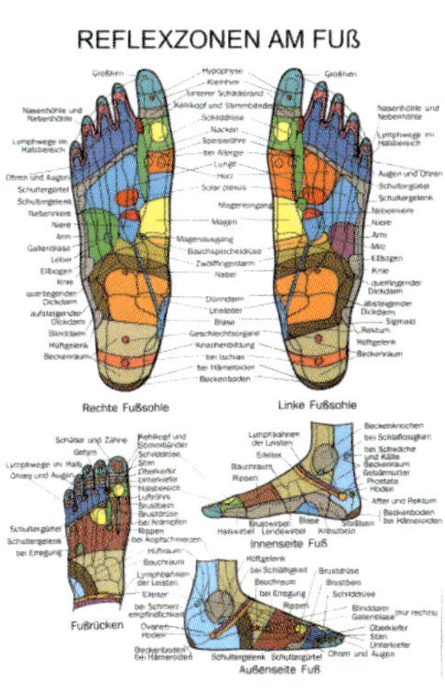

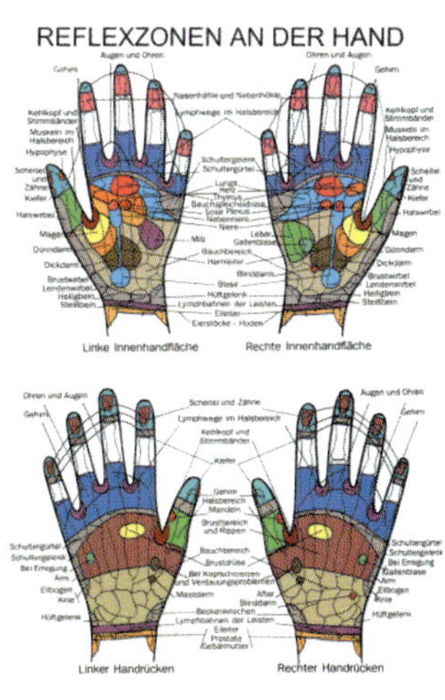

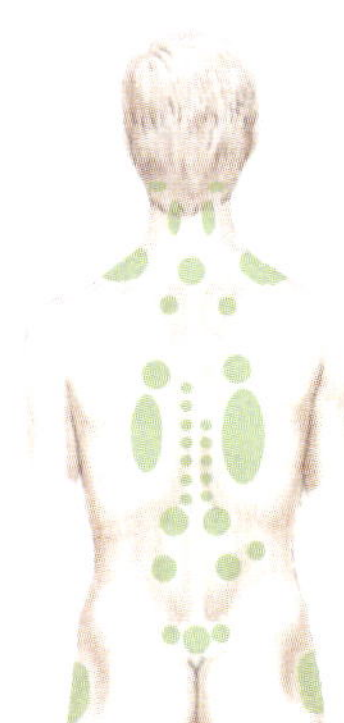

Haedsche Körperzonen

Herzleiden (leichte)

Eigentlich wollte ich das Symptom Herzleiden von der Liste streichen. Ich möchte nicht den Anschein erwecken, dass Menschen mit schweren Herzkrankheiten eine Heilung durch Samora Klostersalz erfahren.
Auch sehe ich die Gefahr, dass Sie bei diesen Krankheiten versucht sind, den Besuch beim Kardiologen - insbesondere bei einem eventuellen Notfall - zu verschieben.

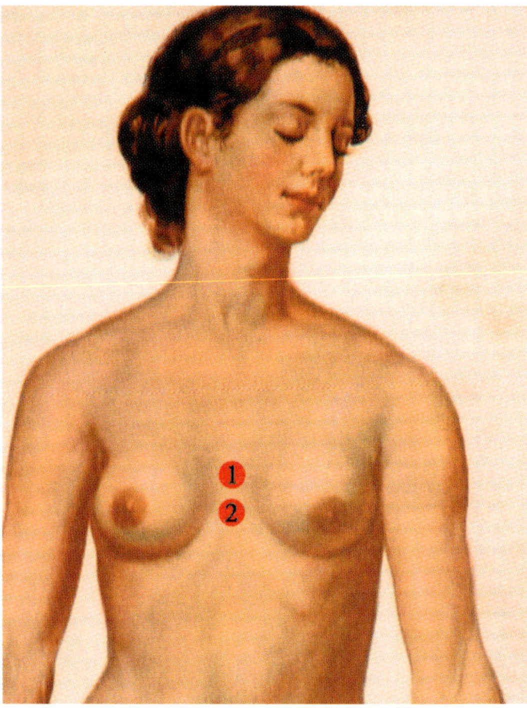

Herzschmerpunkte

Sollte auch nur der Verdacht auf einen Herzinfarkt vorliegen, ist jede Sekunde, die Sie zögern, den Notarzt zu holen, verlorene Zeit!

Das Risiko, an Herzkrankheiten zu leiden, die immer auch den Kreislauf betreffen, steigt mit verschiedenen Faktoren. Rauchen, erhöhter Blutdruck, Diabetes, hoher Cholesterinspiegel, Gicht, bei Frauen die Einnahme der Pille, Übergewicht und das Alter spielen eine erhebliche Rolle.

Leichte Herzleiden, die vom Kardiologen als „vegetative“ Herzbeschwerden beurteilt sind, dürfen Sie selbstverständlich mit dem Elixier behandeln. Selbstverständlich dürfen Sie sich bei einer diagnostizierten Herzkrankheit zusätzlich mit dem Samora Klostersalz behandeln.

Anwendung Samora Klostersalz

Im Originaltext heißt es:

Ein angefeuchtetes Stück Leinwand mit dem Klostersalz abends vor dem Schlafengehen, wird auf das Herz gelegt und ein trockenes Tuch darüber. Morgens und abends ist 1 EL voll mit diesem Mittel mit etwa 4 EL warmen Wassers vermischt, eine Stunde vor dem Essen zu trinken. Auf diese Behandlung erfolgt die Besserung unerwartet schnell.

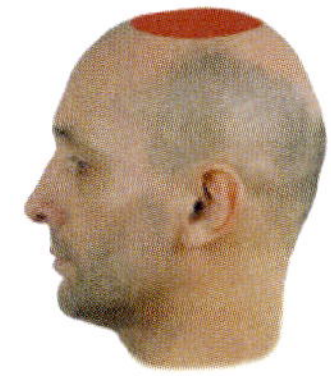

Leberzone am Kopf

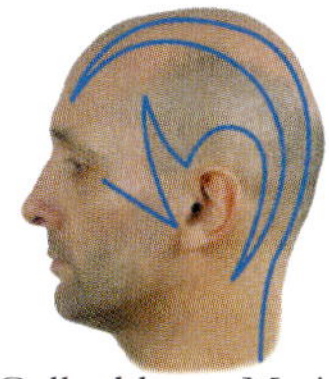

Gallenblasen-Meridian am Kopf

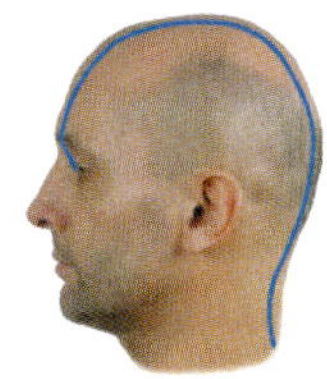

Blasen-Meridian am Kopf

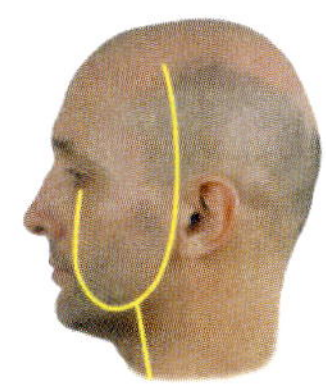

Magen-Meridian am Kopf

Ich empfehle zusätzlich die Einreibung der Herz-Schmerzpunkte. In dem Bild können Sie ersehen, welche Bereiche schmerzen können.

Alle Zonen am Kopf fleißig 1- bis 3-mal pro Woche abends einreiben, bei Bedarf auch öfter. Behandlungszeitraum: 1 bis 2 Wochen, bei Bedarf wiederholen.

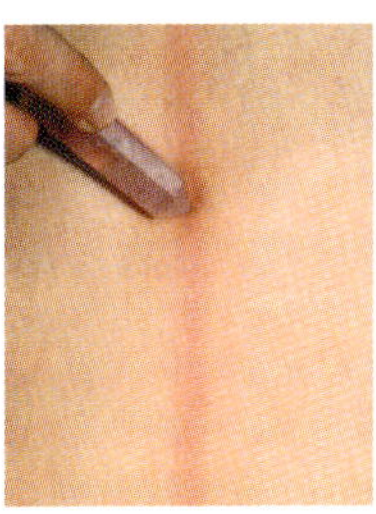

Die Akupunkturmassage nach Penzel ist mit einem Massagestab so lange durchzuführen, bis die Meridiane eine deutliche Rötung aufweisen. Danach sind die Meridiane 2- bis 3-mal mit Samora Klostersalz einzureiben.

Enzyme sind auch hier angezeigt, denn die Blockierungen, die durch das Klostersalz gelöst werden, sind vom Körper nicht allein zu bewältigen.
Meine Empfehlung: 3-mal 3 Wobenzym täglich jeweils eine halbe Stunde vor den Mahlzeiten.

Hüftschmerzen

Die Entzündung oder Abnutzung befällt leider auch die großen Grundgelenke. Besonders Frauen leiden unter Hüftschmerzen.

Schmerzende Gelenke können, wie alle andere Krankheiten, verschiedene Ursachen haben. Die Arthrose ist zum Beispiel eine Verschleißerscheinung, die durch übermäßige Belastung der Gelenke verursacht wird. Leistungssportler ebenso wie übergewichtige Menschen und auch Schwerarbeiter sind oft von dieser Krankheit befallen. Zu einer Arthrose kann natürlich zusätzlich eine Entzündung im Gelenk auftreten.

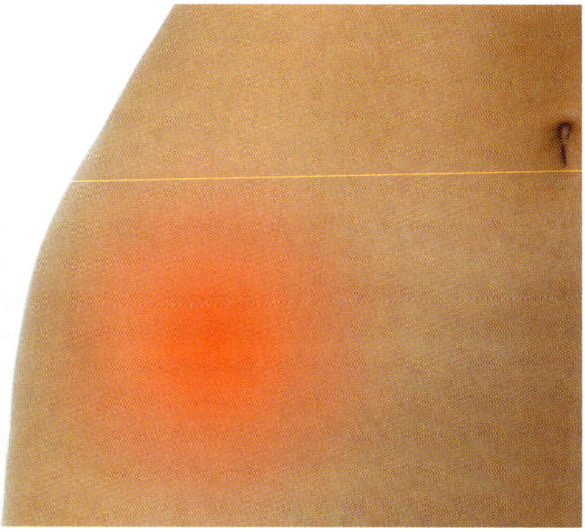

Ein durch Abnutzungserscheinungen schmerzendes Gelenk ist in Gefahr, durch die ständige Schonhaltung schlecht ernährt zu werden. Schlechte Ernährung bedeutet für ein Gelenk auch eine mangelnde Entgiftung. Hier greift hervorragend die Samora Klostersalztherapie. Durch den erhöhten Stoffaustausch wird das Gelenk wieder besser versorgt und die Entzündungsstoffe werden ausgeschleust.

Anwendung Samora Klostersalz

Im Originaltext heißt es:

(Fluß, Ziehen, Reißen in den Gliedern) wird immer erleichtert und oft geheilt, wenn man den leidenden

Teil mit diesem Mittel einreibt. Es muß dies aber mehrere Tage und selbst Wochen lang ein- bis zweimal täglich fortgesetzt werden. Es gibt Fälle, wo es notwendig ist, daß der Patient zwei Eßlöffel voll, mit heißem Wasser vermischt, einmal täglich, zwölf bis vierzehn Tage lang nimmt. - Es ist dies eine der hartnäckigsten Krankheiten und sie erfordert große Geduld und Ausdauer, aber auch sie hat dem Mittel weichen müssen, obwohl manchmal die Anwendung der Bürste nötig war. Es könnten sehr viele Fälle angeführt werden, da solche Personen, welche mit dieser Krankheit behaftet waren und ihre Winter in großen Schmerzen innerhalb der vier Wände zubringen mußten, durch die Anwendung dieses Mittels in den Stand gesetzt wurden, sich das ganze Jahr ihres Lebens zu freuen.

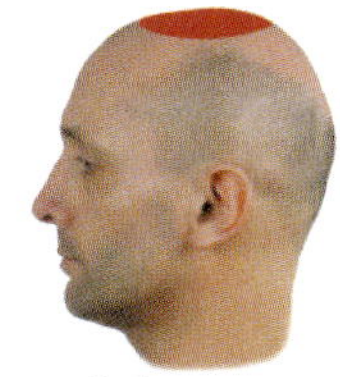
Leberzone am Kopf

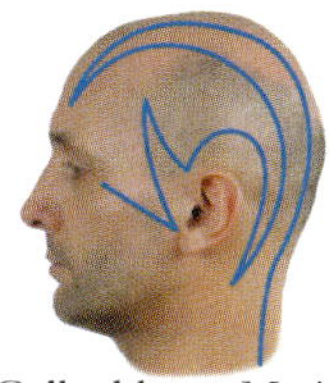
Gallenblasen-Meridian am Kopf

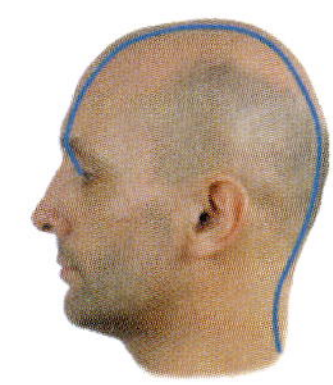
Blasen-Meridian am Kopf

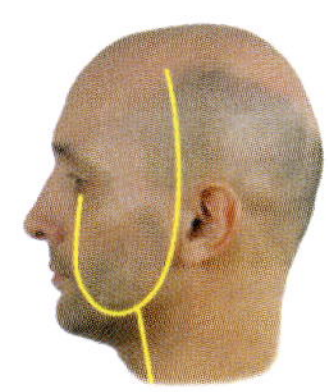
Magen-Meridian am Kopf

Alle Zonen am Kopf fleißig 1- bis 3-mal pro Woche abends einreiben, bei Bedarf auch öfter. Behandlungszeitraum: 1 bis 2 Wochen, bei Bedarf wiederholen.

Die Salbung der Augen erfolgt mit Samora Klostersalz, 50 % mit Wasser verdünnt. Sanft in kreisender Bewegung über die geschlossenen Augenlieder fahren.

Die Akupunkturmassage nach Penzel ist auch hier angezeigt. Massieren Sie mit einem Massagestab so lange, bis die Meridiane eine deutliche Rötung aufweisen. Anschließend sind diese 2- bis 3-mal mit Samora Klostersalz einzureiben.

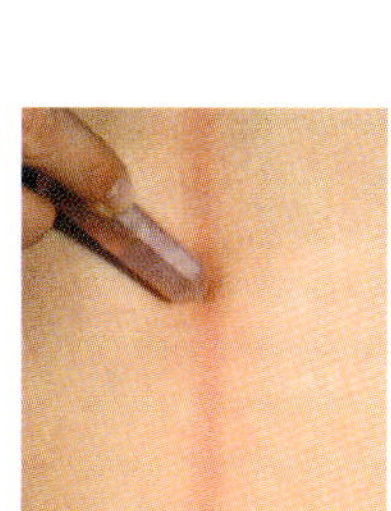

Hier empfiehlt sich zusätzlich eine Enzymtherapie. Meine Empfehlung: 3-mal 3 Phlogenzym täglich jeweils eine halbe Stunde vor den Mahlzeiten.

Während der Behandlung achten Sie bitte auf eine tägliche Flüssigkeitszufuhr von 3 bis 4 Litern sowie auf ausreichende Nährstoffzufuhr.

Ischias

Wenn heftige Kreuzschmerzen plötzlich und unerwartet auftauchen, ist in aller Regel für die nächsten Tage Bettruhe fällig. Die ärztliche Diagnose offenbart meistens: „Das ist der Ischias" oder „Sie haben einen Hexenschuss". Auslöser für diese Erkrankungen der Wirbelsäule sind meist Muskelverspannungen, Bandscheibenvorwölbungen, Fehlhaltungen oder Nervenentzündungen. Auch seelischer Stress führt zu Muskelverspannungen und ein kalter Windhauch reicht, um heftige Rückenschmerzen auszulösen.

Anwendung Samora Klostersalz

Im Originaltext heiß es:

(Fluß, Ziehen, Reißen in den Gliedern) wird immer erleichtert und oft geheilt, wenn man den leidenden Teil mit diesem Mittel einreibt. Es muß dies aber mehrere Tage und selbst Wochen lang ein- bis zweimal täglich fortgesetzt werden. Es gibt Fälle, wo es not-

wendig ist, daß der Patient zwei Eßlöffel voll, mit heißem Wasser vermischt, einmal täglich, zwölf bis vierzehn Tage lang nimmt. - Es ist dies eine der hartnäckigsten Krankheiten und sie erfordert große Geduld und Ausdauer, aber auch sie hat dem Mittel weichen müssen, obwohl manchmal die Anwendung der Bürste nötig war. Es könnten sehr viele Fälle angeführt werden, da solche Personen, welche mit dieser Krankheit behaftet waren und ihre Winter in großen Schmerzen innerhalb der vier Wände zubringen mußten, durch die Anwendung dieses Mittels in den Stand gesetzt wurden, sich das ganze Jahr ihres Lebens zu freuen.

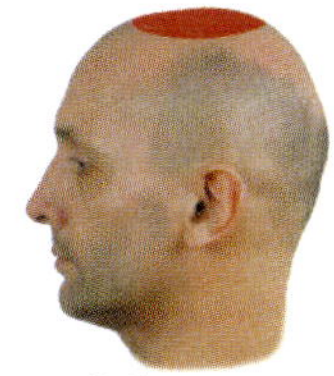

Leberzone am Kopf

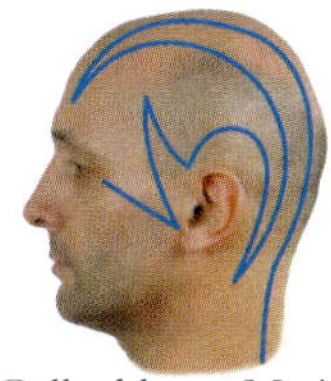

Gallenblasen-Meridian am Kopf

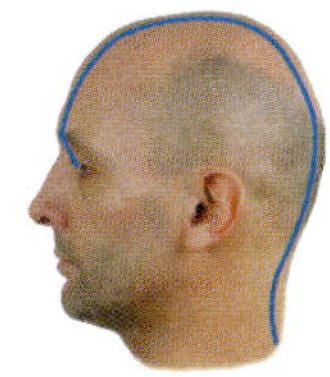

Blasen-Meridian am Kopf

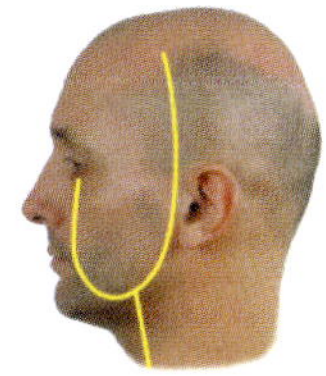

Magen-Meridian am Kopf

Alle Zonen am Kopf fleißig 1- bis 3-mal pro Woche abends einreiben, bei Bedarf auch öfter. Behandlungszeitraum: 1 bis 2 Wochen, bei Bedarf wiederholen.

Zusätzlich empfehle ich Ihnen, die Zonen des Schmerzes 2-mal täglich mit Samora Klostersalz gründlich einzureiben.

Die Akupunkturmassage nach Penzel ist mit einem Massagestab so lange durchzuführen, bis die Meridiane eine deutliche Rötung aufweisen. Danach sind die Meridiane 2- bis 3-mal mit Samora Klostersalz einzureiben.

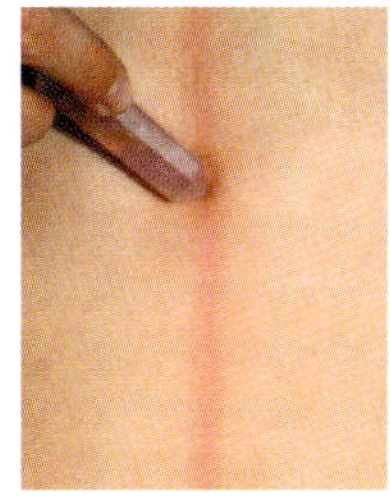

Enzyme sind auch hier angezeigt, denn die Blockierungen, die durch das Samora Klostersalz gelöst werden, sind vom Körper nicht allein zu bewältigen. Meine Empfehlung: 3-mal 3 Wobenzym im täglichen Wechsel mit Phlogenzym jeweils eine halbe Stunde vor den Mahlzeiten. Bei akuten Beschwerden erhöhen Sie die Dosis auf 10 Tabletten.

Jetlag

Wenn Sie mehrere Zeitzonen überfliegen, erwarten Sie von Ihrem Körper, dass er sich automatisch der neuen Umgebung anpasst. Klimaveränderungen sind bitte ebenso wegzustecken wie die Zeitumstellung und jede zusätzliche Zeitzone bedeutet ein Mehr an Symptomen.

Man hat herausgefunden, dass jede Zeitzone für den Körper einen Tag Anpassung bedeutet. Das heißt, dass der Flug über 3 Zeitzonen auch 3 Tage Ruhe und Entspannung bedeuten sollte.

Das Gleiche gilt für den Rückflug; nach der Ankunft sollten Sie nicht gleich wieder arbeiten gehen, sondern Ihrem Körper die nötige Anpassungszeit gönnen.
Die Störungen, die beim Jetlag auftreten, sind Verdauungsstörungen, Schlaflosigkeit, Müdigkeit, Knochen-

und Muskelschmerzen, Kopfschmerzen, Sehstörungen, Reizbarkeit und viele andere kleine Unpässlichkeiten.

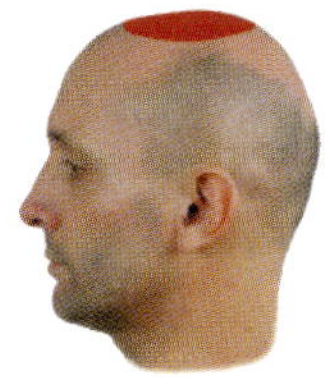

Leberzone am Kopf

Anwendung Samora Klostersalz

Früher gab es keinen Jetlag, dennoch empfehle ich Ihnen die Samora Klostersalz Therapie anzuwenden.
3 Tage vor dem geplanten Flug sollten Sie die folgenden Maßnahmen einleiten:

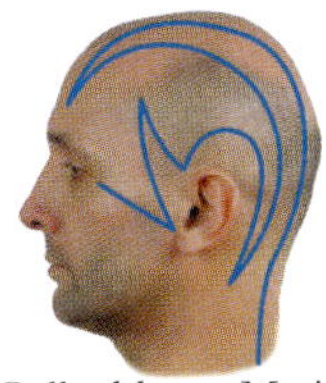

Gallenblasen-Meridian am Kopf

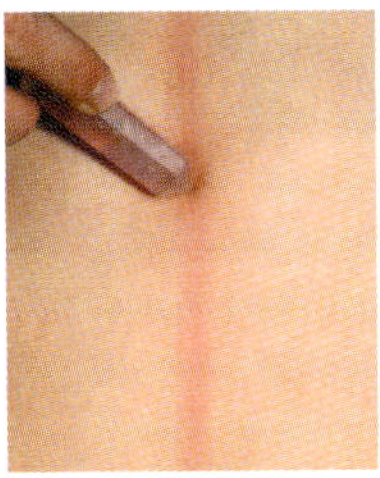

Alle Zonen am Kopf abends gründlich mit dem Samora Klostersalz-Elixier einreiben, bei Bedarf auch öfter. Nehmen Sie außreichend davon, um sicherzustellen, alle Zonen gut zu befeuchten.

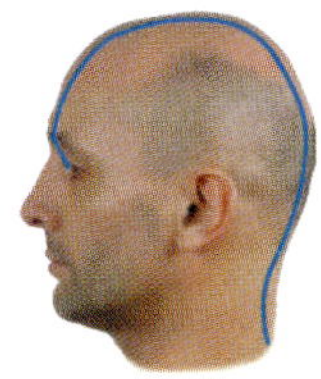

Blasen-Meridian am Kopf

Die Akupunkturmassage nach Penzel ist mit einem Massagestab so lange durchzuführen, bis die Meridiane eine deutliche Rötung aufweisen. Danach sind die Meridiane 2- bis 3-mal mit Samora Klostersalz einzureiben.

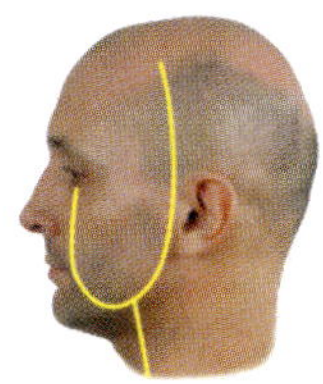

Magen-Meridian am Kopf

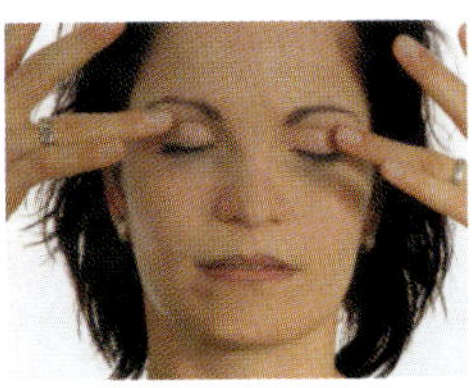

Während der Behandlung achten Sie bitte auf eine tägliche Flüssigkeitszufuhr von 3 bis 4 Litern sowie auf ausreichende Nährstoffzufuhr. Alkohol und Kaffee sollten während und kurz vor der Reise tabu sein.

Die Salbung der Augen erfolgt mit Samora Klostersalz, 50 % mit Wasser verdünnt. Sanft in kreisender Bewegung über die geschlossenen Augenlider fahren.

Wegen des langen Sitzens bei diesen Flügen rate ich dringend Wobenzym einzunehmen. 3-mal 3 Tabletten vor dem Essen sind empfehlenswert.

Kater

Alkohol, ein salonfähiges und schleichendes Gift?
Bei ständigem und übermäßigem Genuss wird der Alkohol zum Toxin. Es ist wie mit allen Dingen: Die Dosis macht es zum Gift. Übermäßiger Alkoholkonsum macht krank und schädigt nachhaltig die Gesundheit.
Aber wo ist die Grenze?
Kleine Mengen Alkohol, ab und zu getrunken, sind zuweilen wohltuend. Auch das Glas Rotwein am Abend hat durchaus einen positiven gesundheitlichen Aspekt.

Jedoch die Schäden durch zu viel Alkohol bedeuten für Leber, Magen, Bauchspeicheldrüse, Herz, Blutgefäße,

Schleimhäute, Libido und vieles mehr oft den Verlust der Funktionalität und ein erhöhtes Krebsrisiko.

Das eigentliche Thema ist hier allerdings der Kater, der nach einer langen Nacht auftritt und bei dem das Samora Klostersalz durchaus gut anzuwenden ist.

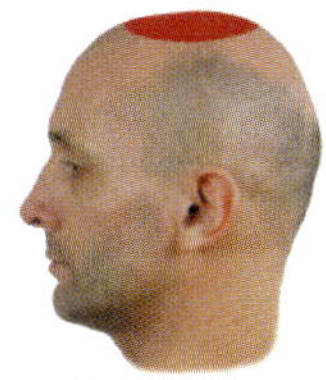
Leberzone am Kopf

Anwendung Samora Klostersalz

Die Leberzone am Kopf großzügig 1- bis 3-mal pro Woche abends einreiben, bei Bedarf auch öfter. Der Behandlungszeitraum von 1 bis 2 Wochen kann gegebenenfalls auch erhöht werden.

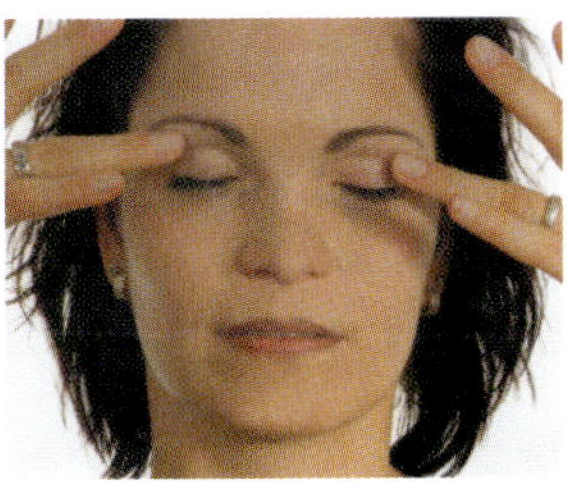

Die Salbung der Augen erfolgt mit Samora Klostersalz, 50 % mit Wasser verdünnt. Massieren Sie das Elexier sanft in kreisender Bewegung über die geschlossenen Augenlider ein.

Enzyme sind auch hier angezeigt, denn die Blockierungen, die durch das Klostersalz gelöst werden, sind vom Körper nicht allein zu bewältigen.
Meine Empfehlung: 3-mal 10 Wobenzym täglich jeweils eine halbe Stunde vor den Mahlzeiten.

Sie sollten nach einer durchzechten Nacht zusätzlich versuchen, am nächsten Tag auszuschlafen. Die folgenden zwei Tage gehören der Entgiftung mit Samora Klostersalz. Die ausreichende Trinkmenge liegt bei 3 bis 4 Litern Flüssigkeit, wenn möglich Wasser.

Kehlkopfentzündung

Häufig sind bei Hals- und Rachenentzündungen auch die tiefer liegenden Anteile der Halsgewebe betroffen. Diese Entzündung verursacht neben den starken Schmerzen auch den kurzzeitigen Verlust der Sprache.

Selbstverständlich kann das Krankheitsbild noch von starkem Reizhusten und allen anderen Symptomen einer ausgeprägten Erkältung begleitet sein.

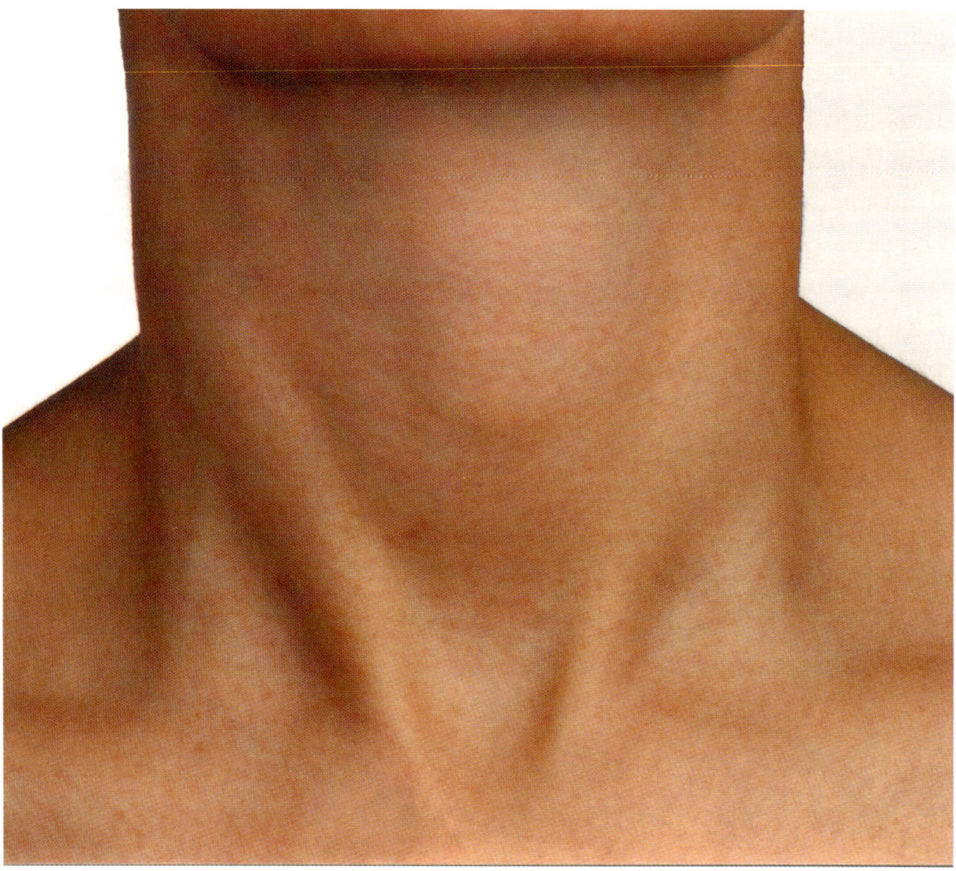

Anwendung Samora Klostersalz

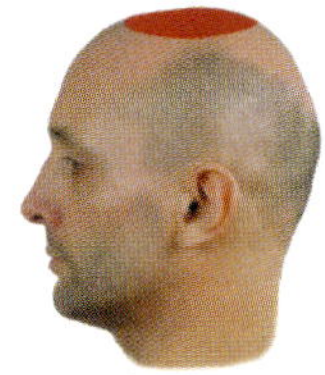

Leberzone am Kopf

Alle Zonen am Kopf fleißig 1- bis 3-mal pro Woche abends einreiben, bei Bedarf auch öfter. Behandlungszeitraum: 1 bis 2 Wochen, bei Bedarf wiederholen.

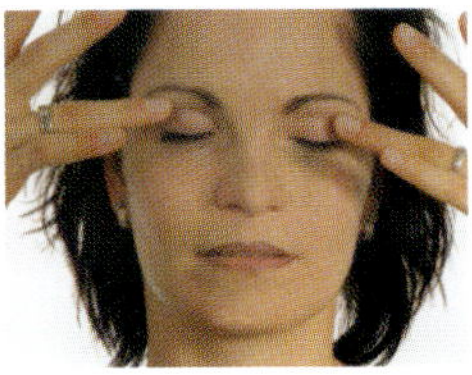

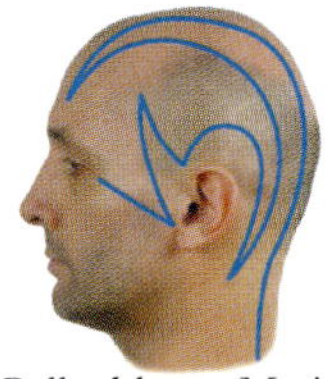

Gallenblasen-Meridian am Kopf

Die Salbung der Augen erfolgt mit Samora Klostersalz, 50 % mit Wasser verdünnt. Sanft in kreisender Bewegung über die geschlossenen Augenlider fahren.

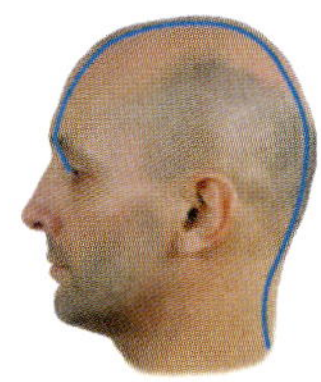

Blasen-Meridian am Kopf

Am besten 3-mal 3 Wobenzym täglich jeweils eine halbe Stunde vor den Mahlzeiten, im akuten Stadium bitte 3-mal 10 Tabletten einnehmen. So können Sie Ihrem Körper helfen, die gelösten Blockierungen schneller und gründlicher zu beseitigen.

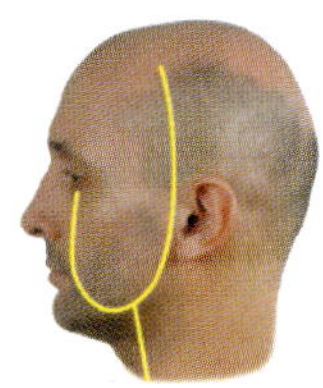

Magen-Meridian am Kopf

Ergänzend hierzu empfehle ich die Anwendung von außen. Reiben Sie den Hals 2- bis 3-mal täglich mit dem Samora Klostersalz in kreisenden Bewegungen gründlich ein.

Zusätzlich geben Sie bitte in eine kleine Sprühflasche das pure Samora Klostersalz und sprühen sich mehrmals täglich den Rachen ausgiebig ein. Später kann das Samora Klostersalz mit Wasser 1 zu 1 verdünnt werden.

Kopfschmerzen

Viele Menschen sind heute von ständigen Kopfschmerzen geplagt. Regelmäßig findet man sich beim Arzt wieder. Eigentlich hilft kaum etwas wirklich. Ich möchte hier sowohl auf das Kapitel „Toxische Substanzen begleiten uns“ als auch auf „Samora Klostersalz in Kombination mit Heilzonen“ hinweisen.

Kopfschmerzen sind weitaus häufiger ein Hilferuf von den Entgiftungsorganen als nur bloße Kopfschmerzen. Hier gilt es, die Schmerzzonen täglich und nicht nur bei Symptomen zu behandeln.

Anwendung Samora Klostersalz

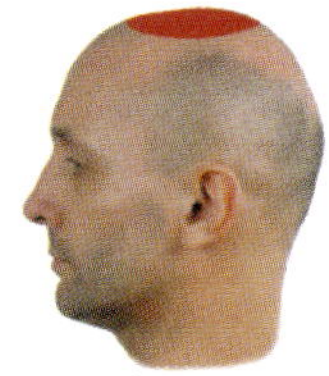

Leberzone am Kopf

Alle Zonen am Kopf gründlich 1- bis 3-mal pro Woche abends großzügig einreiben. Diese Anwendung empfehle ich Ihnen 2 bis 3 Wochen durchzuführen.

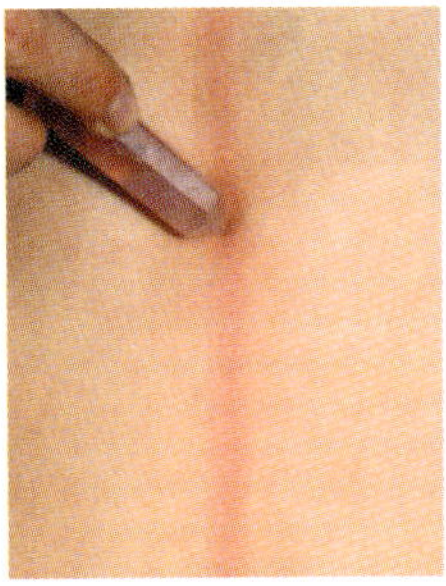

Die Akupunkturmassage nach Penzel ist hier ebenfalls sehr hilfreich. Sie fahren mit einem Massagestab so lange die beiden Meridiane auf und ab, bis eine deutliche Rötung zu erkennen ist. Diese Hautzonen bitte 2- bis 3-mal mit Samora Klostersalz einreiben.

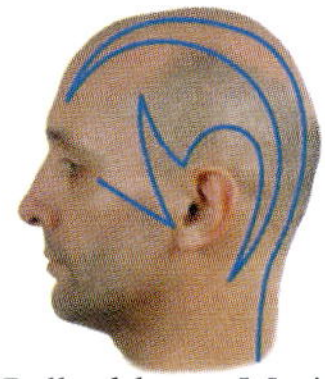

Gallenblasen-Meridian am Kopf

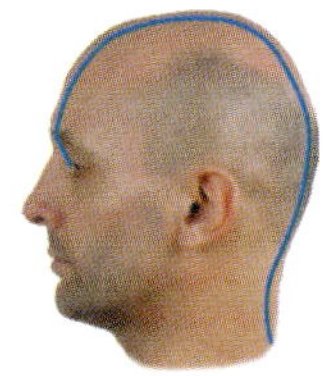

Blasen-Meridian am Kopf

Enzyme sind auch hier nützliche Helfer und empfehlenswert. Sie helfen dem Körper die Blockierungen, die durch das Samora Klostersalz gelöst werden, zu bewältigen. Ich empfehle 3-mal 3 Wobenzym täglich jeweils eine halbe Stunde vor den Mahlzeiten zur Vorbeugung, akut 3-mal 10 Wobenzym.

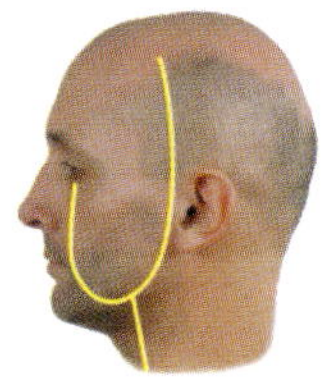

Magen-Meridian am Kopf

Während der Behandlung achten Sie bitte auf eine tägliche Flüssigkeitszufuhr von mindestens 3 bis 4 Litern sowie auf ausreichende Nährstoffzufuhr.

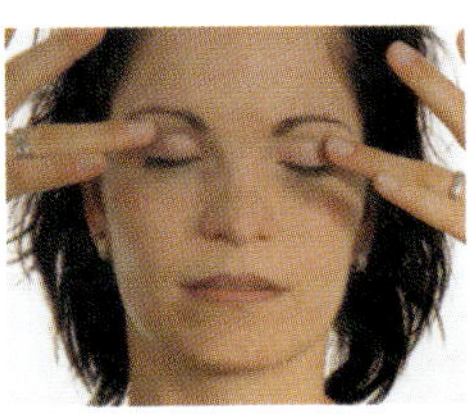

Abends sollten Sie eine Salbung der Augen vornehmen. Das Samora Klostersalz, 50 % mit Wasser verdünnt, in sanft kreisenden Bewegungen auf die geschlossenen Augenlider auftragen.

Leber

Das Thema Leber ist sehr komplex, denn oft ist dieses Organ, das nicht in der Lage ist, Schmerz zu melden, hoffnungslos überlastet.

Die Leber ist die größte Drüse im Körper und die Aufgaben, die sie zu bewältigen hat, sind äußerst vielfältig.

Für die Fettverdauung produziert die Leber bis zu einem Liter Gallensaft pro Tag, der in der Gallenblase aufgefangen und gespeichert wird. Selbst für die Hormone bildet die Leber einige Ausgangsstoffe.

Ist die Funktion der Leber durch Überlastung auch nur zeitweise im geringsten gestört, bedeutet dies eine Verschiebung des Hormonspiegels, der wiederum einige komplexe Störungen nach sich zieht.

Als größtes Entgiftungsorgan ist die Funktion der Leber oft stark beeinträchtigt, so dass diffuse Störungen oft missgedeutet werden können.

Die Leber ist in der Lage, das vorbeifließende Blut auf vielfältige Parameter zu überprüfen und Entgiftungsmechanismen in Gang zu setzen.
Auch die störungsanfällige Blutgerinnungskaskade hat ihr Wirkungsfeld in der Leber. Da die Leber auch maßgeblich an der Blutentwicklung beteiligt ist, sind Störungen in der Blutgerinnung relativ häufig. Viele Menschen

müssen ASS oder Marcumar zur Blutverdünnung mit erheblichen Risiken zu sich nehmen.

Viele Medikamente schädigen jedoch in hohem Maße die Leber und beeinträchtigen die Funktionen nachhaltig: Schmerzmittel, Rheumamittel, Psychopharmaka, Narkosemittel und sogar die Pille.
Die Pille, die Hormone in den Körper bringt, kann dadurch natürlich auch die Leber irritieren.

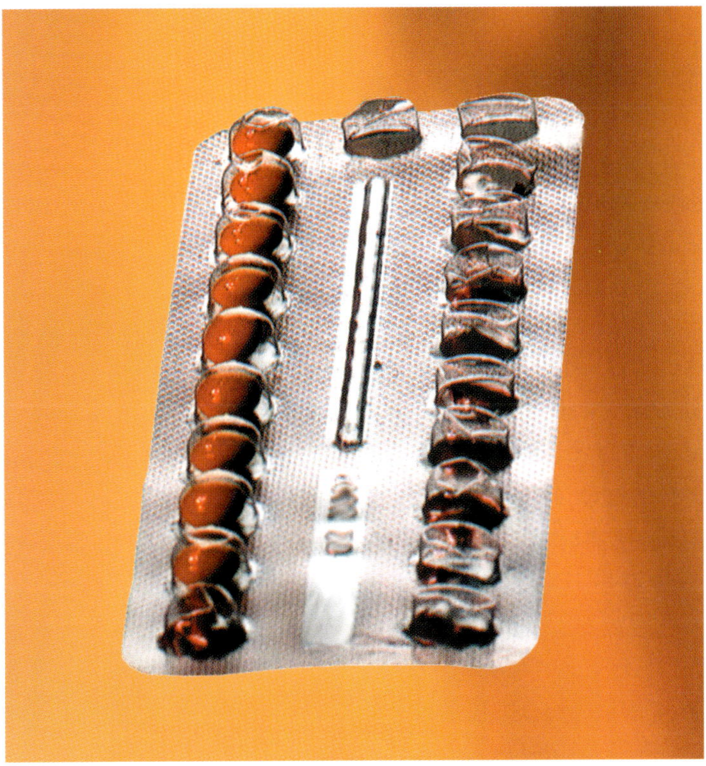

Natürlich muss auch der Darm ins Gespräch gebracht werden. Eine durch Medikamente ruinierte Darmflora beeinträchtigt den Stoffwechsel derart stark, dass nicht selten durch die Störung im Darm die Leber mit Toxinen überhäuft wird. Viren, Alkohol und Umweltgifte fordern ebenfalls ihren Tribut, der zu Lasten der Leber geht.

Eigentlich könnte ich über jeden Einzelnen dieser Punkte, die ich indiesem Kapitel nur angerissen habe, ein eigenes Buch verfassen, denn ich habe die Erfahrung gemacht, dass mich viele Menschen ungläubig ansehen, wenn ich versuche, die Ursache von Leberschäden - wie zum Beispiel die Einnahme von Blutgerinnungsmedikamenten - zu erklären.

Anwendung Samora Klostersalz

Im Originaltext heißt es :

Leberkrankheiten können nur entfernt werden, wenn man die Eingeweide in gesunden Zustand bringt, was dadurch geschehen wird, dass man den oberen Teil des Kopfes einmal beim Schlafengehen einreibt und jeden Morgen eine Stunde vor dem Frühstück 1-2 EL Klostersalz mit 2-3 EL heißen Wassers verdünnt nimmt; vielleicht muß es Monate lang genommen werden, bis die Krankheit geheilt wird. Aber Vorbeugung ist immer besser als Heilung, daher muß man Sorge tragen, daß man die Eingeweide gesund und das Blut rein erhalte.

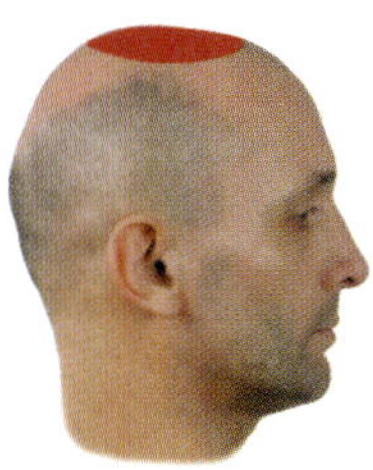

Leberzone am Kopf

Die Leberzone am Kopf gründlich 2- bis 3-mal pro Woche abends einreiben, bei Bedarf auch öfter. Diese Anwendung sollten Sie konstant mindestens 2 Wochen lang durchführen.

Ebenso sollten Sie die Leberzone unterhalb des rechten Rippenbogens 2- bis 3-mal täglich sanft mit dem Samora Klostersalz einsalben.

Die Akupunkturmassage nach Penzel ist mit einem Massagestab so lange durchzuführen, bis die Yin- und Yang-

Meridiane eine deutliche Rötung aufweisen. Danach sind die Meridiane 2 bis 3-mal mit Samora Klostersalz einzureiben.

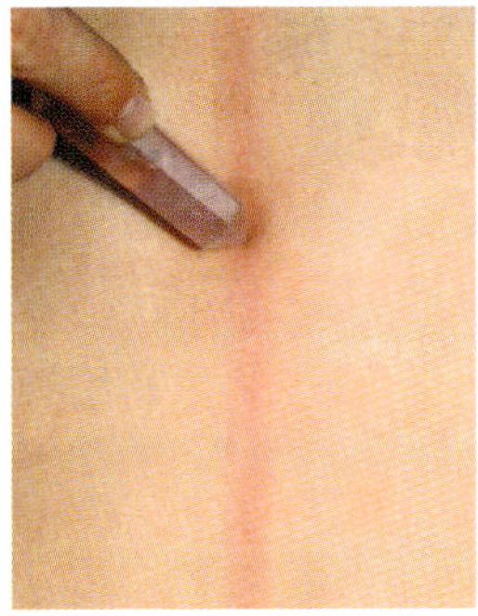

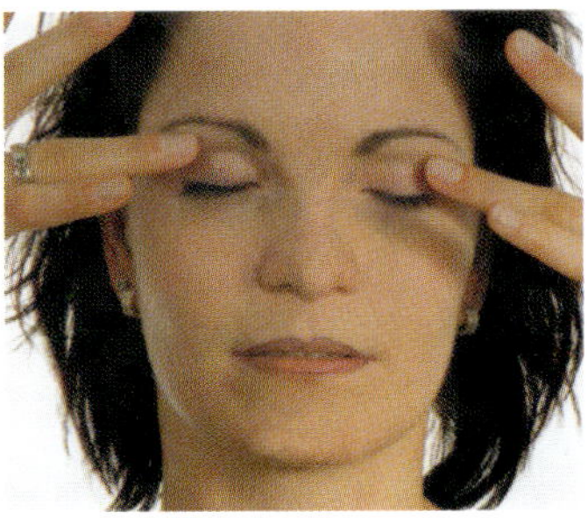

Die Salbung der Augen erfolgt mit Samora Klostersalz, 50 % mit Wasser verdünnt. Massieren Sie das Elexier mit Ring- und Mittelfinger unter leichtem Druck in die geschlossenen Augenlieder ein.

Enzyme sind auch hier angezeigt, denn die Blockierungen, die durch das Samora Klostersalz gelöst werden, sind vom Körper nicht allein zu bewältigen. Meine Empfehlung zur Vorbeugung: 3-mal 3 Wobenzym täglich jeweils eine halbe Stunde vor den Mahlzeiten, akut 3-mal 10 Tabletten.

Während der Behandlung achten Sie bitte unbedingt auf eine tägliche Flüssigkeitszufuhr von 3 bis 4 Litern sowie auf ausreichende und ausgewogene Nährstoffzufuhr.

Lungenschwäche

Unter diesem Begriff wurden früher mehrere Krankheitsbilder zusammengefasst. Gemeint wurde aber immer eine Dysfunktion der Atemwege bis in die Lunge. Heute differenziert man verschiedene Krankheiten, die ich nur kurz erwähnen möchte. Dennoch ist die Anwendung mit Samora Klostersalz für alle Erkrankungen der Atemwege und der Lunge bestens geeignet.
Sie sollten jedoch selbstverständlich bei Lungenerkrankungen in therapeutischer Behandlung sein.

Lungenentzündung, Lungenemphysem, Asthma und die Erkrankungen der Bronchien sind die häufigsten Erkrankungen.
Besonders Raucher leiden oft unter einer oder mehreren dieser Erkrankungen. Auch bei Herzleiden treten parallel Lungenerkran-kungen auf.
Besonders gefährdet für infektiöse Atemwegserkrankungen sind abwehrgeschwächte Menschen, deren Immunsystem oft nicht richtig ernährt wird (siehe Kapitel Ernährung) und dadurch nicht leistungsfähig genug ist, um den Körper zu schützen.

Anwendung Samora Klostersalz

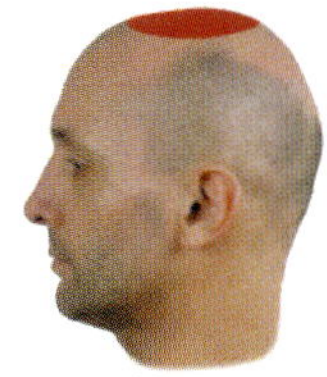

Leberzone
am Kopf

Im Originaltext heißt es:

Man reibe dem Kranken längere Zeit, besonders im ersten Stadium der Erkrankung, täglich 1 mal Kopf und Brust mit dem Elixier ein und gebe ihm, täglich 1 Stunde vor dem Frühstück, 1-2 EL davon mit heißem Wasser gemischt.
Wenn der Husten bedeutend und der Auswurf hart und gelb ist, so kann man auch zur Beschleunigung der Heilung ein weiches, mit dem Heilmittel befeuchtetes Tuch auf die Brust legen. Wenn dieses Mittel anschlägt, so fühlt der Kranke nach 10 Tagen etwas Erleichterung beim Husten bei verändertem weißen und schaumigen Auswurf. Zeigt sich hiernach ein Schmerz an einer Seite, lege man fortwährend eine mit dem Elixier angefeuchtete Leinwand auf die Stelle.

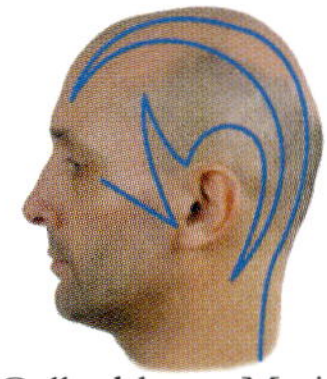

Gallenblasen-Meridian
am Kopf

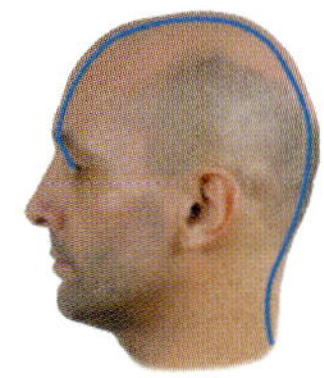

Blasen-Meridian
am Kopf

Die Salbung der Augen erfolgt abends mit Samora Klostersalz, 50 % mit Wasser verdünnt in sanft kreisenden Bewegungen.

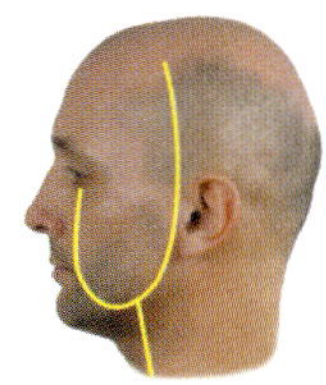

Magen-Meridian
am Kopf

Die Akupunkturmassage nach Penzel ist mit einem Massagestab so lange durchzuführen, bis die Meridiane eine deutliche Rötung aufweisen. Danach sind die Meridiane 2- bis 3-mal mit Samora Klostersalz einzureiben.

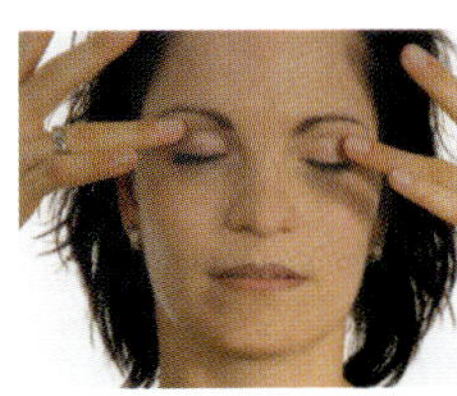

Enzyme sind auch hier angezeigt, denn die Blockierungen der Lunge, die durch das Samora Klostersalz gelöst werden, sind vom Körper nicht allein zu bewältigen. Meine Empfehlung: 3-mal 3 Tabletten Wobenzym täglich jeweils eine halbe Stunde vor den Mahlzeiten. Im akuten Falle 3-mal 10 Tabletten.

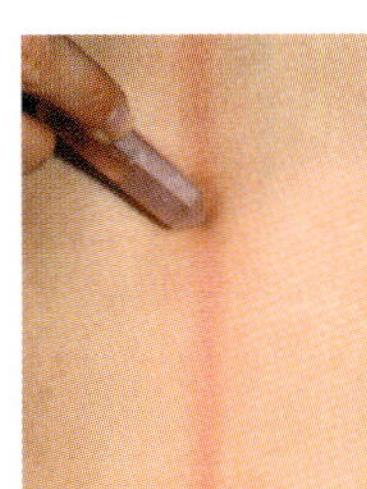

Während der Behandlung achten Sie bitte auf eine tägliche Flüssigkeitszufuhr von 3 bis 4 Litern sowie auf ausreichende Nährstoffzufuhr.

Magenleiden

Es gibt viele Symptome, die bei Magenerkrankungen auftreten. Ich habe alle unter dem Begriff Magenleiden zusammengefasst, weil die Behandlung mit Samora Klostersalz bei allen Symptomen gleich ist.

Der große „Muskelsack“ Magen wird vom vegetativen Nervensystem sehr stark beeinflusst.

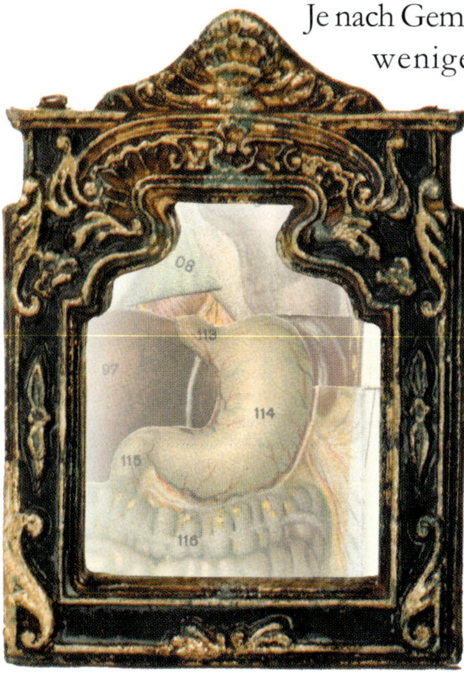

Je nach Gemütszustand wird beispielsweise mehr oder weniger Magensaft produziert. Dadurch beeinflusst man unbewusst die Verdaubarkeit der Speisen. Sie können sich sicher vorstellen, dass dauernder Stress Verdauungsstörungen verursachen kann und somit durch eine erhöhte Säureproduktion eine Gastritis ausgelöst werden kann.
Symptome sind Blähungen, Druck, Völlegefühl, Sodbrennen, Aufstoßen, Zungenbrennen, Magenschmerzen nach dem Essen oder Nüchternschmerz. Begleitet werden die Erscheinungen oft durch depressive Verstimmungen und Schlaflosigkeit.

Anwendung Samora Klostersalz

Im Originaltext heißt es:

Magenleiden ist erkenntlich an Magenkatarrh, Magengeschwüren, Magenerweiterung, Magenkrampf und Appetitlosigkeit.
Dies gut bewährte Mittel führt in kurzer Zeit zur Heilung, wenn die Krankheit nicht zu weit fortgeschritten

ist. Sie sollten abends den Kopf, Stirn, Schläfen 3 mal hintereinander mit dem Elixier gut anfeuchten und einreiben, den Kopf eine viertel Stunde mit einem Tuch bedecken und beim Schlafengehen ein doppeltes Stück Leinwand und ein wollenes Tuch darüber, auf den Magen legen. Ferner soll man morgens und abends etwa 1 EL gemischt mit 2-3 EL heißem Wasser eine Stunde vor dem Essen trinken. Dann geht es von Tag zu Tag der Besserung entgegen.

Alle Zonen am Kopf 1- bis 3-mal pro Woche abends einreiben.
Als zusätzliche Anwendung sollten Sie die Hautzone unmittelbar über dem Magen 2- bis 3-mal täglich mit kreisenden Bewegungen einreiben.

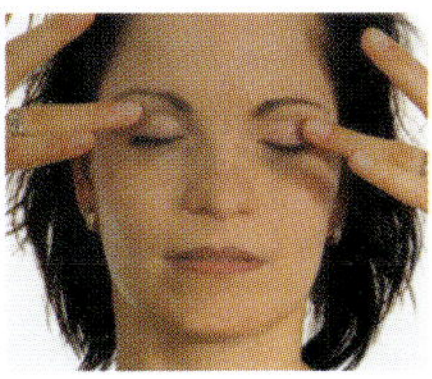

Die Salbung der Augen erfolgt mit Samora Klostersalz, 50 % mit Wasser verdünnt. In sanft kreisender Bewegung über die geschlossenen Augenlider fahren und gut einmassieren.

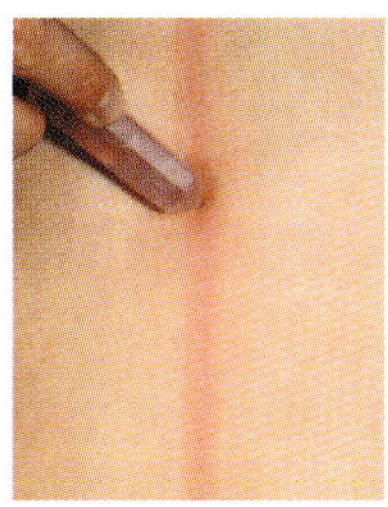

Die Akupunkturmassage nach Penzel ist mit einem Massagestab so lange durchzuführen, bis die Meridiane eine deutliche Rötung aufweisen. Danach sind die Meridiane 2- bis 3-mal mit Samora Klostersalz einzureiben.

Enzyme sind auch hier empfehlenswert. Im akuten Stadium 3-mal 10 Wobenzym täglich jeweils eine halbe Stunde vor den Mahlzeiten, später 3-mal 3 Tabletten.

Während der Behandlung achten Sie bitte auf eine tägliche Flüssigkeitszufuhr von 3 bis 4 Litern sowie auf ausreichende Nährstoffzufuhr.

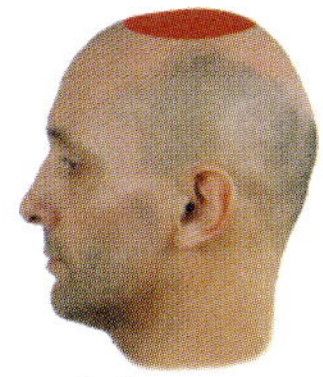

Leberzone
am Kopf

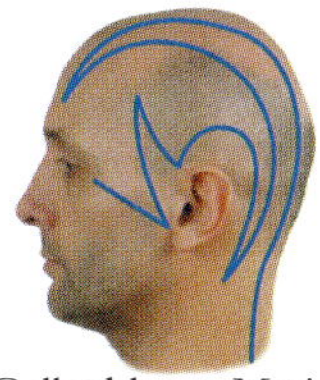

Gallenblasen-Meridian
am Kopf

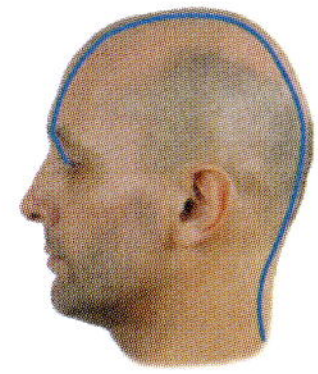

Blasen-Meridian
am Kopf

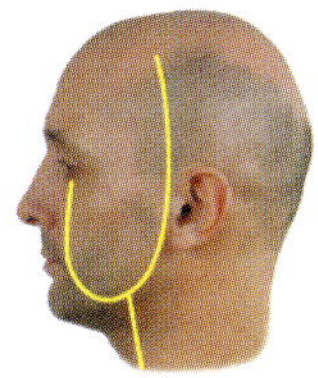

Magen-Meridian
am Kopf

Migräne

Das Krankheitsbild der Migräne zählt klinisch gesehen zu den Nervenerkrankungen. Oft treten anfallartige Schmerzen im Kopf auf, die nicht selten einseitig sind. Die Beteiligung von Sehstörungen, Lichtempfindlichkeit, Erbrechen oder Schwindel deuten auf einen Migräneanfall hin.
Ausgelöst wird ein Migräneanfall oft durch verschiedene Lebens- und Genussmittel sowie Hormonstörungen und dem „Föhn", der in süddeutschen Regionen zu den Auslösern zählt.
Eigentlich hilft kaum etwas wirklich. Ich möchte hier sowohl auf das Kapitel „Toxische Substanzen begleiten uns" als auch auf „Samora Klostersalz in Kombination mit den Heilzonen" hinweisen. Kopfschmerzen sind weitaus häufiger eine Hilfemeldung von den Entgiftungsorganen als
nur bloße Kopfschmerzen.

Hier gilt es, die Schmerzzonen täglich und nicht nur bei Symptomen zu behandeln.

Anwendung Samora Klostersalz

Alle Zonen am Kopf gründlich 1- bis 3-mal pro Woche oder öfters abends einreiben. Die Behandlung sollte mindestens 2 Wochen bis längstens 4 Wochen durchgeführt werden.

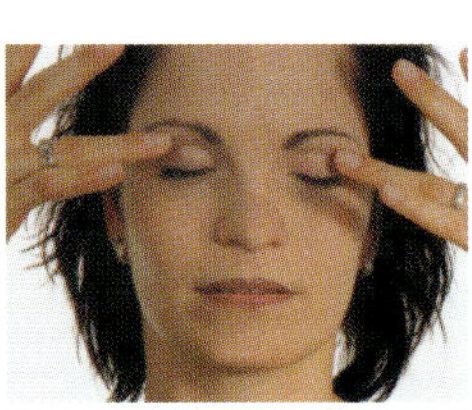

Die Salbung der Augen erfolgt mit Samora Klostersalz, 50 % mit Wasser verdünnt. Sanft in kreisender Bewegung über die geschlossenen Augenlider fahren.

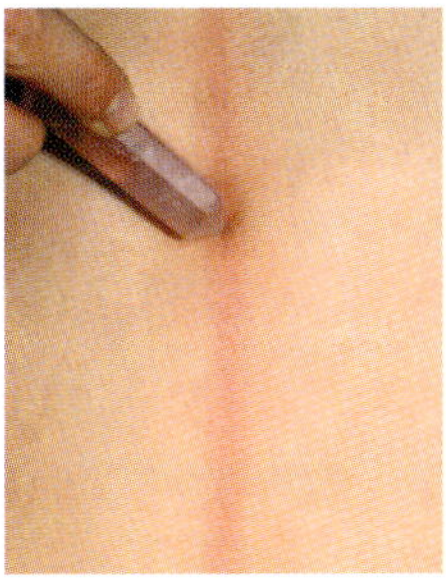

Die Akupunkturmassage nach Penzel ist auch bei Migräne sehr hilfreich. Fahren Sie mit einem Massagestab die beiden Yin- und Yang-Meridiane ab, bis eine deutliche Rötung zu sehen ist. Salben Sie diese Hautzonen 2- bis 3-mal mit Samora Klostersalz ein.

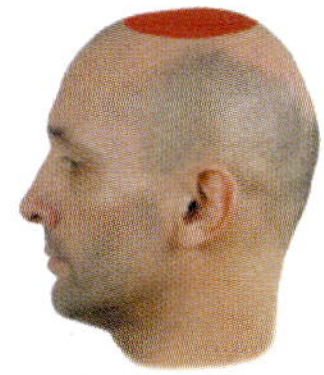

Leberzone am Kopf

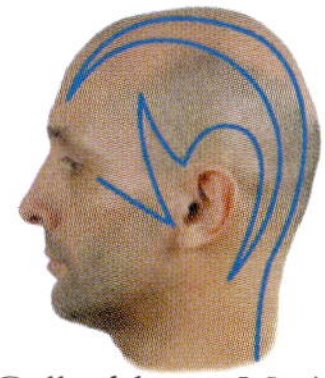

Gallenblasen-Meridian am Kopf

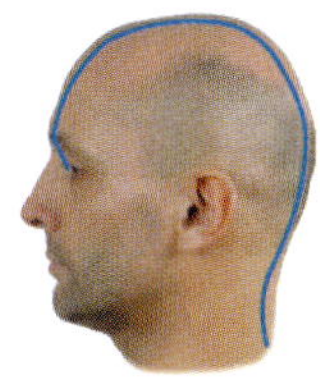

Blasen-Meridian am Kopf

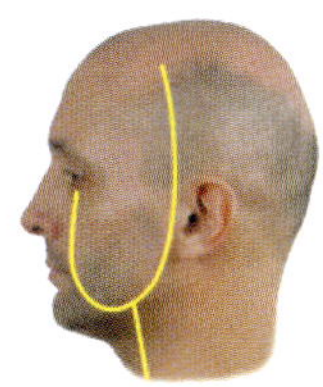

Magen-Meridian am Kopf

An Enzymen sollten Sie 3-mal 3 Wobenzym täglich jeweils eine halbe Stunde vor den Mahlzeiten einnehmen.

Sie sollten unbedingt auf eine ausreichende Nährstoffzufuhr achten und eine Trinkmenge von 2 bis 3 Litern Flüssigkeit nicht unterschreiten.

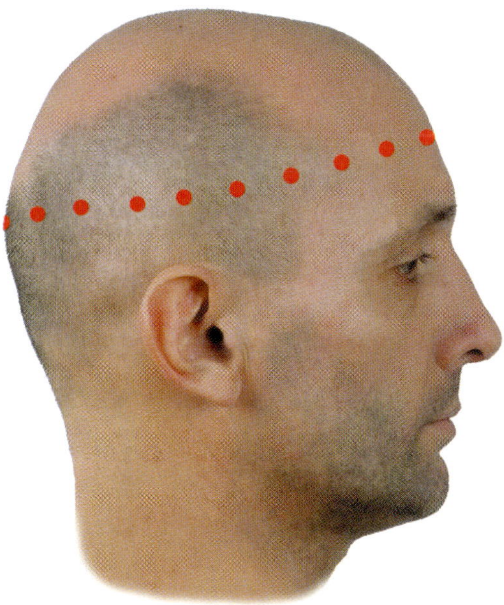

Quaddelpunkte für Dornenkranz

Nach diesem Muster sollten Sie, bei akutem Schmerz, das Samora Klostersalz-Elixier sanft in die Kopfhaut einmassiern.

Müdigkeit

Fühlen Sie sich oft völlig erschöpft und müde? Haben Sie wenig Antrieb und leiden außerdem unter Schlafstörungen? Dann sollten Sie bei diesem Kapitel hellhörig werden.

Diese Symptome treten auf, wenn der Körper ein natürliches Bedürfnis nach Erholung, Regeneration und Entgiftung hat. Falls bei Ihnen trotz genügend Schlaf und Erholung das Gefühl von Abgeschlagenheit und Müdigkeit nicht weicht, sollten Sie dringend einen Therapeuten konsultieren, der den Ursachen auf die Spur kommt.

Bei vielen Krankheitsbildern erscheint oft über einen langen Zeitraum hinweg die Müdigkeit als einziger Hinweis auf eine ernste Erkrankung.
Wenn allerdings eine ernsthafte Krankheit ausgeschlossen werden kann, ist die Müdigkeit oft auf Entgiftungsschwierigkeiten innerer Organe zurückzuführen. Dennoch gilt immer die gleiche Behandlung mit Samora Klostersalz, egal aus welchem Grund Sie dieses Symptom haben.

Anwendung Samora Klostersalz

Der Originaltext:

Zur Stärkung dieser Schwäche ist es gut, wenn man mit dem Elixier die Schädeldecke (das Gehirn), die Stirn, die Schläfen und die Augen äußerlich gut anfeuchtet, abends vor dem Schlafengehen 2 bis 3 mal hintereinander tüchtig einreibt und 1 bis 2 EL voll von dem Elixier mit 3 bis 4 EL heißem Wasser vermischt morgens und abends zügig trinkt. Das stärkt die Glieder und die Nerven.

Ich empfehle Ihnen 1 bis 2 EL Samora Klostersalz mit 50 ml heißem Wasser zu verdünnen, das es in dieser Konzentration leichter zu trinken ist.

Die Einnahme der Enzyme sollte erwähnt werden. Eine Kurweise Anwendungen über 3-mal 3 Wochen im Jahr sollte man prophylaktisch machen. Täglich 3-mal 2 Tabletten sind für die Vorbeugung ideal. Hier empfehle ich Wobenzym.

Die Akupunkturmassage nach Penzel empfehle ich 1-mal in der Woche. Das Stimulieren der beiden Meridiane erfolgt mit einem Massagestab. Nachdem die beiden Meridiane gut gerötet sind, salben Sie diese 2- bis 3-mal hintereinander mit Samora Klostersalz.

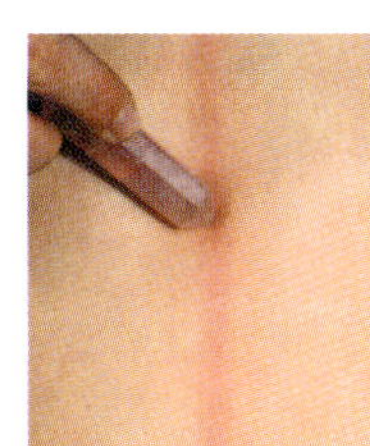

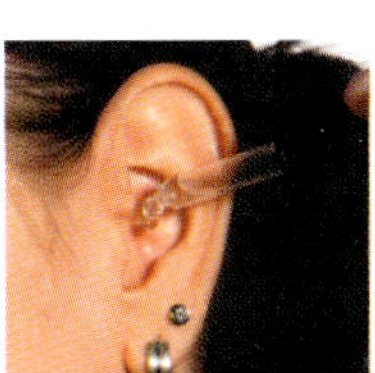

Bei Müdigkeit im Alter empfiehlt sich auch, gelegentlich 1 Tropfen Samora Klostersalz pur oder 1 zu 3 verdünnt in den Gehörgang zu träufeln.

Während der Behandlung sollte die Trinkmenge auf mindestens 3 bis 4 Liter pro Tag erhöht werden.

Mundschleimhaut

Die Mundhöhle ist die Region, die mit vielen verschiedenen Substanzen täglich in Berührung kommt: Nahrungsmittel verschiedenster Art und Qualität, oft mit Schadstoffen, Konservierungsstoffen und Farbstoffen belastet, heiße und kalte Getränke, Zigarettenrauch, Süßspeisen, Salziges und Scharfes, Zahnpasta, Mundwasser usw.

Ist es da ein Wunder, dass die Mundschleimhaut oft wund und offen ist? Mit Brennen und Schmerzen, Trockenheitsgefühl und einer angeschwollenen Zunge lässt sich das Leben nicht so unbeschwert genießen, wie es eigentlich sein sollte.

Die Zahl der Erkrankungen in der Mundhöhle ist in den letzten Jahren sprunghaft angestiegen.

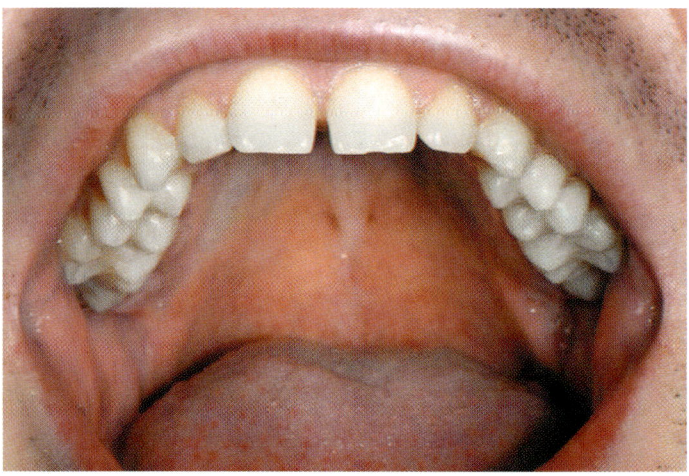

Die Ursache, so vermuten Wissenschaftler, ist mangelnde Mundhygiene, Rauchen, Zahnprothesen und eine geschwächte körperliche Abwehr. Die Speicheldrüsen, die unter der Mundschleimhaut in den Wangen ihren Platz haben, gehören selbstverständlich auch zu dem Gebiet der Mundhöhle und neigen ebenfalls oft zu Entzündungen. Auffällig ist, dass diese Erkrankungen sehr oft auftreten, wenn Darmerkrankungen vorliegen.

Dies ist ein Hinweis auf einen Entgiftungsmangel bei dem sonst zuständigen Verdauungstrakt und den Entgiftungsorganen. Die Spuren der Antibiotikatherapien, die die Darmflora schädigen oder sogar ganz vernichten, sind nicht zu übersehen. Die körpereigene Vergiftung ist auffällig in allen Bereichen des Körpers zu erkennen. Hilfe tut Not.

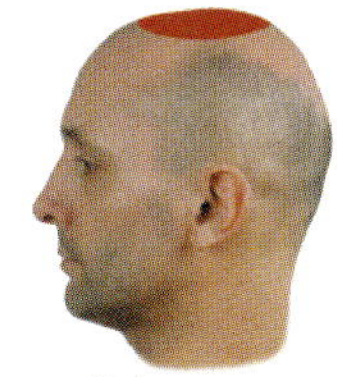

Leberzone am Kopf

Anwendung Samora Klostersalz

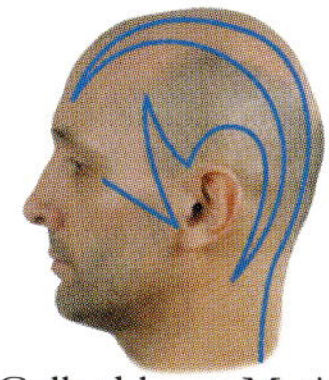

Gallenblasen-Meridian am Kopf

Alle Zonen am Kopf fleißig 1- bis 3-mal pro Woche abends einreiben, bei Bedarf auch öfter. Behandlungszeitraum: 1 bis 2 Wochen, bei Bedarf wiederholen.

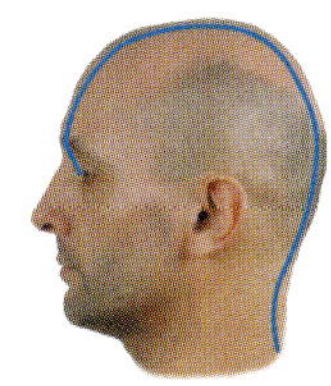

Blasen-Meridian am Kopf

Die Salbung der Augen erfolgt mit Samora Klostersalz, 50 % mit Wasser verdünnt. Sanft in kreisender Bewegung über die geschlossenen Augenlider fahren.

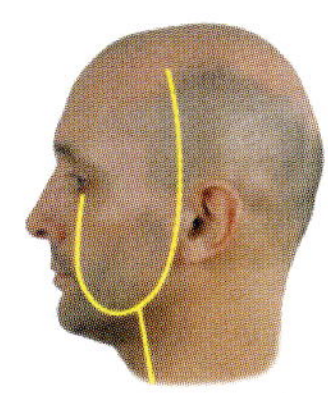

Magen-Meridian am Kopf

Zur innerlichen Anwendung 1 bis 2 EL Samora Klostersalz mit ca. 50 ml heißem Wasser übergießen und morgens nüchtern, so heiß, wie möglich, trinken. Die Anwendung sollte nicht länger als 21 Tage am Stück durchgeführt werden.

Sie sollten das Samora Klostersalz zusätzlich mit einer kleinen Sprühflasche mehrmals täglich in Mund und Rachenraum sprühen und diese Lösung lange im Mund spülen.

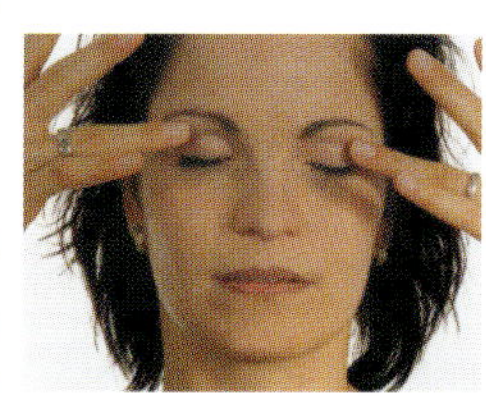

Hier empfehle ich eine zusätzliche Enzymeinnahme von 3-mal 3 Wobenzym täglich jeweils eine halbe Stunde vor den Mahlzeiten, bei akuten Beschwerden täglich 3-mal 10 Tabletten Wobenzym.

Während der Behandlung achten Sie bitte auf eine tägliche Flüssigkeitszufuhr von mindestens 3 bis 4 Litern sowie auf ausreichende Nährstoffzufuhr.

Muskelschmerz

Der typische Muskelschmerz erscheint oft nach etwas ungewohnter Anstrengung beim Sport, in ungewohnten Freizeitaktivitäten und sehr oft bei dem rheumatischen Formenkreis. Besonders unangenehm ist der so genannte Weichteilrheumatismus, der zu den Autoimmunerkrankungen zählt.

Der Schmerz wird als ziehend und stechend beschrieben und führt, wenn er dauerhaft auftritt, oft nach Jahren der Schmerzodyssee zur Frührente. Da die Bewegung durch die ständigen und oft schubweise auftretenden Schmerzen enorm eingeschränkt ist, ist diese Art der Muskelschmerzen ein echtes Handicap.

Anwendung Samora Klostersalz

Der Originaltext:

(Fluß, Ziehen, Reißen in den Gliedern) wird immer erleichtert und oft geheilt, wenn man den leidenden Teil mit diesem Mittel einreibt. Es muß dies aber mehrere Tage und selbst Wochen lang ein- bis zweimal täglich fortgesetzt werden. Es gibt Fälle, wo es notwendig ist, daß der Patient zwei Eßlöffel voll, mit heißem Wasser vermischt, einmal täglich, zwölf bis vierzehn Tage lang nimmt. - Es ist dies eine der hartnäckigsten Krankheiten und sie erfordert große Geduld und Ausdauer, aber auch sie hat dem Mittel weichen müssen, obwohl manchmal die Anwendung der Bürste nötig war. Es könnten sehr viele Fälle angeführt werden, da solche Personen, welche mit dieser Krankheit behaftet waren und ihre Winter in großen Schmerzen innerhalb der vier Wände zubringen mußten, durch die Anwendung dieses Mittels in den

Stand gesetzt wurden, sich das ganze Jahr ihres Lebens zu freuen.

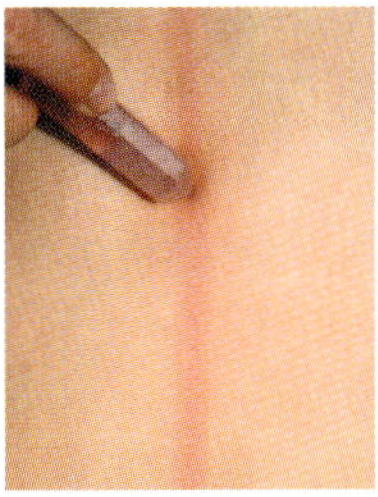

Die Akupunkturmassage nach Penzel ist mit einem Massagestab so lange durchzuführen, bis die Meridiane eine deutliche Rötung aufweisen. Danach sind die Meridiane 2- bis 3-mal mit Samora Klostersalz einzureiben.

Alle Zonen am Kopf 1- bis 3-mal pro Woche, 2 bis 3 Wochen lang, abends gründlich einreiben.
Ebenfalls sollten Sie die schmerzenden Gelenke mit dem Samora Klostersalz mehrmals täglich in kreisenden Bewegungen einreiben.

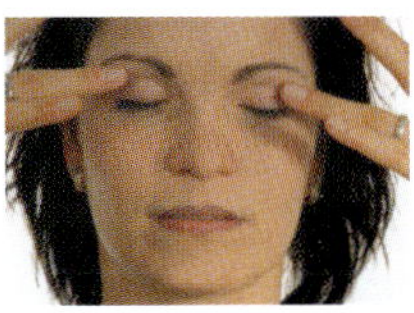

Die Salbung der Augen erfolgt mit Samora Klostersalz, 50 % mit Wasser verdünnt.

Enzyme sind auch hier angezeigt, meine Empfehlung: 3-mal 3 Wobenzym täglich jeweils eine halbe Stunde vor den Mahlzeiten.

Während der Behandlung achten Sie bitte auf eine tägliche Flüssigkeitszufuhr von 3 bis 4 Litern sowie auf ausreichende Nährstoffzufuhr.

Das homöopathische Mineralsalz wäre hier angebracht. Die Anwendung entnehmen Sie bitte dem Kapitel Samora Klostersalz als homöopathisches Mineralsalzmittel.

Zur zusätzlichen Entgiftung ist die Methode der Eigennosode zu empfehlen. Die Anwendung entnehmen Sie bitte dem Kapitel Eigennosode.

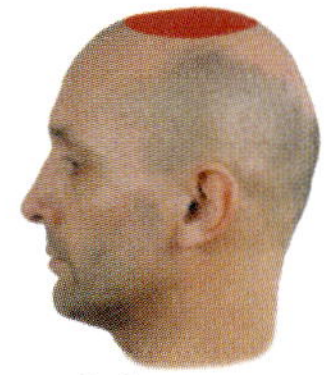

Leberzone am Kopf

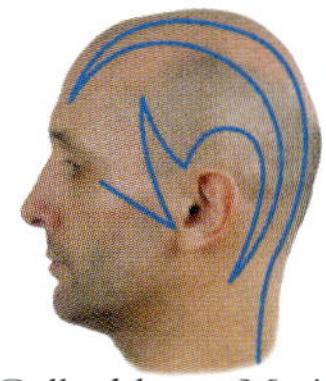

Gallenblasen-Meridian am Kopf

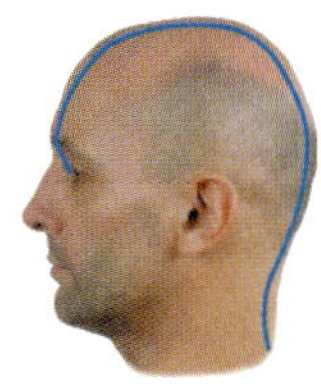

Blasen-Meridian am Kopf

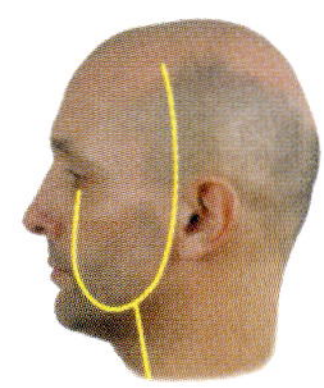

Magen-Meridian am Kopf

Nackenschmerz

Körperliche und seelische Überlastung sowie Erkrankungen des Bindegewebes können Ursachen für Nackenschmerzen sein. Aber auch Zugluft, Muskelüberlastung und -verhärtung führen zu Schmerzen im Schulter- und Nackenbereich.

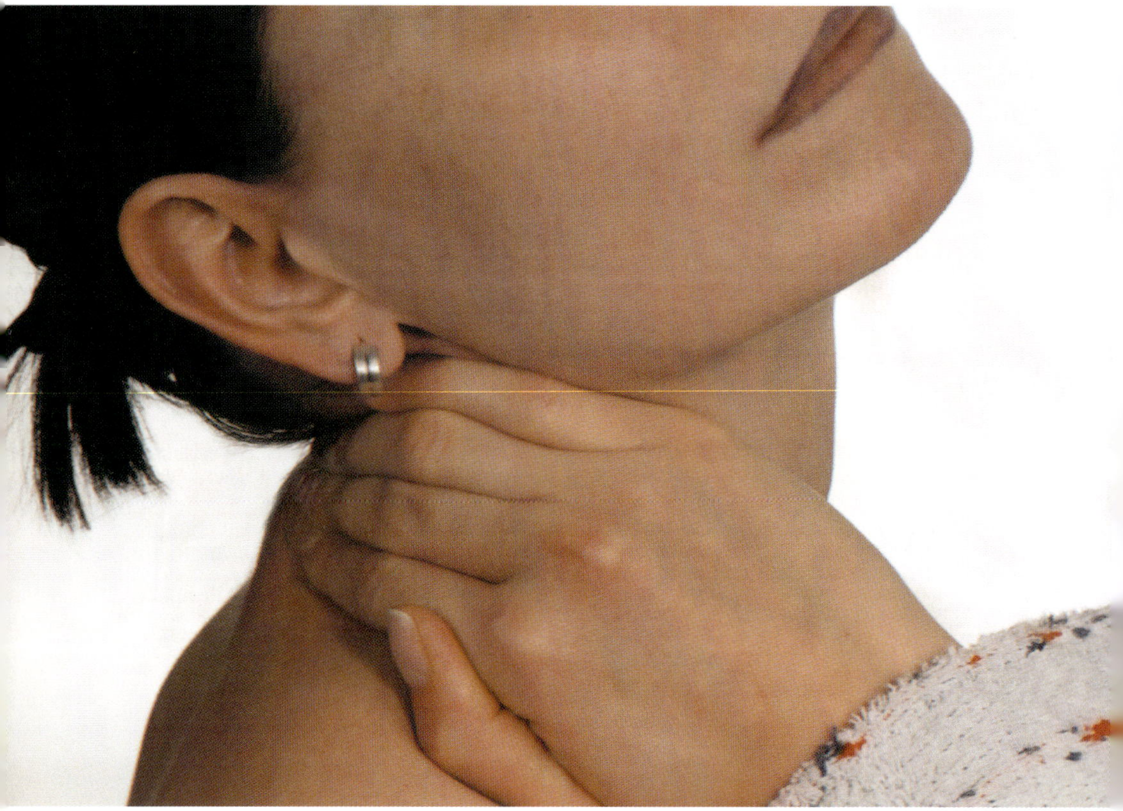

Natürlich lässt sich auch das Symptom Nackenschmerz sehr gut zu Hause behandeln. Sie sollten aber - wie bei allen anderen Krankheitsbildern - versuchen, den Verursacher auszuschalten.

Anwendung Samora Klostersalz

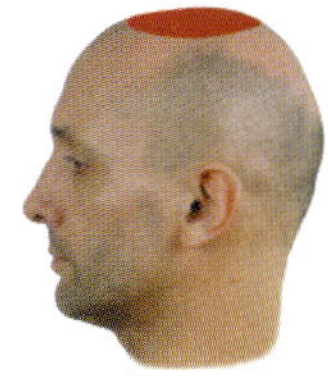

Leberzone am Kopf

Alle schmerzenden Bereiche sollten Sie täglich morgens und abends 2- bis 3-mal kräftig einreiben und warm abdecken. Selbstverständlich sollten Sie das ganze Programm mit Samora Klostersalz durchführen, solange es notwendig ist.

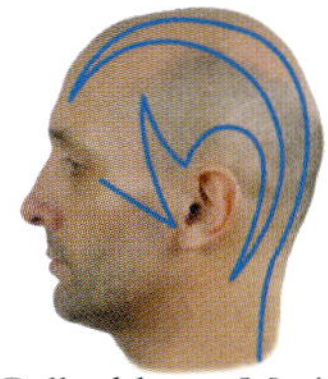

Gallenblasen-Meridian am Kopf

Zusätzlich alle Zonen am Kopf fleißig 1- bis 3-mal pro Woche abends einreiben, bei Bedarf auch öfter. Die Behandlung sollte mindestens 1 bis 2 Wochen durchgeführt werden.

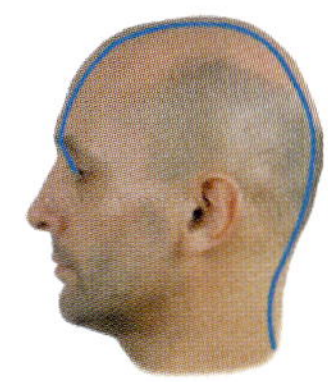

Blasen-Meridian am Kopf

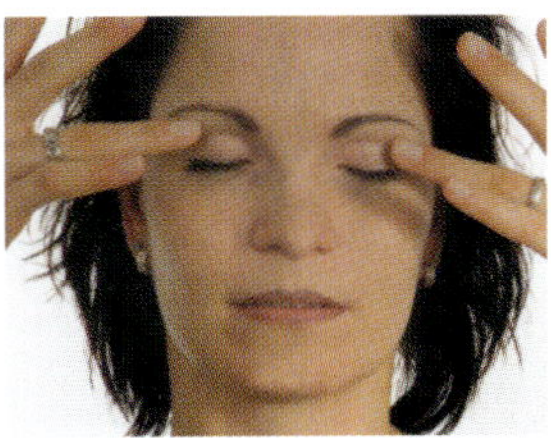

Die Salbung der Augen erfolgt mit Samora Klostersalz, 50 % mit Wasser verdünnt. Sanft kreisend mit Mittel- und Ringfinger die geschlossenen Augenlider einbalsamieren.

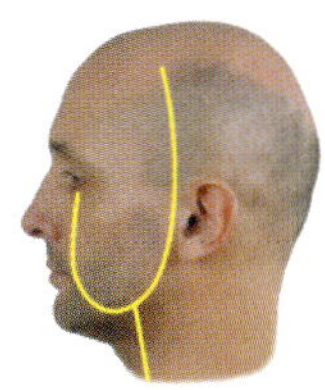

Magen-Meridian am Kopf

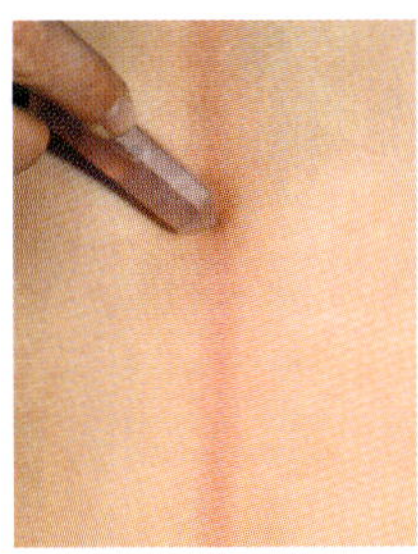

Die Akupunkturmassage nach Penzel ist mit einem Massagestab so lange durchzuführen, bis die Meridiane eine deutliche Rötung aufweisen. Danach sind die Meridiane 2- bis 3-mal mit Samora Klostersalz einzureiben.

Enzyme sind auch hier angebracht. Ich empfehle 3-mal 3 Wobenzym täglich jeweils eine halbe Stunde vor den Mahlzeiten.

Außerdem sollten Sie so lange die Beschwerden anhalten, jeden Morgen und Abend 2 EL Samora Klostersalz mit 50 ml heißem Wasser verdünnt, zügig trinken.

Nagelbett entzündet

Die Ursache einer Nagelbettentzündung liegt oft ein einer kleinen Verletzung des Nagelbetts. Da man mit den Händen überall Pilze oder Bakterien aufnehmen kann, ist das Risiko, eine Infektion zu bekommen, doch relativ groß.

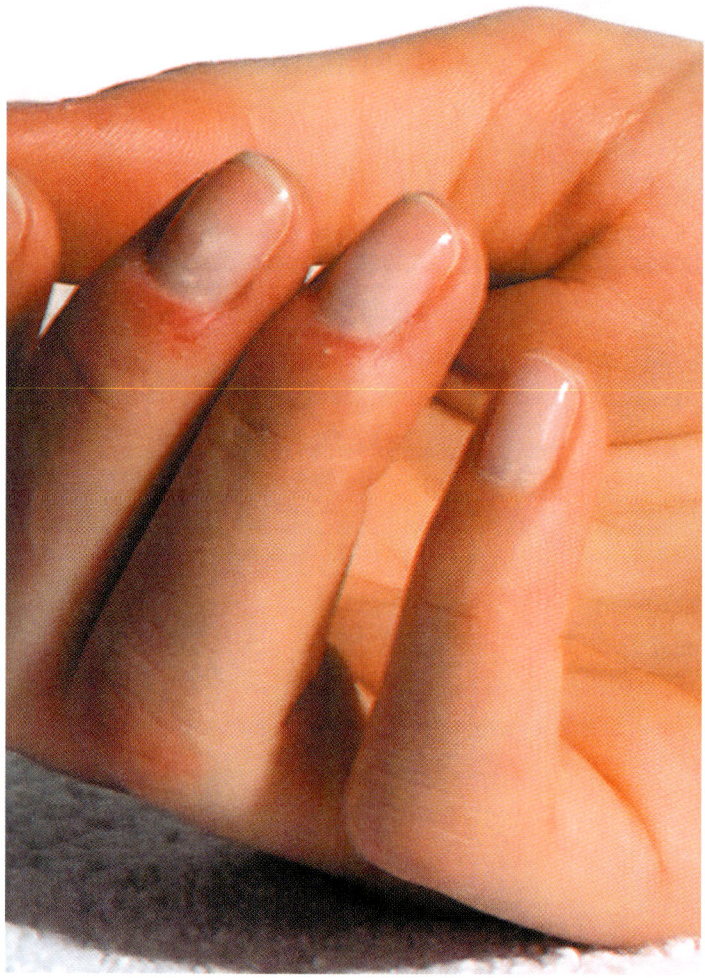

Um ein rotes und stark angeschwollenes Nagelbett zu verhindern, sollten Sie gleich nach Wahrnehmen der Verletzung etwas gegen eine drohende Infektion unternehmen. Auch ein infiziertes Nagelbett lässt sich natürlich mit Samora Klostersalz behandeln.

Besonders Diabetiker werden sich über die unkomplizierte Hilfe freuen, denn gerade bei diesen Menschen ist das Erkrankungsrisiko besonders hoch.

Anwendung Samora Klostersalz

Im Originaltext heißt es:

Ein Nagelgeschwür wird mit Sicherheit geheilt, indem man den Finger in das Elixier hält oder ein Stück weiche Leinwand damit tränkt und den Schaden damit gut umwickelt. Man erhalte sie aber solange nass, bis die Heilung bewerkstelligt ist.

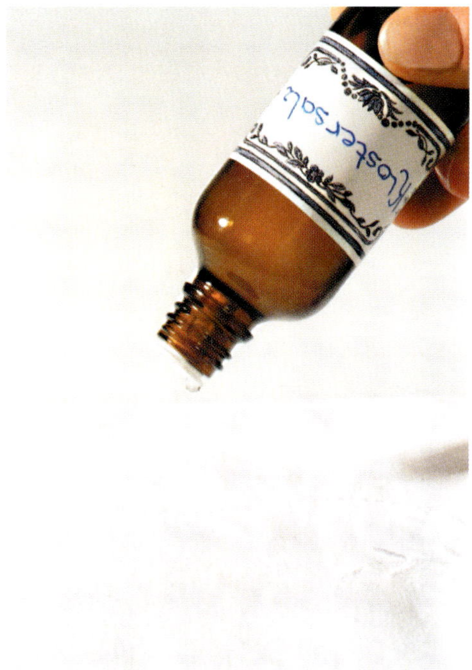

Ich empfehle eine spezielle Mischung
:
1 Tropfen Lavendelöl und 20 Tropfen Samora Klostersalz mit 20 Tropfen Wasser auf die Wunde geben. Mit dieser Rezeptur habe ich auch bei Kindern, die ja zu immer wiederkehrenden Nagelbettinfektionen neigen, die besten Erfahrungen gemacht.

Zusätzliche Enzymgaben sind auch hier angezeigt, denn die Blockierungen, die durch das Klostersalz gelöst werden, sind vom Körper nicht allein zu bewältigen. Meine Empfehlung: 3-mal 3 Wobenzym täglich jeweils eine halbe Stunde vor den Mahlzeiten.

Narben

In der Medizin bezeichnet man eine Narbe als Endzustand nach einer Defektheilung. Das bedeutet, dass nach einer Verletzung des Gewebes die Vernarbung als Endzustand angesehen wird. Eine weitere Ausheilung, also ein Verschwinden der Narbe, ist nicht mehr möglich. Diese Defektheilung, also Vernarbung, bietet trotzdem noch Möglichkeiten der Irritation, denn es handelt sich um Ersatzgewebe.

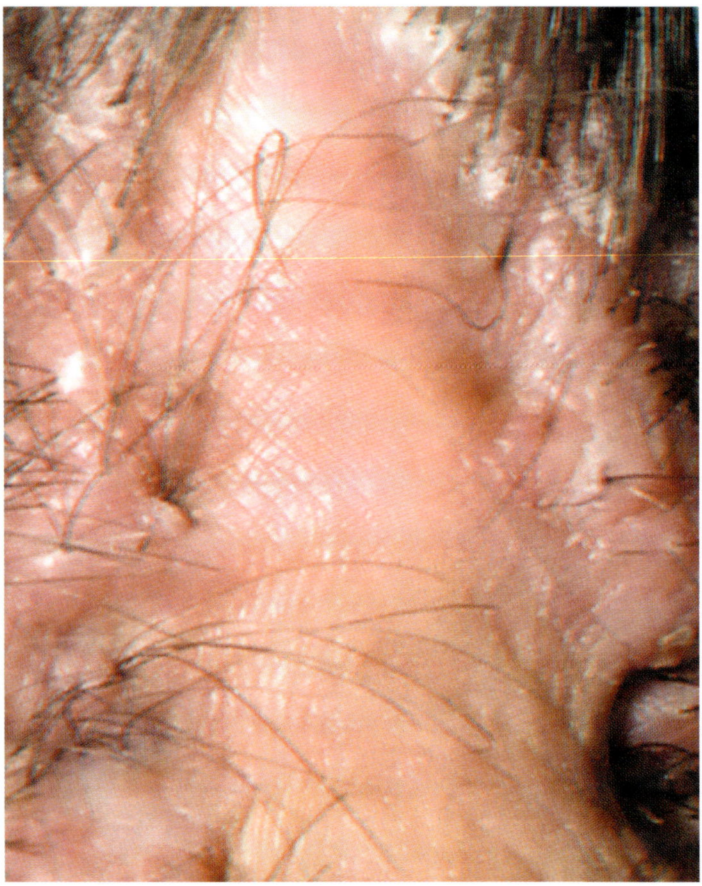

Eine Narbe kann jucken, schmerzen, wuchern, sich röten und in weiter entfernt liegenden Geweben Störungen verursachen. In der Neuraltherapie bedeutet eine

Narbe, sollte sie auf einem Meridian liegen, immer ein Störfeld, egal ob sie ruhig ist oder durch Reaktionen auffällt.

Ich selbst habe in meiner Praxis viele dieser Narben gesehen, die ein Organ oder sogar mehrere Organe über viele Jahre gestört haben. Ein Beispiel: Eine Narbe auf der Milz/Pankreas hat bei einem Patienten einen Diabetes manifestiert, der aber zum Glück noch nicht insulinpflichtig war. Durch rechtzeitiges Unterspritzen mit Lidocain besserte sich auch der Allgemeinzustand des Patienten.

Sie können natürlich zu Hause nicht so verfahren wie ich in der Praxis. Deshalb habe ich später meinen Patienten, die sich nicht spritzen lassen wollten, empfohlen, sich mit Klostersalz täglich die Narben kräftig einzumassieren.
Und siehe da... Der Effekt kam langsamer, aber es war immer eine nachhaltige Besserung zu erkennen. Auch Kinder sind von dieser spritzenfreien Narbenbehandlung begeistert gewesen.

Anwendung Samora Klostersalz

Reiben Sie jeden Morgen und jeden Abend alle Narben an Ihrem Körper 2- bis 3-mal kräftig mit dem Samora Klostersalz ein, bis die Symptome nachlassen.

Für die innerliche Anwendung empfehle ich Ihnen 1 bis 2 EL Samora Klostersalz mit 50 ml heißem Wasser übergossen morgens nüchtern, so heiß als möglich zu trinken.

Nasenbluten

Wenn Blut aus der Nase fließt, sieht das immer sehr bedrohlich aus. Doch in den meisten Fällen ist das eher eine harmlose Angelegenheit. Die Ursachen des Nasenblutens liegen manchmal in einer Verletzung des inneren oder äußeren Nasenbereichs, die durch einen Sturz oder einen Schlag herbeigeführt wurde.

Eine weitere Ursache von Nasenbluten sind Bluthochdruck, Arterienverkalkung oder Blutgerinnungsstörungen, die auch von Medikamenten ausgelöst werden können. Manchmal blutet die Nase auch vermeintlich ohne Grund. Bei genauerer Nachforschung kommt man dann oft zu dem Ergebnis, dass die trokkene Raumluft die Nasenschleimhäute so weit austrocknet, dass es zu kleinen Rissen in den Schleimhautwänden kommt und feine Haargefäße der Nase bluten. Kräftiges Naseputzen und Niesen lösen dann schon die Blutung aus.

Anwendung Samora Klostersalz

Im Originaltext heißt es:

Nasenbluten wird gleich behoben, indem man ein kleines Stück Tuch mit dem Klostersalz gut anfeuchtet, hiernach ausdrückt und um die Nase legt.
Auch zieht man das Elixier einige Male in die Nase auf, täglich 4 – 5 mal. Das Nasenbluten wird sofort aufhören.

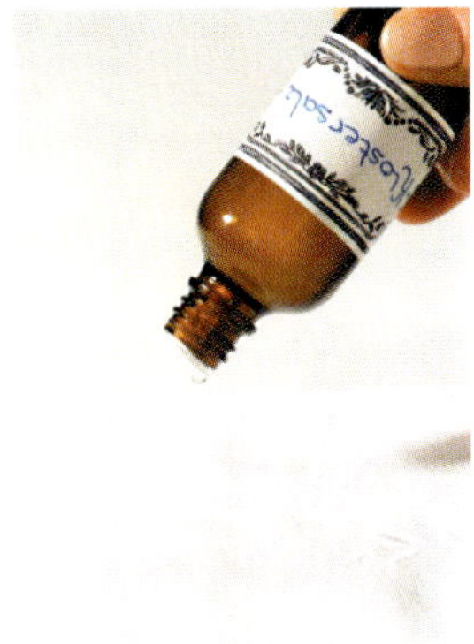

Ich empfehle beim Aufziehen in die Nase, das Samora Klostersalz 1 zu 1 zu verdünnen, da es sonst zu einem leichten Brennen auf den angegriffenen Schleimhäuten kommen kann.

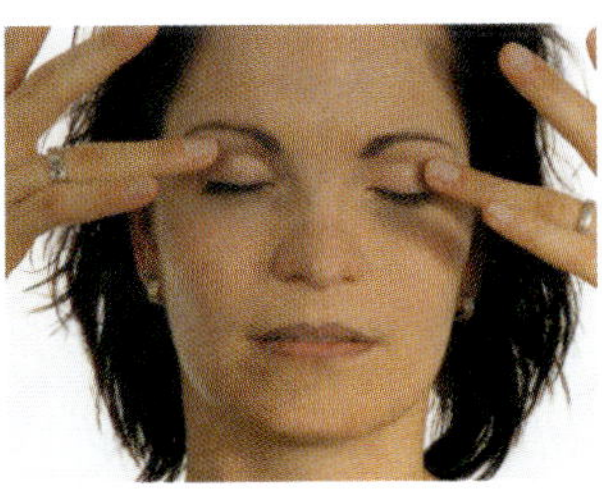

Die Salbung der Augen erfolgt mit Samora Klostersalz, 50 % mit Wasser verdünnt. Sanft in kreisender Bewegung über die geschlossenen Augenlider fahren.

Zusätzlich empfehle ich Ihnen die Einnahme von Enzymen 3-mal 3 Stück täglich, jeweils eine halbe Stunde vor den Mahlzeiten.

Bitte achten Sie darauf, täglich mindestens 3 bis 4 Liter Flüssigkeit, am besten Wasser oder ausleitende Tees zu trinken.

Nebenhöhlenentzündung

Die Nasennebenhöhlen sind Hohlräume in den Gesichtsknochen neben, über und hinter der Nase, die mit reichlich Schleimhaut ausgekleidet sind und als Resonanzboden für die Stimme dienen. Aber eigentlich dienen die Hohlräume auch zur Gewichtsentlastung des Schädels. Bei allem Positiven haben die Nebenhöhlen auch ihre Tücken. Durch die verschlungenen Höhlensysteme bieten sie Bakterien und Viren einen idealen Unterschlupf. Das bedeutet, dass oft chronische Entzündungen, die immer auch akut aufflackern können, das Immunsystem stark strapazieren. Das Immunsystem ist meist nicht in der Lage, an die versteckten Bakterienversprengungen heranzukommen.

Das bedeutet, dass einige aktive Störfelder auch den gesamten Organismus schwächen. Genauso wie immer wieder vereiterte Zähne streuen auch die Nebenhöhlen.

Bei der Störfeldsuche sollte dieser Bereich neuraltherapeutisch behandelt werden. Sie sollten zu Hause Ihre Nasennebenhöhlen mit Samora Klostersalz behandeln. Das kommt einer Neuraltherapie mit mehreren Behandlungen gleich.

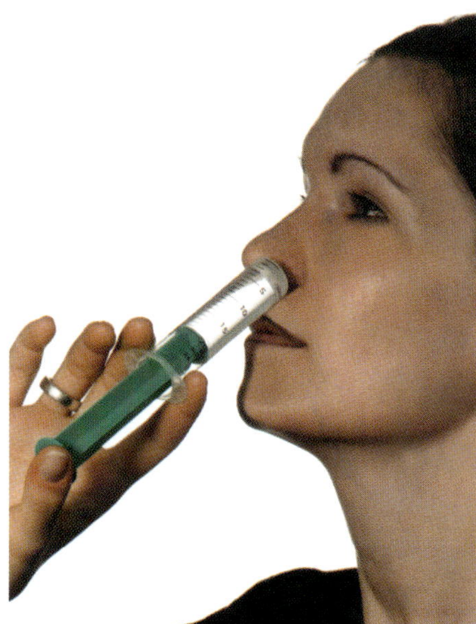

Anwendung Samora Klostersalz

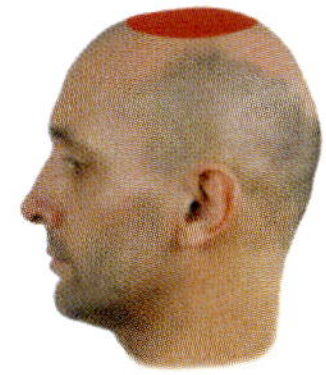

Leberzone
am Kopf

Wichtig ist bei Nebenhöhlenentzündungen zusätzlich zu den anderen Therapieformen regelmäßig 2-mal täglich die Nase mit 1 zu 1 verdünntem Samora Klostersalz durch zu spülen.
Sie nehmen am besten eine Spritze 20 ml ohne Nadel (die bekommen Sie in jeder Apotheke) oder einen speziellen Nasenspüler und waschen unter etwas Druck die Nase durch.

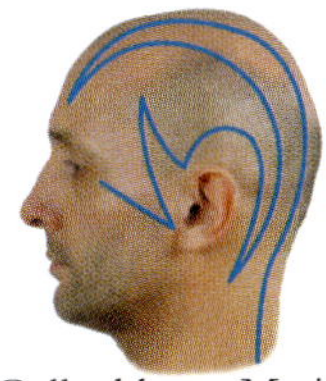

Gallenblasen-Meridian
am Kopf

Zur äußerlichen Anwendung empfehle ich, die Zonen der Stirn- und Nebenhöhlen mehrmals täglich sanft mit dem Elixier einzureiben, zusätzlich auch alle Zonen am Kopf 1- bis 3-mal pro Woche abends. Sie sollten mindestens einen Behandlungszeitraum von 2 bis 3 Wochen einhalten.

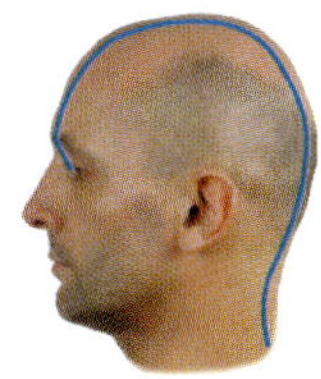

Blasen-Meridian
am Kopf

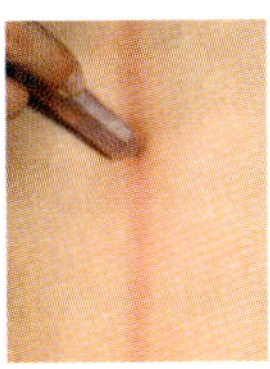

Die Akupunkturmassage nach Penzel ist mit einem Massagestab so lange durchzuführen, bis die Meridiane eine deutliche Rötung aufweisen. Danach sollten Sie die Meridiane 2- bis 3-mal mit Samora Klostersalz einreiben.

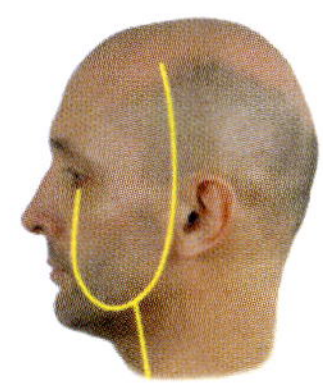

Magen-Meridian
am Kopf

Ich empfehle hier auch die Einnahme von Enzymen. Am besten 3-mal 3 Wobenzym täglich jeweils eine halbe Stunde vor den Mahlzeiten, im akuten Zustand 3-mal 10 Tabletten.

Während der Behandlung achten Sie bitte auf eine tägliche Flüssigkeitszufuhr von mindestens 3 bis 4 Litern sowie auf ausreichende Nährstoffzufuhr.

Ich empfehle Ihnen zusätzlich 2 bis 3 Wochen, jeden Morgen und Abend 2 EL Samora Klostersalz mit 50 ml heißem Wasser gemischt, zügig zu trinken.

Nervenkrankheiten

Die Beschwerden äußern sich oft im Taubheitsgefühl oder Ameisenlaufen sowie durch Berührungsempfindlichkeit und Nachlassen der Muskelkraft. Die Ursachen sind oft in schleichenden Vergiftungen zu suchen. Einige Chemikalien in Pflanzenschutzmitteln sowie die Metallindustrie erhöhen das Erkrankungsrisiko. Aber auch Diabetes, Leber- und Nierenerkrankungen, Medikamente und Störungen im Hormonhaushalt zählen zu den Verursachern. Und wieder treffen wir auf die mangelnde Entgiftungsleistung des Körpers, verursacht durch zu wenig Vitalstoffe und ein Zuviel an Toxinen.

Anwendung Samora Klostersalz

Im Originaltext heißt es:

Nervenkrankheiten werden geheilt, indem man mit dem Klostersalz den Kopf und den ganzen Körper drei mal täglich tüchtig einreibt. Das muß solange fortgesetzt werden, bis die Beschwerden nachlassen. Dazu muß man täglich 1 bis 2 EL des Elixiers, morgens nüchtern, mit 3 bis 4 EL heißem Wasser trinken. Die Anwendung führt alsbald zur Heilung.

Für die innerliche Anwendung empfehle ich 1 bis 2 EL Samora Klsotersalz mit 50 ml heime Wasser zu verdünnen, da es so leichter zu trinken ist.

Die Einnahme der Enzyme ist hier Pflicht. Eine kurweise Anwendung über 3-mal 3 Wochen im Jahr sollte man prophylaktisch machen. Täglich 3-mal 2 Tabletten sind für die

Vorbeugung ideal. Hier empfehle ich das Präparat „Wobenzym“.

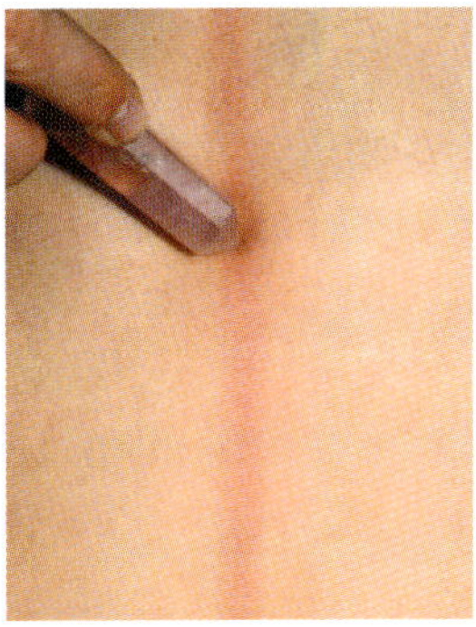

Die Akupunkturmassage nach Penzel empfehle ich einmal in der Woche. Das Stimulieren der beiden Meridiane erfolgt mit einem Massagestab. Nachdem die beiden Meridiane gut gerötet sind, salben Sie diese 2- bis 3-mal hintereinander mit Samora Klostersalz.

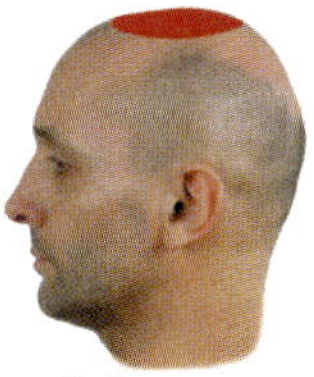

Leberzone am Kopf

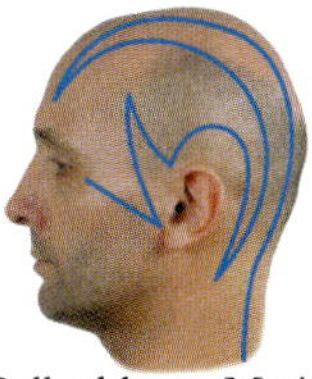

Gallenblasen-Meridian am Kopf

Tragen Sie auf den gesamten Kopf 1- bis 2-mal täglich das Samora Klostersalz auf und massieren Sie alle Kopfzonen gründlich.

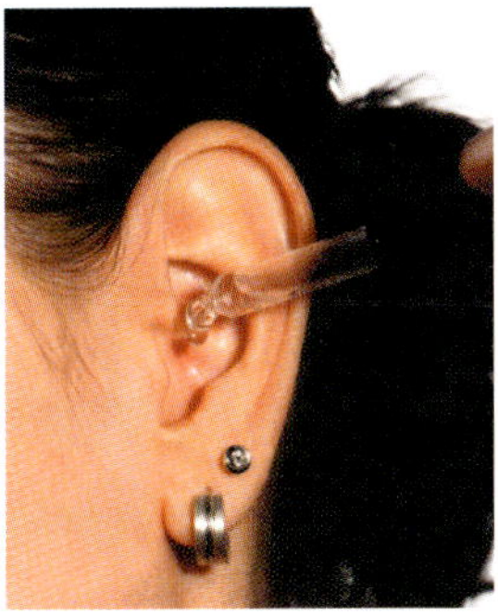

Es empfiehlt sich auch, gelegentlich 1 Tropfen Samora Klostersalz pur oder 1 zu 3 verdünnt in den Gehörgang zu träufeln.

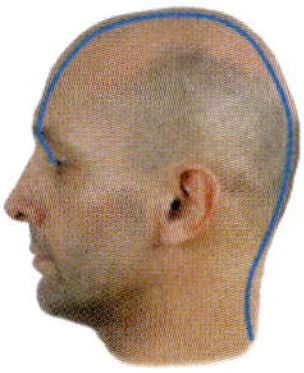

Blasen-Meridian am Kopf

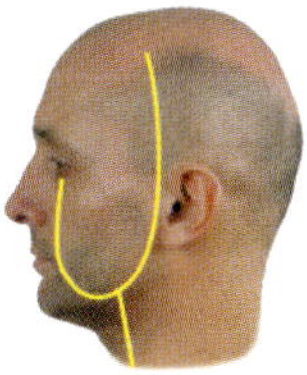

Magen-Meridian am Kopf

Während der Behandlung sollte die Trinkmenge auf mindestens 2 bis 3 Liter pro Tag erhöht werden.

Ohrenbeschwerden

Die Ohren helfen uns nicht nur Geräusche wahrzunehmen, sondern enthalten in ihren tiefer gelegenen Gängen auch die Hörnerven sowie das Gleichgewichtsorgan und die Innenohrschnecke, die mit Flüssigkeit gefüllt ist.
Die Krankheitsbilder, die beim Ohr auftreten können, sind äußerst vielfältig: Schwerhörigkeit bis zur Taubheit, Geräusche im Ohr, genannt Tinnitus, Ohrenschmalzpfropfen, Akute oder chronische Entzündungen des Gehörgangs und des Mittelohrs, Tubenkatarrh, Trommelfellverletzungen, Schwindel, Verkalkungen, Hörsturz usw. Und das sind nur die häufigsten Erkrankungen. Die Ursachen liegen allerdings häufig in einer chronischen Abwehrschwäche, in Stoffwechselstörungen, Mangelernährung und mangelnder Entgiftungsleistung.

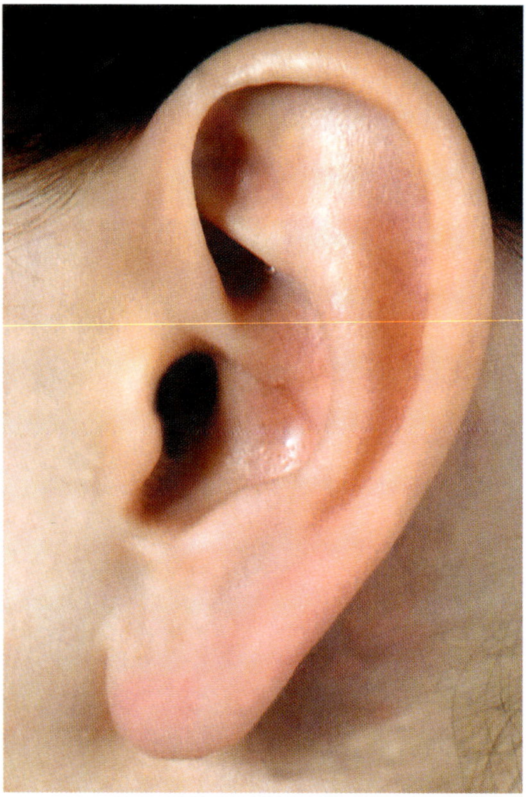

In dem alten Büchlein wird, wie so oft, alles unter dem Kapitel „Ohrenkrankheiten" zusammengefasst.

Anwendung Samora Klostersalz

Im Originaltext heißt es:

Ohrenkrankheiten werden ebenso geheilt wie das Zahnweh, indem man das Ohr mit dem Elixier füllt. Ich

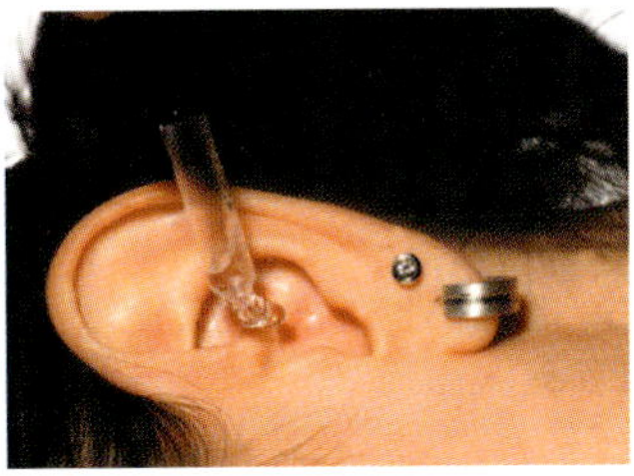

habe es in vielen Fällen sehr erfolgreich gefunden und seit ich meine Ohren damit gefüllt habe, kann ich besser hören. Man fülle zuerst das weniger taube Ohr damit und lasse es etwa 10 Minuten lang darin, dann fülle man das Andere und lasse es die ganze Nacht darin. Verschluß mittels Wattepfropf. Dieses Verfahren trägt gar sehr zu einem gesunden Schlaf bei.

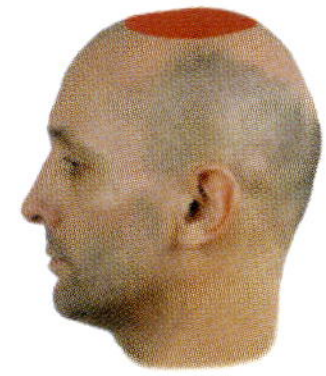

Leberzone
am Kopf

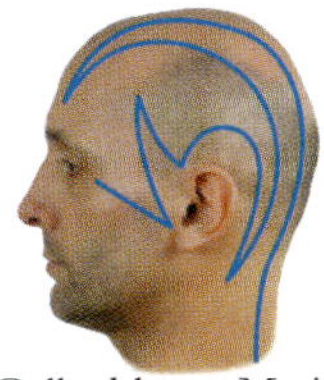

Gallenblasen-Meridian
am Kopf

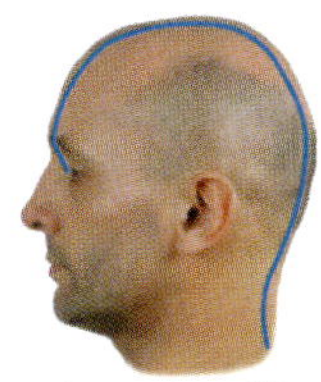

Blasen-Meridian
am Kopf

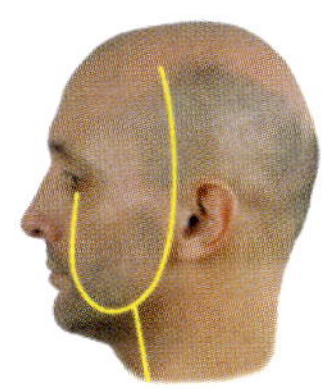

Magen-Meridian
am Kopf

Alle Zonen am Kopf fleißig 1- bis 3-mal pro Woche abends einreiben, bei Bedarf auch öfter. Behandlungszeitraum: 1 bis 2 Wochen, gegebenenfalls wiederholen.

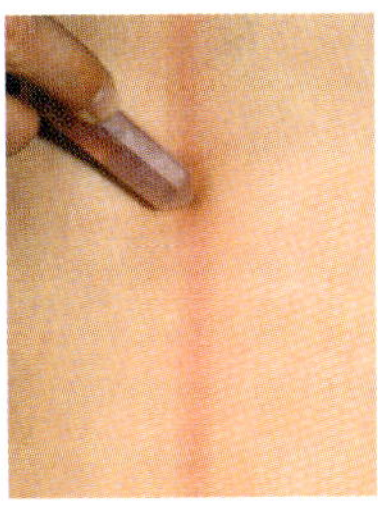

Die Akupunkturmassage nach Penzel ist mit einem Massagestab so lange durchzuführen, bis die Meridiane eine deutliche Rötung aufweisen. Danach sind die Meridiane 2- bis 3-mal mit Samora Klostersalz einzureiben.

Innerlich 1 bis 2 EL mit 50 ml heißem Wasser übergossen morgens nüchtern, so heiß, wie möglich, trinken. Die Anwendung sollte so lange durchgeführt werden, bis Sie Linderung verspüren, längstens jedoch 21 Tage.

Um den Körper bei der Bewältigung der Blockierungen zu unterstützen, sind auch hier Enzyme angebracht. Meine Empfehlung: 3-mal 3 Wobenzym täglich jeweils eine halbe Stunde vor den Mahlzeiten, bei akuten Beschwerden 3-mal 10 Tabletten.

Während der Behandlung achten Sie bitte auf eine tägliche Flüssigkeitszufuhr von 3 bis 4 Litern sowie auf ausreichende Nährstoffzufuhr.

Pflanzen

Ich persönlich habe nicht den grünen Daumen und deshalb kann ich zum Thema Pflanzen keine große Abhandlung schreiben. Dennoch möchte ich Ihnen meine Erfahrungen mit Zimmerpflanzen und Samora Klostersalz mitteilen.

Ich habe nur sehr wenige Pflanzen. Die passen alle auf eine Fensterbank in meiner Küche und sind auf gar keinen Fall verwöhnt. Das bedeutet, ich halte weder regelmäßige Umtopfzeiten noch Düngeinterwalle ein, auch die Gießzeiten sind nur sporadisch.
Kurz gesagt „ meine Pflanzen haben es schwer".

Was ich jedoch immer gemacht habe, in jedes Gießwasser ist kontinuierlich seit 5 Jahren ein Spritzer Samora Klostersalz gewandert. Der Erfolg kann sich sehen lassen.

Selbst meine Mutter, die einen grünen Daumen hat und mich früher immer getadelt hat, (denn meine Topfpflanzen waren immer nach wenigen Wochen reif für den Kompost) ist verzückt von den Pflanzen in meiner Küche.
Jedes Mal, in Ihrem 2-jährigen Besuchsrytmus, sieht sie immer die gleichen Blumen, die übrigens prächtig aussehen, und schaut mich dabei selbstzufrieden an.
Ihre Erziehung muss wohl endlich Früchte tragen!

Natürlich weiß Sie nicht das ich mich genau wie früher, kaum um meine Pflanzen kümmere.

Rheuma

Gliederschmerzen, Reißen, Stechen, Ziehen, die Gelenke schwellen schmerzhaft an und werden eventuell auch steif: Das alles fällt unter den rheumatischen Formenkreis. Die Aussage der Mediziner bei den vielfältigen Beschwerden enthalten fast immer das Rheuma. Rheumatologen sprechen sogar von ca. 100 bis 500 verschiedenen Krankheiten, die dem rheumatischen Formenkreis zuzurechnen sind. Dies beschreibt recht anonym den Weichteilrheumatismus, degeneratives Rheuma, entzündliches oder chronisches Rheuma an Weichteilen, Muskeln oder Gelenken.

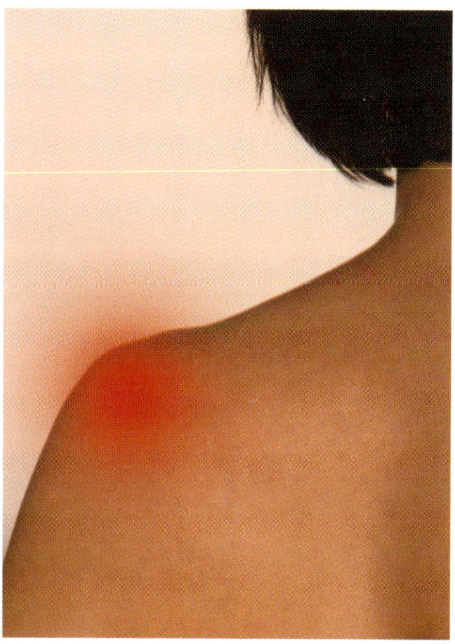

Die Krankheit mit den verschiedenen Gesichtern wird in Fachkreisen zu den Autoimmunerkrankungen gezählt. Hier taucht das Wort „immun“ auf. Das bedeutet, dass das Immunsystem maßgeblich an der Entstehung der Krankheitsbilder beteiligt ist.

Autoimmun wird im Pschyrembel (das ist ein klinisches Wörterbuch) als Synonym für Autoaggressionskrankheiten bezeichnet. Das heißt, dass eine Erkrankung des Immunsystems vorliegt, die eine Immunreaktion gegen körpereigenes Gewebe als Krankheitsbild zeigt.

Das Ganze bedeutet, dass das Immunsystem sich entschlossen hat, seinen Körper anzugreifen, und sich selbst als Feind erkennt. Der Feind muss vernichtet werden, denn dafür ist die Maschinerie Immunsystem ja schließlich da.

Das Ganze wirkt sich fatal aus. Aber was kann man tun? Die Überlegung sollte sein, dem Immunsystem klar zu machen, dass der eigene Körper keinen Feind darstellt.

Doch bevor wir in die Behandlung gehen, sollte man einmal überlegen, was eine solche Fehlinformation ausgelöst hat. Waren es Umweltgifte, Nebenwirkungen von Arzneimitteln, Nährstoffmangel, Entgiftungsblockaden, Darmstörungen, erbliche Belastung oder alles miteinander?
Die Behandlung von Rheuma stellt eine besondere Aufgabe dar, aber Garantien für eine Ausheilung gibt es meiner Erfahrung nach nicht. Es sollte versucht werden, die Ursache auszuschalten und die Schäden zu beheben. Aber wie lenkt man das Immunsystem in die richtigen Bahnen und welches war oder waren die Ursache(n) für die Krankheit?
Ich habe in meiner Praxis die Erfahrung gemacht, dass meistens viele Faktoren auslösend waren und selbst wenn eine komplette naturheilkundliche Behandlung erfolgt, so ist doch die Heilungsrate auf keinen Fall 100 %.
Eine Besserung lässt sich jedoch, wenn der Patient über ein ausreichendes Durchhaltevermögen verfügt, auf jeden Fall erreichen.
Als Erstes ist es wichtig, den Körper zu entgiften, und da habe ich meinen Patienten immer das Samora Klostersalz empfohlen.
Als Nächstes ist es von Bedeutung, sich ausreichend mit Nährstoffen zu versorgen und nebenbei eine Darmsanierung bei einem Therapeuten Ihrer Wahl durchführen zu lassen. Eine hoch dosierte Enzymgabe ist ebenfalls für die Behandlung unerlässlich und während der gesamten Behandlungsperiode, die sich übrigens über eine lange Zeit hinziehen kann, durchzuführen. Die Dosis sollte auf die einzelnen Schübe eingestellt werden. Das heißt, während der Schübe täglich mehrmals eine hohe Dosis und dazwischen auf die normale Dosierung gehen.

Damit habe ich aber das Immunsystem immer noch nicht darauf aufmerksam gemacht, dass es den falschen Feind angreift.
Ich habe in meiner Praxis zu Zeiten, in denen es noch erlaubt war, meinen Patienten eine Eigennosode hergestellt. Heute ist das nicht mehr erlaubt. Das fällt unter die Herstellung von Arzneimitteln und diese ist ausschließlich Apothekern erlaubt. Auch Ärzte dürfen dies nicht. Dennoch ist eine Eigennosode wichtig für die Behandlung dieser Krankheit.
In diesem Abschnitt möchte ich jedoch nicht darauf eingehen. Bitte beachten Sie hierzu die Kapitel Samora Klostersalz als homöopathisches Mineralsalzmittel und Eigennosode, dort finden Sie die Anleitungen zur Herstellung.

Anwendung Samora Klostersalz

Im Original Text heißt es:

(Fluß, Ziehen, Reißen in den Gliedern) wird immer erleichtert und oft geheilt, wenn man den leidenden Teil mit diesem Mittel einreibt. Es muß dies aber mehrere Tage und selbst Wochen lang ein- bis zweimal täglich fortgesetzt werden. Es gibt Fälle, wo es notwendig ist, daß der Patient zwei Eßlöffel voll, mit heißem Wasser vermischt, einmal täglich, zwölf bis vierzehn Tage lang nimmt. - Es ist dies eine der hartnäckigsten Krankheiten und sie erfordert große Geduld und Ausdauer, aber auch sie hat dem Mittel weichen müssen, obwohl manchmal die Anwendung der Bürste nötig war. Es könnten sehr viele Fälle angeführt werden, da solche Personen, welche mit dieser Krankheit behaftet waren und ihre Winter in großen Schmerzen innerhalb der vier Wände zubringen

mußten, durch die Anwendung dieses Mittels in den Stand gesetzt wurden, sich das ganze Jahr ihres Lebens zu freuen.

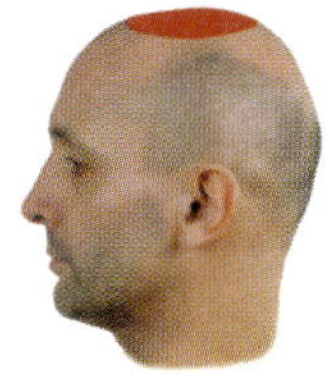

Leberzone am Kopf

Alle Zonen am Kopf fleißig 1- bis 3-mal pro Woche abends einreiben, bei Bedarf auch öfter. Behandlungszeitraum: 1 bis 2 Wochen, bei Bedarf wiederholen.

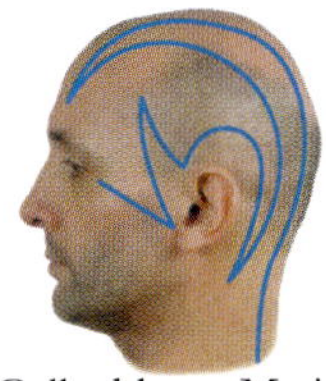

Gallenblasen-Meridian am Kopf

Die Salbung der Augen erfolgt mit Klostersalz, 50 % mit Wasser verdünnt. Sanft in kreisender Bewegung über die geschlossenen Augenlider fahren.

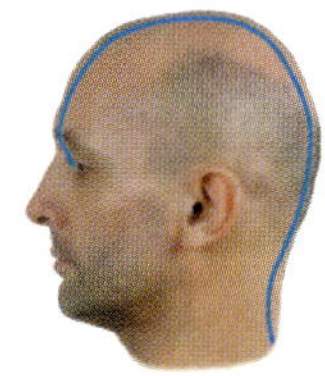

Blasen-Meridian am Kopf

Die Akupunkturmassage nach Penzel ist mit einem Massagestab so lange durchzuführen, bis die Meridiane eine deutliche Rötung aufweisen. Danach sind die Meridiane 2 bis 3-mal mit Samora Klostersalz einzureiben.

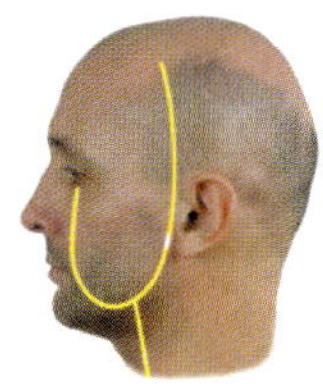

Magen-Meridian am Kopf

Enzyme sind auch hier angezeigt, denn die Blockierungen, die durch das Samora Klostersalz gelöst werden, sind vom Körper nicht allein zu bewältigen. Meine Empfehlung: Akut 3-mal 10 Stück, anschließend 3-mal 3 Phlogenzym täglich jeweils eine halbe Stunde vor den Mahlzeiten.

Während der Behandlung achten Sie bitte auf eine tägliche Flüssigkeitszufuhr von 3 bis 4 Litern sowie auf ausreichende Nährstoffzufuhr.

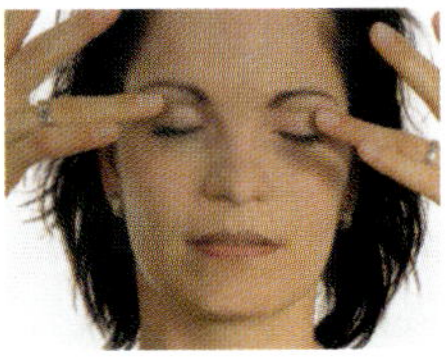

Das homöopathische Mineralsalz wäre hier angebracht. Die Anwendung entnehmen Sie bitte dem Kapitel Samora Klostersalz als homöopathisches Mineralsalzmittel.

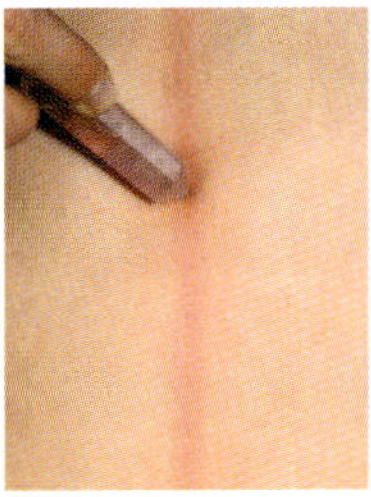

Zur zusätzlichen Entgiftung ist die Methode der Eigennosode zu empfehlen (siehe Kapitel Eigennosode).

Rückenbeschwerden

Die Beschwerden im Rücken sind von vielfältiger Art. Die Wirbelsäule mit den Bandscheiben und den Nervenaustrittspunkten ist eine anfällige, auf Fehlbelastungen stark reagierende Konstruktion. Beschwerden der Muskulatur, der Bandscheiben und der Nerven sind bei vielen Menschen oft der Grund für starke Schmerzen. Aber nicht nur die Wirbelsäule ist es, die Schmerz meldet.

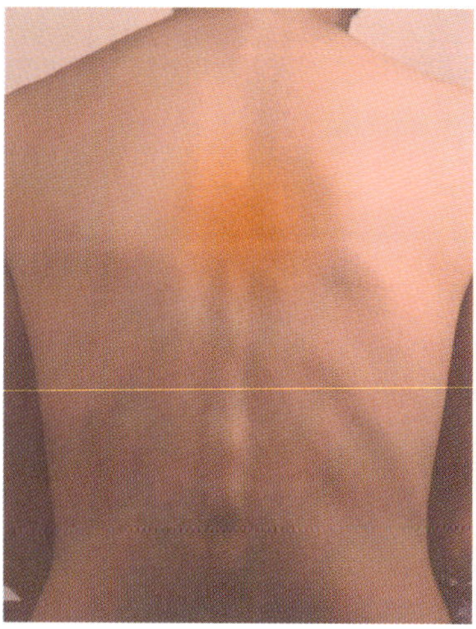

Der menschliche Körper, insbesondere der Rücken verfügt über sogenannte Haedsche Zonen, die in Verbindung mit den inneren Organen und Geweben stehen. Ist ein Organ wie zum Beispiel das Herz betroffen, so strahlen die Schmerzen oft in den Rücken, den Nacken, in die Arme und den Brustbereich aus. Ebenso halten es alle anderen inneren Organe. Jedes bevorzugt eine bestimmte Zone, um sein Leiden zu melden.
Wichtig ist es, die Meldung auch zu verstehen. Aus diesem Grund ist eine topographische Karte der Haedschen Zonen im gleichnamigen Kapitel zu sehen. Rückenschmerzen, die auch durch Massagen nicht besser werden, sollten auf ihre Ursache überprüft werden.

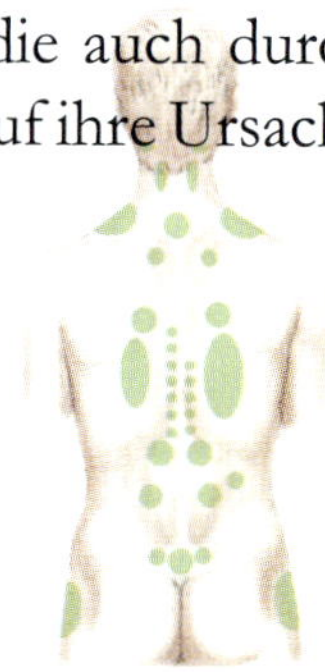

Anwendung Samora Klostersalz

Der Originaltext:

Rückenbeschwerden haben nach meiner Ansicht ihre Quelle im Kopf: es wird daher gut sein, wenn man zuerst den oberen Teil des Kopfes mit dem Mittel beim Schlafengehen einreibt; darauf soll der Patient am

nächsten Morgen ein Stunde vor dem Frühstück einen oder zwei Eßlöffel voll von dem Mittel, wie im allgemeinen, verdünnt nehmen und damit zwölf Tage lang eben so lange fortfahren, bis die Krankheit entfernt ist.
Wenn der Schmerz durch Einreiben nicht weicht, faltet man weiche Leinwand einigemal zusammen und legt sie, mit dem Mittel gesättigt, auf den Teil, wo der Schmerz ist. Dies wird täglich mehrmals wiederholt, wenn das Rückgrat sehr schmerzt; dabei erhält man die Leinwand immer feucht. Wird das Mittel auf diese Weise zwei bis drei Tage lang angewendet, so mindert es ganz gewiß den Schmerz, wenn es auch die Krankheit selbst nicht sobald heilen sollte.

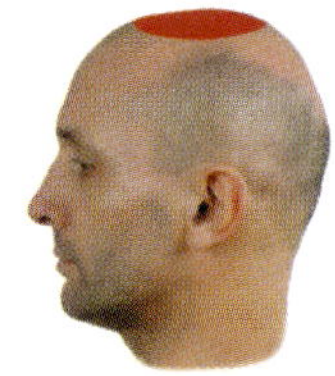

Leberzone
am Kopf

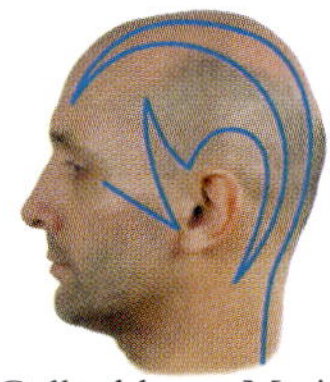

Gallenblasen-Meridian
am Kopf

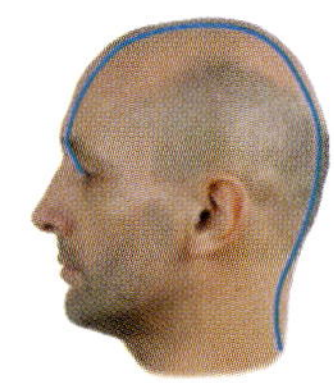

Blasen-Meridian
am Kopf

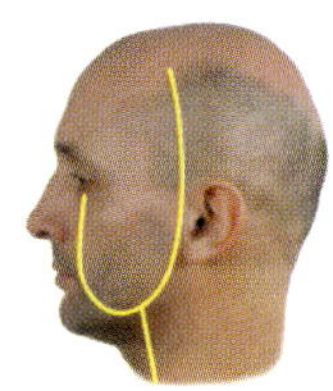

Magen-Meridian
am Kopf

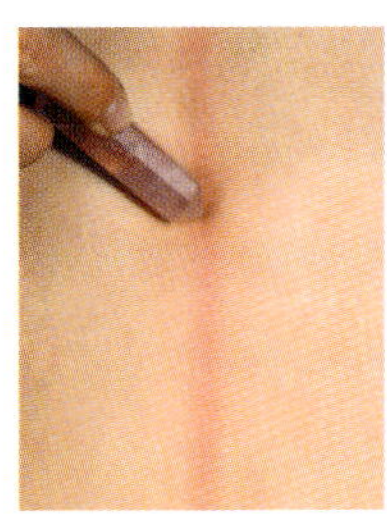

Alle Kopfzonen 1- bis 3-mal pro Woche, längstens über 3 Wochen, abends einreiben, bei Bedarf auch öfter.

Die Akupunkturmassage nach Penzel ist mit einem Massagestab so lange durchzuführen, bis die Meridiane eine deutliche Rötung aufweisen. Danach sind die Meridiane 2- bis 3-mal mit Samora Klostersalz einzureiben.

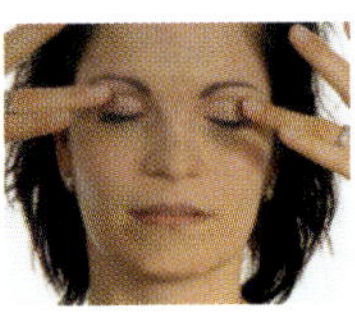

Die Salbung der Augen erfolgt mit Klostersalz, 50 % mit Wasser verdünnt. Sanft in kreisender Bewegung über die geschlossenen Augenlider fahren.

Enzyme sind auch hier angezeigt. Meine Empfehlung ist bei Wirbelsäulenbeschwerden 3-mal 3 Tabletten Phlogenzym, bei anderen Rückenbeschwerden 3-mal 3 Wobenzym täglich jeweils eine halbe Stunde vor den Mahlzeiten.

Während der Behandlung achten Sie bitte auf eine tägliche Flüssigkeitszufuhr von 3 bis 4 Litern sowie auf ausreichende Nährstoffzufuhr.

Schlaflosigkeit

Während des Schlafes schaltet der Körper auf einen Spargang. Die Sparfunktion gilt allerdings nicht für die Entgiftungsarbeit des Körpers. Jede Nacht schalten alle Systeme herunter, außer die der Entgiftungsorgane. Jedes Organ hat seine „Hoch-Zeit" und in dieser Zeit sind sie besonders aktiv. Ist ein Organ etwas überlastet, kommt es oft zu Schlafunterbrechungen. Eine ausreichende Menge Schlaf ist also für die Körperfunktionen von Bedeutung. Dennoch ist auf die Funktionen der Organe zu achten. Sollten Sie unter Schlafstörungen leiden, achten Sie auf die Uhrzeit. Schlafstörungen werden aber auch von Arzneimitteln, Giften, schlechter und trockener Raumluft, Lärmbelastung, seelischen Problemen, Alkohol sowie Krankheiten ausgelöst.

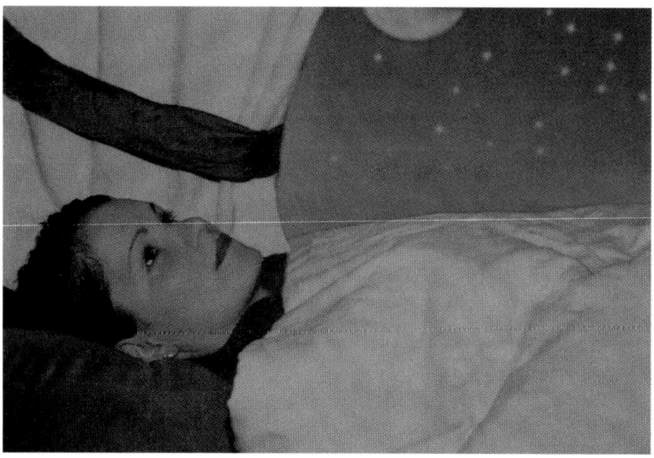

Anwendung Samora Klostersalz

Im Originaltext heißt es:

Bei hartnäckiger Schlaflosigkeit, mag sie nun durch Gemütsleiden oder durch Schwäche der Verdauung veranlaßt sein, halte man sich im Bett ein Fläschchen mit reinem Kirschbranntwein bereit, benetze die Hand 2 bis 3 mal mit demselben und reibe mit eigener Hand, damit keine Erkältung eintritt, zuerst die Gegend dicht unter dem Brustbein, dann die inwendige Seite der

Beine, und zuletzt die Fußsohlen, besonders die Fußzehen, worauf sich bald ein stärkender Schlaf einstellen wird.

Alle Zonen am Kopf mindestens 1- bis 3-mal pro Woche abends gründlich unter kreisenden Bewegungen einreiben. Die Behandlung sollte 1 bis 2 Wochen, bei Bedarf auch länger durchgeführt werden.

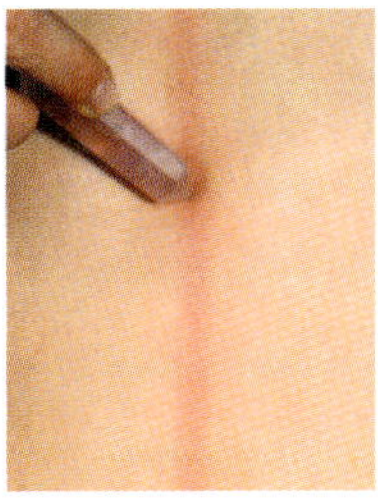

Die Akupunkturmassage nach Penzel ist mit einem Massagestab so lange durchzuführen, bis die Meridiane eine deutliche Rötung aufweisen. Danach sind die Meridiane 2- bis 3-mal mit Samora Klostersalz einzureiben.

Die Salbung der Augen erfolgt mit Samora Klostersalz, 50 % mit Wasser verdünnt. In sanft kreisender Bewegung über die geschlossenen Augenlider fahren.

Innerliche Anwendung: 1 bis 2 EL mit 50 ml heißem Wasser übergossen morgens nüchtern, so heiß als möglich, trinken. Die Anwendung sollte so lange durchgeführt werden, bis Sie Linderung verspüren, längstens jedoch 21 Tage.

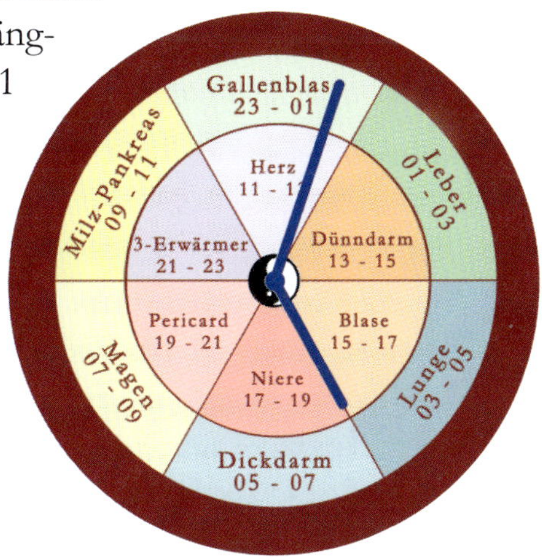

Abbildung Organuhr

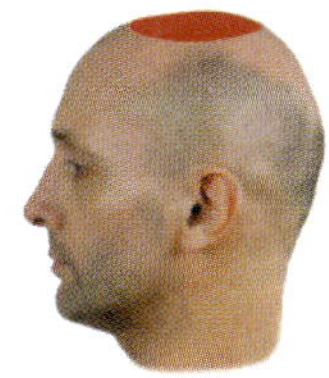

Leberzone am Kopf

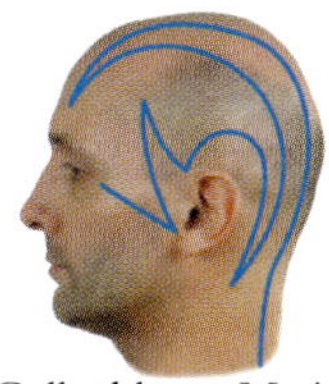

Gallenblasen-Meridian am Kopf

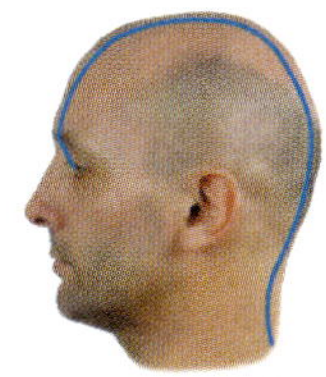

Blasen-Meridian am Kopf

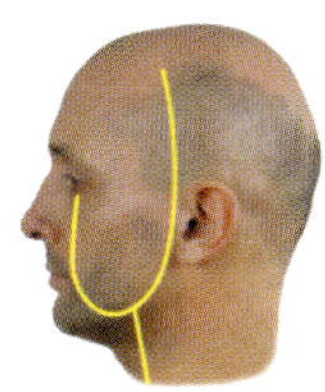

Magen-Meridian am Kopf

Schnittwunden

Kleinere Wunden können Sie selbstverständlich ebenfalls mit dem Samora Klostersalz behandeln. Auch für Kinder ist diese Methode geeignet, um evtl. die Wunde zu säubern und nachzuversorgen.
Sollten Sie unterwegs oder im Urlaub nichts anderes zur Verfügung haben, lassen sich damit Wunden sehr gut erstversorgen.

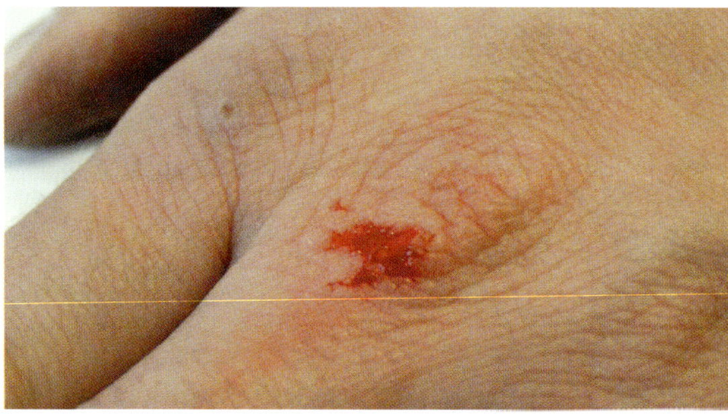

Bitte säubern Sie die Wunde grundsätzlich gründlich, bevor sie mit der Wundversorgung und der Anwendung mit Samora Klostersalz beginnen.

> Bei tieferen Schnittwunden sollten Sie unbedingt einen Arzt aufsuchen, da diese meist genäht werden müssen.

Nach dem Kontakt mit der offenen Haut wird ein leichtes Brennen zu verspüren sein, aber nach wenigen Sekunden lässt es nach und der Heilungsprozess wird beschleunigt.

Eventuell geben Sie auf ein vorhandenes Pflaster 1 bis 2 Tropfen des Samora Klostersalz-Elixiers und decken damit die Wunde ab.

Schönheitspflege

Die Anwendung von Samora Klostersalz in der Schönheitspflege hat sich in meiner persönlichen Erfahrung als sehr sinnvoll erwiesen. Kleine Falten verschwinden wie von Zauberhand für viele Stunden und bei regelmäßiger Anwendung ist eine deutliche Straffung zu erkennen. Das Geheimnis liegt in der Vielfältigkeit der Mineralstoffe die eine Feuchtigkeitsbindung und einen Nährstofftransport optimieren. Nach dem Prinzip der Osmose werden Giftstoffe ausgeschleust und die Durchblutung verbessert.

In der Kosmetikindustrie werden solche schnell sichtbaren Erfolge oft durch eine minimale allergische Reaktion erzeugt. Nach dem Abklingen der Allergie ist das Ergebnis auch weg. Welche Schäden durch derartige Reaktionen verursacht werden, kann man nur vermuten. So sollte es nicht sein!

Es geht auch anders:

Ich habe eine Rezeptur entwickelt, die ich Ihnen nicht vorenthalten möchte.

1 TL Grüne Mineralerde Maske
1 TL Spirulina Intensivmaske
1 Msp. Vitamin C
10 Tr. D-Panthenol
50 Tr. Samora Klostersalz
20 Tr. ätherisches Öl Neroli 4 %

Alles miteinander vermischen und unter sanften, kreisenden Bewegungen auftragen. Nach 5 Min. mit warmem Wasser abwaschen.

Schuppen

Wenn der Schnee vehement auf die Schultern rieselt und sich Hilflosigkeit breit macht, wird meist mit Kanonen auf Spatzen geschossen.
Die Freude über den anfänglichen Erfolg hält meist nur so lange, bis man wieder auf die Kanonen verzichtet.

Die Ursache der übermäßigen Schuppenbildung liegt meist in einer Pilzbesiedelung der Kopfhaut. Jetzt drängt sich die Frage auf: „Wieso habe ich Pilze auf dem Kopf?“ Ist das Hautmilieu so stark geschädigt, dass sich Pilze vermehren können, sollte erst einmal das Gebiet „saniert“ werden. Sie erinnern sich: Pilze im Darm nach der erfolgten Antibiotikatherapie - verursachen die verschiedensten Erkrankungen. Oft haben Sie nicht nur Pilze im Darm, sondern auch im Mund, unter den Nägeln, im Genitalbereich der Frau usw.

Das Kapitel „Warum ist der Kopf als Einreibezone wichtig für die Genesung“ erklärt Ihnen auch die verschiedenen organbezogenen Bereiche des Kopfes. Auch dort sollten Sie auf die Suche gehen. Sie werden erkennen, dass der nächstbeste Hammer aus der Apotheke schnellen Erfolg garantiert, aber auf keinen Fall das Problem beseitigt.

Anwendung Samora Klostersalz

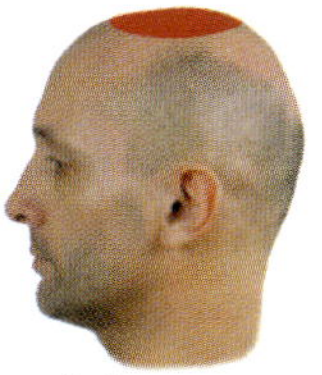

Leberzone am Kopf

Alle Zonen am Kopf fleißig 1- bis 3-mal pro Woche abends einreiben, bei Bedarf auch öfter. Behandlungszeitraum: 1 bis 2 Wochen oder länger.

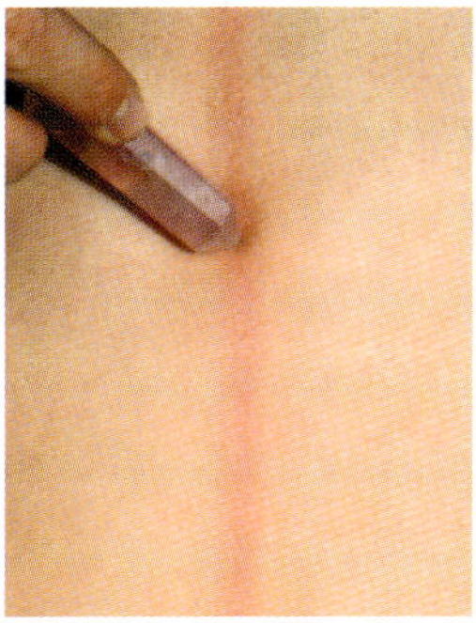

Die Akupunkturmassage nach Penzel ist mit einem Massagestab so lange durchzuführen, bis die Meridiane eine deutliche Rötung aufweisen. Danach sind die Meridiane 2- bis 3-mal mit Samora Klostersalz einzureiben.

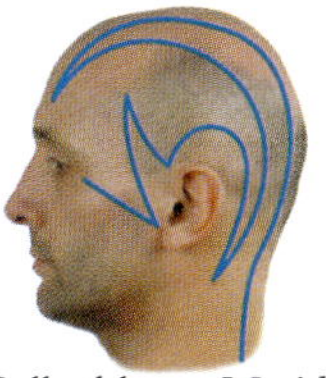

Gallenblasen-Meridian am Kopf

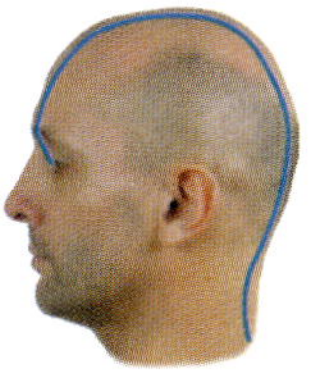

Blasen-Meridian am Kopf

Sie sollten hier auch Enzyme als Hilfestellung verwenden. Meine Empfehlung: 3-mal 3 Wobenzym täglich jeweils eine halbe Stunde vor den Mahlzeiten.

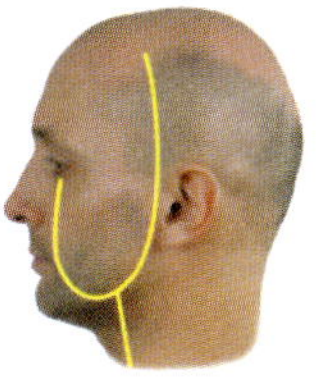

Magen-Meridian am Kopf

Während der Behandlung achten Sie bitte auf eine tägliche Flüssigkeitszufuhr von 3 bis 4 Litern sowie auf ausreichende Nährstoffzufuhr.

Zusätzlich empfehle ich Ihnen hier die Anwendung der Eigennosode. Hierbei sollten Sie unbedingt beachten, dass den Körpersäften auch Hautschuppen vom Kopf zugegeben werden.

Schwindel

Der Schwindel als Symptom meldet meist eine Sauerstoffunterversorgung des Gehirns. Aber auch das Innenohr ist für sehr oft Schwindelanfälle zuständig (siehe Kapitel Ohrenbeschwerden). Der Schwindel ist aber auch mit anderen Anzeichen gekoppelt, die auf verschiedene schwere Krankheiten hinweisen. Sollten Sie von Ihrem Therapeuten eine Diagnose haben, dürfen Sie sich selbstverständlich immer zu Hause mit dem Saora Klostersalzelixier behandeln.

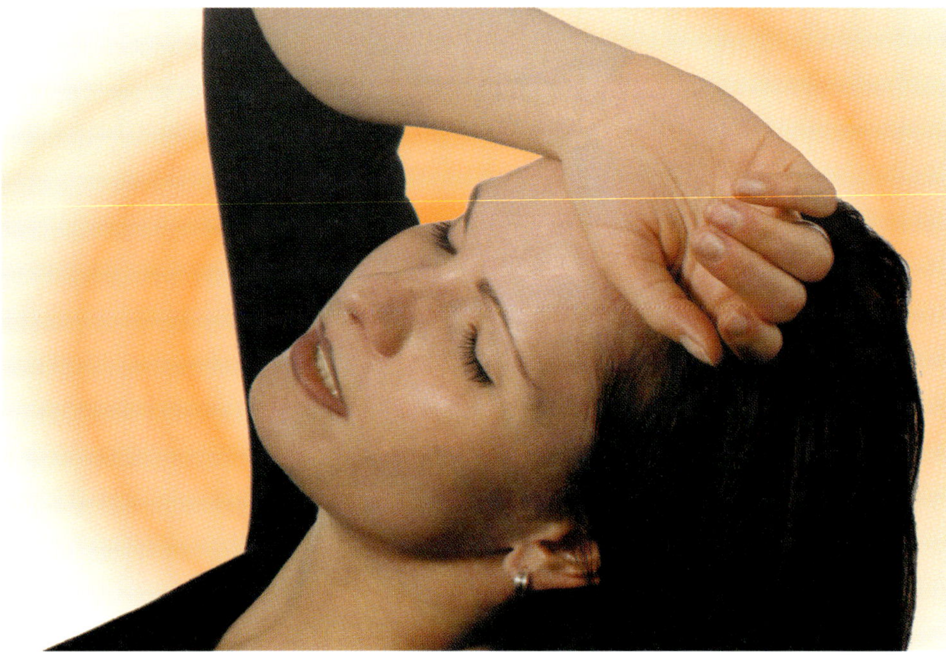

Anwendung Samora Klostersalz

Alle Zonen am Kopf fleißig 1- bis 3-mal pro Woche über ca. 2 bis 3 Wochen abends einreiben, bei Bedarf auch öfter.

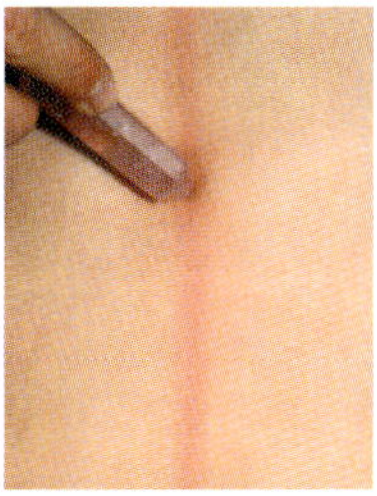

Die Akupunkturmassage nach Penzel ist ebenfalls hilfreich. Fahren Sie mit einem Massagestab die Yin- und Yang-Meridiane so lange auf und ab, bis eine deutliche Rötung zu sehen ist. Anschließend reiben Sie diese 2 bis 3-mal mit Samora Klostersalz ein.

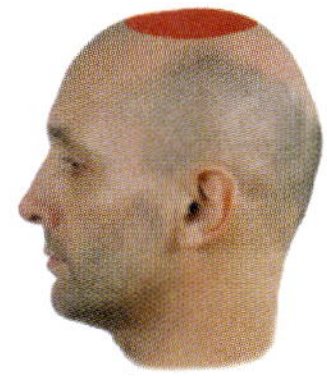

Leberzone am Kopf

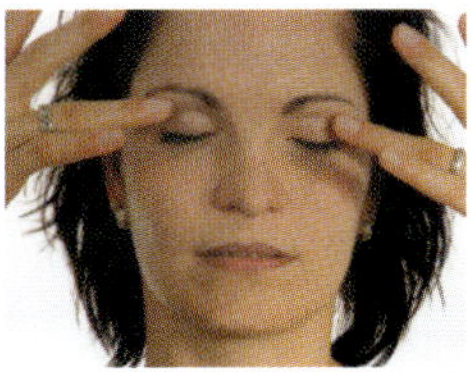

Die Salbung der Augen erfolgt mit Samora Klostersalz, 50% mit Wasser verdünnt. Sanft in kreisender Bewegung über die geschlossenen Augenlieder fahren.

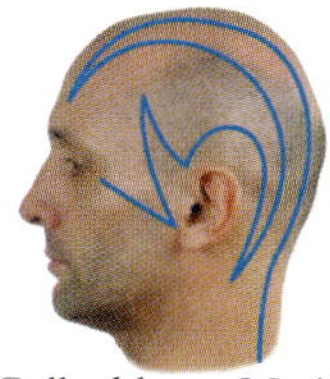

Gallenblasen-Meridian am Kopf

Enzyme sind auch hier angezeigt, denn die Blockierungen, die durch das Samora Klostersalz gelöst werden, sind vom Körper nicht allein zu bewältigen. Meine Empfehlung: 3-mal 3 Wobenzym täglich jeweils eine halbe Stunde vor den Malzeiten.

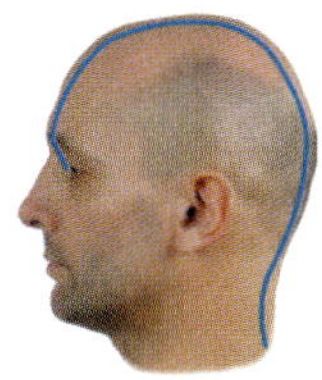

Blasen-Meridian am Kopf

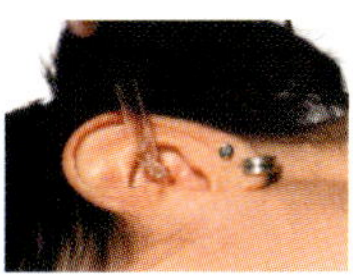

Zusätzlich sollten Sie hier auch 2 bis 3 mal täglich das Samora Klostersalz ins Ohr tropfen und einwirken lassen.

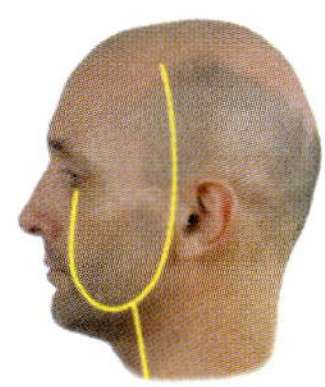

Magen-Meridian am Kopf

Zur innerlichen Anwendung empfehle ich Ihnen 1 bis 2 EL Samora Klostersalz mit 50 ml heißem Wasser zu verdünnen und so zügig wie möglich zu trinken.

Bitte achten Sie stets auf eine ausreichende Trinkmenge von 3 bis 4 Litern Flüssigkeit pro Tag.

Tiere

Auch Ihr Tier kann natürlich erkranken.

Die Diagnose sollte von einem Tierarzt gestellt werden, damit sie wissen, um welche Art der Erkrankung es sich handelt.

Beginnen Sie dann gleich zu Hause die Gesundheitspflege.
Natürlich ist Samora Klostersalz für alle Tiere als Heil- und Pflegemittel geeignet.

Sie können Samora Klostersalz bei allen Tieren anwenden, egal ob bei Hund, Katze, Kanarienvogel oder Ihrem Pferd.
Sie sollen dem Tier für die innerliche Einnahme eine etwa 1 %ige Trinklösung mit Samora Klostersalz herstellen.

Selbstverständlich sollten Sie genau wie bei uns Menschen äußerliche Bereiche der Haut des Tieres mit dem Elixier benetzen und einmassieren.
Kopfzonen sind dabei genauso wichtig wie erkrankte Körperstellen.

Die Einnahme von Enzymen gehört natürlich auch zu Standardbehandlung. Passen Sie die Enzymdosis bitte der Größe des Tieres an.

Zahnfleischentzündungen

Ein gesundes Zahnfleisch verspricht nicht nur ein zauberhaftes Lächeln, sondern auch den festen Halt der Zähne und nicht zuletzt deutet es auf eine vitale Gesundheit hin. Nicht umsonst schauen sich Tierhändler beim beabsichtigten Erwerb eines Tieres die Zähne und das Zahnfleisch an. Es ist ebenfalls in unserer Kultur verankert, das offene und gesunde Lächeln als potent und vital zu werten.
Dennoch gibt es einige Erkrankungen, die das Zahnfleisch alles andere als gesund aussehen lassen. Die Entzündung des Zahnfleisches, die in eine Parodontose ausarten kann, ist die häufigste Erkrankung. Die Ursachen hierfür sind unterschiedlich. Zahnbelag unterhalb des Zahnfleischrandes, schlecht sitzende Prothesen, Stoffwechselerkrankungen wie Diabetes, Leberprobleme, Medikamente, Umweltgifte, Hormonstörungen sowie mangelnde Zahnpflege sind die Auslöser.

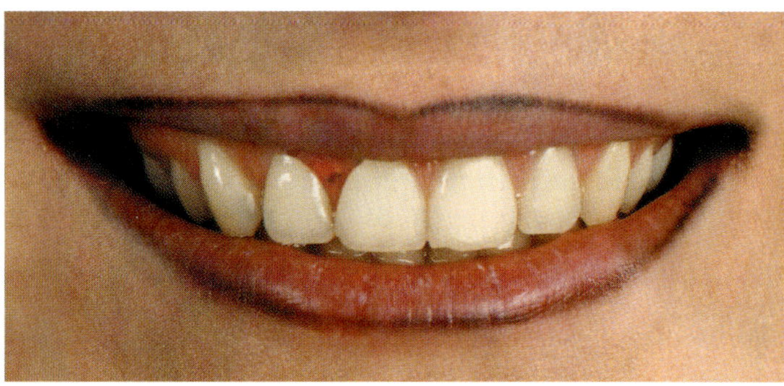

Anwendung Samora Klostersalz

Im Originaltext heißt es:

Zahnfleischentzündungen werden geheilt, indem man ein Stück weiche Leinwand mit dem Mittel sättigt

und sie auf den kranken Teil zwischen das Zahnfleisch und die Backe legt. Die beste Zeit dazu ist, wenn man sich zur Ruhe begibt; es wird auf diese Art der heftige Schmerz entfernt. Dasselbe Verfahren muß aber mehrere Nächte hindurch wiederholt werden, um die Entzündung zu entfernen und das Lockerwerden der Zähne zu verhüten.

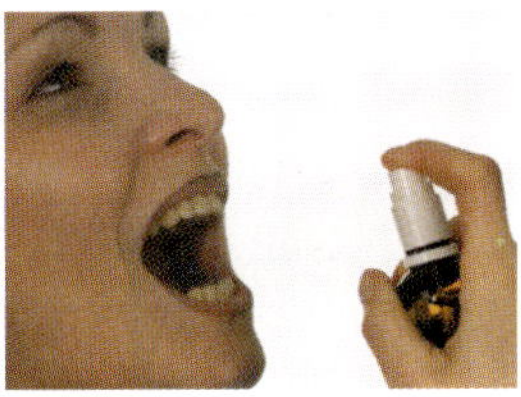

Zusätzlich empfehle ich Ihnen, 2-mal täglich mit einer Sprühvorrichtung den gesamten Zahnfleischbereich und den Mund- und Rachenraum mit Samora Klostersalz einzusprühen.

Die Leberzone am Kopf sollten Sie 1- bis 3-mal pro Woche oder je nach Befinden auch öfter abends einreiben. Behandlungszeitraum: 1 bis 2 Wochen, bei Bedarf wiederholen.

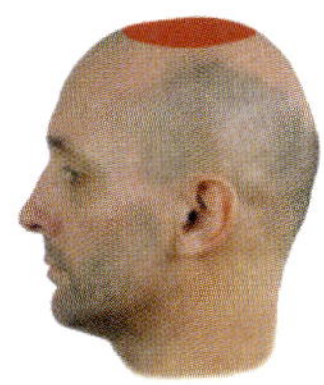

Leberzone am Kopf

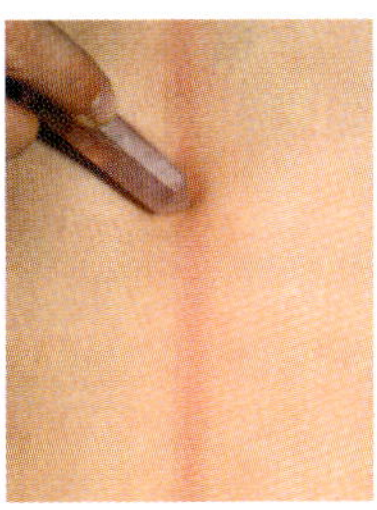

Die Akupunkturmassage nach Penzel ist mit einem Massagestab so lange durchzuführen, bis die Meridiane eine deutliche Rötung aufweisen. Danach sollten Sie die Meridiane 2- bis 3-mal mit Samora Klostersalz einreiben.

Meine Empfehlung: 3-mal 3 Wobenzym täglich jeweils eine halbe Stunde vor den Mahlzeiten, bei akuten Entzündungen 3-mal 10 Tabletten.

Zur innerlichen Anwendung empfehle ich Ihnen 1 bis 2 EL Samora Klostersalz mit 50 ml heißem Wasser zu verdünnen und so zügig wie möglich zu trinken.

Zunge

Auch die Zunge ist ein Meldeorgan, das in der TCM häufig zur Diagnosestellung genutzt wird. Dem Insider ist die Zungendiagnostik sehr geläufig. Auch in unserer Medizin lässt sich der Behandler immer die Zunge zeigen. Eine angeschwollene Zunge, die an den Seiten Zahnabdrücke zeigt, kennen sicher viele von Ihnen. Auch das Brennen auf der Zunge, das Tage und Wochen anhält, ist ein Signal. Vitaminmangel, Eisenmangel, Magen- oder Darmgeschwüre, eine Leberbelastung, Umweltgifte, eine Entzündung der Bauchspeicheldrüse sind nur einige Ursachen. In der TCM würde man beispielsweise sagen: „Eine Störung des Qi-Flusses führt zu Krankheitserscheinungen." Die Beschwerden der Zunge können allerdings noch wesentlich vielfältiger sein, doch die Vielfältigkeit hat keinen Einfluss auf die Art der Behandlung mit dem Elixier.

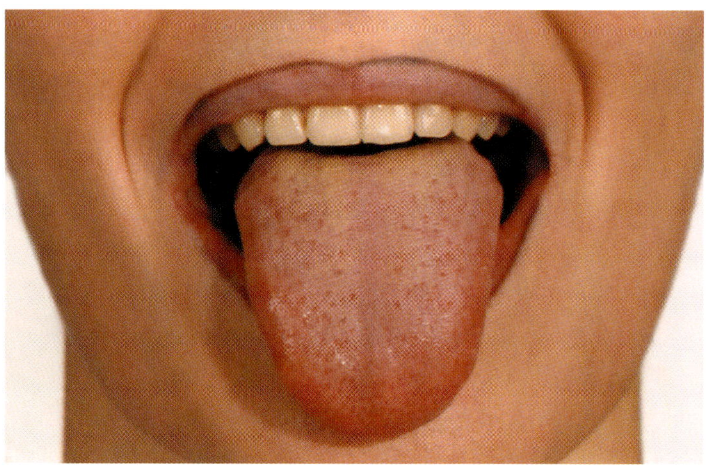

Anwendung Samora Klostersalz

Für die innerliche Anwendung empfehle ich Ihnen 2 EL Samora Klostersalz Elexier mit 50 ml heißem Wasser zu vermischen und so heiß wie möglich trinken.

Zusätzlich sollten Sie 2-mal täglich den gesamten Mund- und Rachenraum mit Samora Klostersalz einsprühen.

Die Enzymgabe ist auch hier angesagt. Ich empfehle Wobenzym 3-mal 3 täglich, jeweils eine halbe Stunde vor den Mahlzeiten.

Unbedingt sollten Sie darauf achten, eine tägliche Trinkmenge von mindestens 3 bis 4 Litern Wasser zu sich zu nehmen.

Umweltkrankheiten und ihre Ursachen

Neugierig auf alles, was die Natur uns bietet und den Menschen zur Heilung bereitstellt, habe ich mich aufgemacht, Umweltkrankheiten, Ursachen und deren Verlauf zu studieren.

Wichtige Voraussetzung für die Heilung des menschlichen Körpers, für die Genesung und für das psychische Wohlbefinden ist das Ausschalten von so genannten **Noxen**. Das sind Giftstoffe, die sich in der Nahrung, in unserer Umwelt, in unserer Kleidung, in unseren Waschmitteln befinden. Die chemischen Verbindungen, die sich in unserem Körper ablagern, sind diese so genannten Noxen. Sie verursachen chemische Reaktionen, die wir überhaupt nicht überblicken können. Die Verlegenheitsdiagnose „Depression", genauso wie „Sie haben Rheuma", ist schwierig zu behandeln.

Bevor ich jedoch mit Ihnen in die Methode der Körperstärkung einsteige, möchte ich, dass Sie Folgendes wissen: Ein Körper, der mit Vitalstoffen, d. h. mit Vitaminen, Spurenelementen, essentiellen Fettsäuren und Aminosäuren, unterernährt ist, kann sich nicht richtig wehren.

Deshalb ist es unerlässlich, bevor man irgendeine Therapie anfängt, den Körper ordentlich zu ernähren.

Sie sollten allerdings darauf achten, dass dem Körper keine wild zusammengewürfelten Vitamine in Höchstdosen zugeführt werden, sondern dass Vitamine und

Mineralstoffe sowie Spurenelemente und Aminosäuren aus einer Pflanze, vielleicht sogar aus einer Alge kommen und so dem Körper die ausreichenden Nährstoffe über die Nahrung zugeführt werden. Ebenso sollte man darauf achten, dass gerade Nahrungsergänzung ohne Pestizide und ohne Herbizide angebaut wird, d. h. nach ökologischen Gesichtspunkten.

Giftstoffe

Wir werden älter, aber nicht gesünder!

Durch das Zutun unserer ausgeklügelten Schulmedizin haben wir in unserem Zeitalter das Glück, bei medizinischen Notfällen derart gut versorgt zu werden, dass wir nicht mehr nur 40 - 50 Jahre alt werden, sondern 70, 80 und 90 Jahre alt.

Der Vorteil in der spontanen und auch eingreifenden Schulmedizin sowie in der Notfallmedizin ist, dass wir nicht durch Infekte oder Unfälle sterben.
Die Kehrseite der Medaille ist, dass wir darunter leiden, chronisch krank zu werden. „Chronisch krank", das ist ein Begriff, der sehr oft gebraucht wird und der eine gewisse Verharmlosung darstellt.

Das Gefährliche beim chronisch Kranken ist, dass z. B. eine immerwährende Nasennebenhöhlenentzündung und chronisch wird sie schon nach 3 Wochen den körperlichen Stoffwechsel schwächt.
Das Immunsystem läuft ständig auf Hochtouren, um diese Keime zu beseitigen. Chronisch Kranke haben das Gefühl, müde zu sein, schwach zu sein und sich nicht richtig konzentrieren zu können.

Toxische Substanzen begleiten uns

Der zunehmende Gebrauch von Chemikalien in unserer neuzeitlichen Gesellschaft lässt das Thema Umweltgifte zum wichtigen Gesprächsthema werden. Nicht nur unter Medizinern wird die zunehmende und schleichende Vergiftung der Menschen diskutiert.

Der Endverbraucher und Patient selbst reagiert zunehmend kritischer, wenn schon allein beim Zahnarzt die Frage der Zahnfüllung im Gespräch ist. Das Amalgam der Zahfüllungen besteht aus 50 % Quecksilber.

Die Eintrittspforte von Giften kann verschieden sein.
Die Eigenschaft der toxischen Substanz bestimmt ihre Aufnahme im Körper. Gase und Dämpfe werden dem Körper über Atmungsorgane zugeführt, während in Cremes oder Waschmitteln gelöste und in Reinigungsmitteln und Weichspülern enthaltene Substanzen über die Haut in den Körper eindringen.
Viele Gifte werden auch in Form von Medikamenten eingenommen, natürlich mit der Absicht, diesem etwas Gutes zu tun. Medikamente - besonders wenn diese über eine lange Zeit eingenommen werden - sind belastend für den Organismus. Auch die Vielzahl von Medikamenten stellt ein Problem für jeden Organismus dar.
Die Kombination der Schadstoffe zum Beispiel mit Lebensmittelzusatzstoffen oder Pestiziden aus Kosmetika, Umwelt und der Nahrung ist - wenn man genau darüber nachdenkt - eine Zeitbombe.

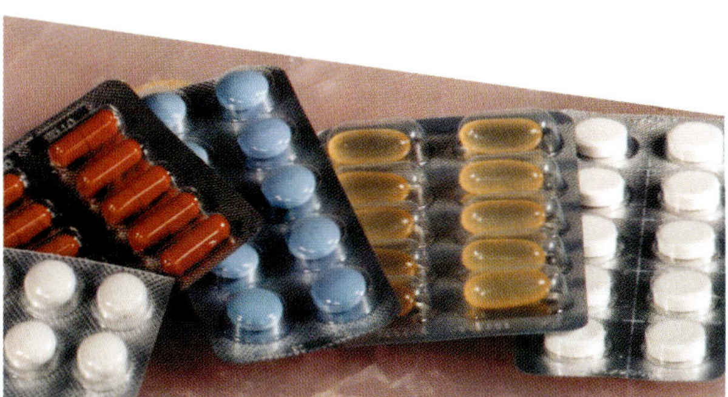

Hinzu kommt eine ständige Begastung aus den Schornsteinen der Industrie

und den Auspuffen der Autos.
Natürlich nicht zu vergessen sind die Belastungen der Landwirtschaft mit den Überdüngungen und Schädlingsbekämpfungsmitteln, die das Grundwasser verseuchen.

Können Sie erahnen, was diese Giftstoffgemische im Körper verursachen? Ist es ein Wunder, dass schon die kleinsten unter uns an Allergien, Krebs, Rheuma, Neurodermitis leiden?

Die Liste der Umweltkrankheiten ließe sich noch über viele Seiten fortsetzen.
Damit ist Ihnen aber sicher nicht geholfen.

Eine andere Art der **beabsichtigten** Schadstoffeinnahme ist das Rauchen. Über den blauen Dunst wird ein ganzer Cocktail an Toxinen bei jeder Inhalation eingeatmet. Auch Alkohol ist ein starkes Gift, wobei Sie bewusst auf diese Gifte, wie Alkohol und Nikotin, verzichten können.
Im Anschluss werde ich Sie auf einige toxische Stoffe hinweisen. Gehen Sie davon aus, dass Sie täglich mit ihnen konfrontiert werden.

All diese Stoffe sind darauf spezialisiert, lebende Organismen abzutöten. Dabei wird vergessen, dass der

Mensch an der Spitze der Nahrungskette steht und fleißig alle Reststoffe konsumiert.

Insektizide

Diese werden sehr oft in westlichen Ländern eingesetzt, um die landwirtschaftlichen Produkte zu behandeln. Diese Stoffe sorgen dafür, dass Schadinsekten fern gehalten und vernichtet werden. Aus diesem Grund aber sind sie auch für den Menschen nicht ungiftig.

Organophosphate + Carbamate

Durch unsachgemäßen Gebrauch gelangen diese Stoffe über das Futtermittel in unsere Haustiere und von dort wieder zu uns, wo diese Stoffe dann negativ in enzymatische Reaktionen eingreifen und den kompletten menschlichen Stoffwechsel stören.

Chlorierte cyclische Kohlenwasserstoffe (CCK)

DDT, Aldrin, Dialdrin, Lindan

werden ebenfalls als Insektizide eingesetzt, speziell in den Tropen gegen Malaria. Diese Stoffe werden jahrelang im Fettgewebe gespeichert und können aufgrund ihrer Struktur nur schlecht abgebaut werden. Sie werden sehr leicht über die menschliche Haut aufgenommen und gelangen so an die Stellen, wo sie Schäden anrichten können. Heimische Obstsorten sollten deshalb den tropischen Sorten vorgezogen werden.

- Diese Stoffe, wie auch die polychlorierten

Biphenyle (PCBs), greifen in die Gene ein und stören deren Reproduktion, was dazu führt, dass das Nervensystem und das Erbgut in Mitleidenschaft gezogen werden.

Pyrethroide

Der Name stammt von den Pyrethrumchrysanthemen. Diese Stoffe wurden ursprünglich aus deren Blüten gewonnen, doch bald konnten auch auf chemischem Weg Pyrethroide gewonnen, verändert und wirksamer gemacht werden. Die Pflanze nutzt geringe Konzentrationen und verglichen mit den chemisch modifizierten Stoffen ungiftigere Substanzen, um sich vor Insekten zu schützen.

➔ sie wirken ebenfalls auf das Nervensystem, werden jedoch schlechter als die CCKs über die Haut aufgenommen und sind deshalb weniger giftig als Organophosphate oder PCBs.

Coumarinderivate

Coumarin ist ein natürlicher Duftstoff, der ein ähnliches Aroma wie die Schoten der Vanillepflanze aufweist. Coumarin selbst ist ungiftig. Erst durch die Einwirkung von Schimmelpilzen entsteht das aktive Dicoumarol. Es wird zur Bekämpfung von Schadnagern benutzt. Es verhindert die Gerinnung des Blutes und führt deshalb zu inneren Blutungen. Diese Wirkung übt das Gift auch beim Menschen aus, wenn es unsachgemäß in Lebensmittel verarbeitenden Betrieben oder Großküchen gegen Schadnager eingesetzt wird.

Herbizide (Unkrautbekämpfungsmittel)

Die typischen Vergiftungen sind Reizungen der Schleimhäute, Erbrechen, Koliken, Durchfall. Langzeiterkrankungen sind nicht auszuschließen.

- Chloridsalze hemmen die Aufnahme von Sauerstoff
- Dinitrophenole werden als Insektizide, Herbizide und Fungizide eingesetzt und wirken oral, dermal und inhalativ. Sie führen dazu, dass aus Sauerstoff kein ATP mehr gebildet werden kann, was zu einer großen Wärmebildung, aber nicht zu Energie führt. Die Folge davon ist Schwäche, Müdigkeit, Hyperthermie, starker Durst.

Dipyridiumverbindungen

- bilden z. B. radikalen Sauerstoff in hohen Konzentrationen, der den Organismus schädigt, wenn nicht ausreichend Radikalfänger im Körper sind. Radikaler Sauerstoff vermag Zellen zu zerstören, genauso wie er essentielle Fettsäuren oder Vitamine zerstört. Die äußeren Zeichen einer akuten Vergiftung sind:

➔ Haut und Schleimhautläsionen, Koliken, Erbrechen.

Phenoxycarbonsäuren

- sind selbst relativ ungefährlich, aber bei der Produktion entsteht TCDD (Dioxin). Bekannt wurden diese hoch verunreinigten Stoffe im Vietnamkrieg als „Agentorange“. Noch heute weist die Bevölkerung eine hohe Dioxinbelastung auf. Dioxine greifen in die Gene ein und zerstören das Nervensystem.

Fungizide

- werden in der Landwirtschaft sowie in Garten und Haus in bedeutendem Umfang eingesetzt:
  - Schutz von Kulturpflanzen
  - Saatgutbeizmittel
  - Holzschutzmittel

➔ Gefährlich sind vor allem die Kupfer- und Quecksilberverbindungen, daneben gelangen wesentlich harmlosere Mittel wie Carbaminsäure auf den Markt.

Organozinnverbindungen

- werden neben der Verwendung als Fungizide in der Landwirtschaft auch als Unterwasseranstrich von Schiffen, Bojen und Stegen eingesetzt, um den Aufwuchs von Algen, Pilzen und Bakterien zu verhindern. Dies führte zu einem Sterben von Austern und Wasserschnecken. Deshalb wurde der Gebrauch stark eingeschränkt.

Kupferverbindungen

Kupfer selbst ist essentiell in metallischer Form. Als isolierte Kupferionen wird es allerdings toxisch. Es führt zu akuten Vergiftungen des gesamten Organismus.

Düngemittel

Nitrit/Nitrat

Durch starke N-Düngung gelangt viel Nitrat in die Pflanzen, das dann zu Nitrid umgewandelt wird und im menschlichen Körper mit den Aminosäuren biogene Amine bilden kann, die für die carzinogene Wirkung bekannt sind.

Phosphat

Phosphat führt nicht direkt zu Vergiftungen, sorgt aber für die Überdüngung der Gewässer (Entropierung) und zu einem unkontrollierten Algenwuchs.

Schwermetalle

Arsen

Kleinste Mengen sind in Nahrungsmitteln, Futtermitteln und im Trinkwasser zu finden. Reines metallisches Arsen ist ungiftig, kann aber leicht in giftiges Arsen umgewandelt werden.

Arsen verändert das Erbgut, ist krebsauslösend (vor allen Dingen Haut und Lungenkrebs). Man vermutet, dass Fehlbildungen bei Ungebohrenen durch Arsen verursacht werden.

Blei

Blei gelangte früher in hohen Konzentrationen über die Antiklopfmittel im Treibstoff in die Umwelt und sorgte hier für Vergiftungen. Bleihaltige Farben mit süßem Geschmack, bleihaltige Projektile, Batterien sowie gebrauchtes Motorenöl mit hohen Bleirückständen sind weitere Vergiftungsursachen. Glasuren von Töpferwaren schlechter Qualität enthalten Bleisilikate, aus denen saure Speisen toxische Bleimengen freisetzen können. Metallisches Blei aus Schrotkugeln wird langsam im Gewebe gelöst.

- Blei hat drei Angriffspunkte im Körper: Magen-Darm-Trakt (Bleikolik), Nervensystem (Krämpfe, Lähmungen) und Erythropoese (Bleianämie).

Calcium kann Blei verdrängen. Vitamin-B-Komplex (B6), Vitamin C, Folsäure, Chrom, Pektin und schwefelhaltige AS schützen vor Bleivergiftungen.

Geistige Fehlentwicklung und Intelligenzminderung, vor allem auch bei Schulkindern, wird durch Blei im Körper verursacht. Auch die Schwächung des Immunsystems, Auslösung von Frühgeburten sowie die Schädigung des Fötus zählen zu den Langzeitschäden, verursacht durch Blei.
Diezunehmend auftretende Unfruchtbarkeit des Mannes wird durch zu viel Blei im Körper diskutiert.

Cadmium

Die größten Mengen werden in der Industrie verarbeitet (Batterien, Rostschutz, Kunststoffstabilisatoren, Photozellen, Farbpigmente usw.).
Auch durch die Müllverbrennung oder Braunkohleverbrennung werden große Mengen Cadmium freigesetzt.
Zigarettenraucher inhalieren regelmäßig hohe Mengen Cadmium. So belegen Studien, dass Raucher die doppelte Menge an Cadmium einlagern.
In der Nahrung ist es im Spinat, Sellerie, Leinsamen und Waldpilzen zu finden. Auch in tierischer Nahrung ist es vor allem in Innereien wie Nieren und Leber anzutreffen.

Emaillierungen von Töpfen und Pfannen sowie farbige Glasuren und Dekors von Keramikgeschirr enthalten cadmiumhaltige Verbindungen. Je knalliger die Farbe (rot, gelb, orange), desto höher der Cadmiumgehalt. Besonders säurehaltige Speisen oder Getränke lösen das Metall, so dass es sich in den Nahrungsmitteln anreichert.
Heute ist die Cadmiumniere, die zu Nierenversagen führen kann, keine Seltenheit mehr.

Cadmium schädigt die Nieren und stört den Calcium-

Phosphat-Stoffwechsel, was zu Nieren und harnsteinen führt.
Die Beeinträchtigung des Zink- und Kupferstoffwechsels durch Cadmium schwächt das Immunsystem.

Quecksilber

Bekannt wurde die japanische Bucht Minamata, in die große Mengen metallisches Quecksilber eingeleitet wurde. Dieses Quecksilber wurde durch Mikroorganismen methyliert und so von Schalen- und Krustentieren und Fischen aufgenommen. Durch den Verzehr dieser Tiere gelangte es dann direkt wieder zum Menschen, wo es schwere neurologische Schäden und so auch Todesfälle verursachte. Ähnliche Vergiftungen gab es in Ghana, Guatemala, Irak und Pakistan, wo quecksilberhaltige Fungizide im Getreideanbau eingesetzt wurden.
Auch heute wird Saatgut mit quecksilberhaltigen Beizmitteln behandelt.

Auch in Europa ist Quecksilber kein Fremdwort. Der Großteil der Bevölkerung trägt es als Amalgamfüllung im Mund. Amalgam enthält über 50 % Quecksilber. Es gilt als Zell- und Nervengift und kann in Verbindung mit anderen Schwermetallen, oder auch alleine, Autoimmunerkrankungen wie Rheuma, Allergien und Krankheiten wie Multiple Sklerose und Diabetis auslösen.

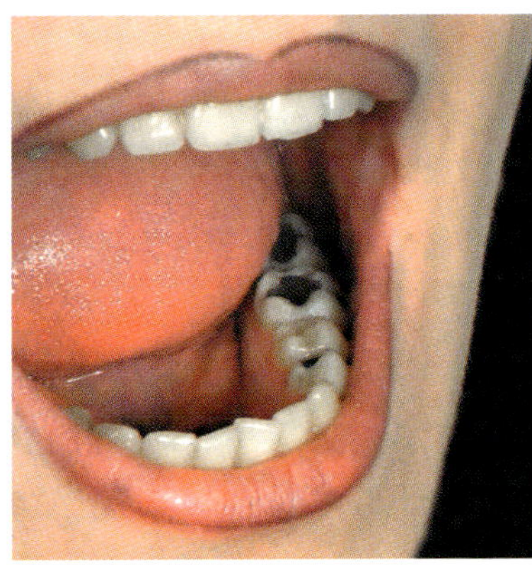

Nickel

Durch industrielle Abluft, Abwasser und Klärschlämme gelangt das Metall in die Umwelt. Der häufigste Berührungsmechanismus kommt durch Nickellegierungen zustande.
Da Nickel hochgradig sensibilisierend wirkt, finden wir zunehmend allergische Kontaktekzeme. Hat eine Sensi-

bilisierung stattgefunden, kann Nickel z. B. aus Küchengeräten durch die orale Aufnahme systemische Reaktionen hervorrufen.

PCP Pentachlorphenol (Holzschutzmittel)

PCP gehört zu der Gruppe der chlorierten Kohlenwasserstoffe. Es wurde bekannt in den 50er Jahren, als es zu den ersten Todesfällen durch PCP-Genuss kam. Behandelte Oberflächen haben das PCP wieder über eine längere Zeit abgegeben.
Heute ist PCP verboten und durch andere Substanzen ersetzt worden, was allerdings nicht heißt, dass diese Substanzen unbedenklich sind. Noch heute ist man mit der Sanierung von PCP-verseuchten Gebäuden beschäftigt.

Formaldehyd

Es gehört in der chemischen Industrie zu den wichtigsten Basissubstanzen. Es entsteht bei unvollständigen Verbrennungen, wie z. B. dem Zigarettenrauchen. Zahlreiche Produkte, wie Medikamente, Duschgel, Haarwaschmittel, Deos, Düngemittel, Textilien, Farben usw., enthalten dieses Gift.
Besondere Aufmerksamkeit erlangte Formaldehyd durch vergiftete Baumaterialien, insbesondere Spanplatten, Sperrhölzer, Tischlerplatten und Furniere.
Formaldehyd verursacht Allergien, Entzündungen, Krebs, Erbschäden, Fehlbildungen von Ungeborenen - es gibt fast nichts, was Formaldehyd nicht verursachen kann.

Ausgesuchte Nährstoffe

Calcium

- beugt Herz-Kreislauf-Erkrankungen, Krebs und Osteoporose vor
- 99 % sind in Knochen und Zähnen eingelagert
- stabilisiert die Membranen der Körperzelle
- ist an der Blutgerinnung beteiligt
- sorgt für regelmäßigen Herzschlag
- senkt Cholesterinspiegel
- zu viel Eiweiß, Fett oder Zucker beeinträchtigen die Absorption von Calcium
- Phosphor führt zu erhöhter Calciumausscheidung
- erforderlich für die Übermittlung von Nervenimpulsen

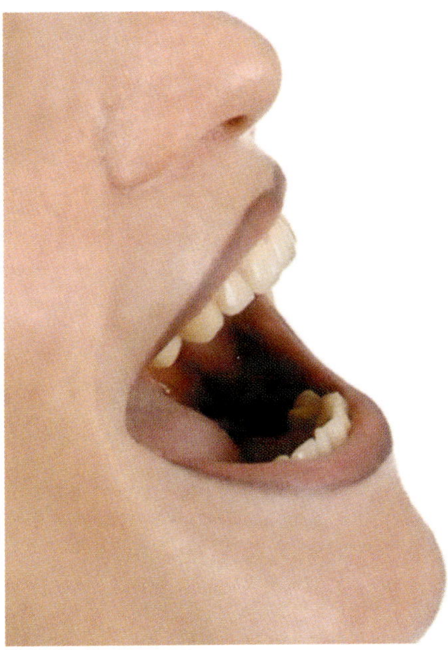

Calciummangel

Gelenkschmerzen, brüchige Nägel, Bluthochdruck, eingeschlafene Arme und Beine, Herzklopfen, Nervosität,

Krämpfe, Rachitis, Zahnverfall.
Täglich empfohlene Zufuhr 800 - 1200 mg. Calcium kann nur mit Vitamin D3 resorbiert werden.

Calciumstoffwechsel
Die Freisetzung oder Bindung von Calcium wird hauptsächlich durch Hormone geregelt (Parathormon, Vitamin D3, Catecholamine, Calcitonin und Östrogene). Es wird im Zwölffingerdarm und Dünndarm aufgenommen. Östrogenmangel führt zu verringerter Calciumresorption. Oxalsäure und Phytat binden Calcium. Das Calcium-Phosphor-Verhältnis sollte 1 : 1 bis 1 : 1,2 sein, liegt aber normal bei 1 : 1,8 - 1 : 2,2.

Eisen

- ermöglicht den Sauerstofftransport zu den Zellen und den Abtransport von CO_2 zur Lunge
- blutbildend
- beugt Anämie vor
- überwiegend im roten Blut- und Muskelfarbstoff
- beteiligt an der Bildung bestimmter Enzyme

Eisenmangel

Mangel führt zu fahler Haut, rascher Ermüdung, allgemeiner Mattigkeit und Appetitlosigkeit. Tierisches Eisen wird weitaus besser resorbiert als pflanzliches, wobei Ascorbinsäure die Resorption von pflanzlichem Eisen um das 4fache steigert. Große Mengen an Calciumsalzen oder Ballaststoffe verschlechtern die Verfügbarkeit.

Bedarf für den Mann: 10 mg pro Tag. Für die menstruierende Frau: 15 mg pro Tag. Die tatsächliche Zufuhr liegt bei Männern über den Empfehlungen und bei Frauen mit ca. 11 mg weit darunter. In der Schwangerschaft werden 30 mg empfohlen.

Kalium

- reguliert den Wasserhaushalt, den Blutdruck und den Herzschlag, sorgt für ein gesundes Nervensystem
- ist überwiegend im Inneren der Körperzelle vorhanden und sorgt für den Transfer von Nährstoffen durch die Zellmembranen
- spielt eine große Rolle bei der elektrochemischen Reizübermittlung
- ist zusammen mit Phosphat und Proteinen für osmotischen Druck in der Zelle verantwortlich
- übermäßiger Kaffee- und Alkoholkonsum können zu Kaliummangel führen

Kaliummangel

Symptome für Kaliummangel sind Mattigkeit, Schläfrigkeit, Schwindel und Muskelschwäche.

Der Tagesbedarf beträgt 2000 mg.

Magnesium

- aktiviert energieproduzierende Enzyme
- ist als Co-Faktor von ca. 300 Enzymen an fast allen anabolen und katabolen Stoffwechselvorgängen beteiligt
- sorgt für ausgeglichenen pH-Wert
- beugt Herz-Kreislauf-Erkrankungen, Osteoporose und einigen Arten von Krebs vor
- befindet sich vor allem in den Knochen und Zähnen
- ist zuständig für die Knochen- und Zahnbildung sowie für Muskelkontraktion und die Übertragung von Nervenimpulsen
- zusammen mit Vitamin B6 hilft es Nierensteine zu verhüten und vorhandene aufzulösen
- die Resorption von Magnesium wird gering durch Calcium und Phosphat beeinflusst
- ist der physiologische Calcium-Antagonist.

Spirulina-Fitness-Drink enthät besonders viel Magnesium

Magnesiummangel

Der Mangel an Magnesium führt zu Angstzuständen, Gereiztheit, Nervosität, Wutanfällen, Muskelzittern, Herzrasen und Depressionen. Ein Mangel ist die Wurzel vieler Herz-Kreislauf-Erkrankungen und kann die Hauptursache für Herzrhythmusstörungen, Bluthochdruck, plötzlichen Herzstillstand, Asthma, chronische Schmerzen, chronische Müdigkeit, Darmproblemen, Lungenbeschwerden, Niedergeschlagenheit und Schlaflosigkeit sein.

Der empfohlene Tagesbedarf liegt bei 300 - 350 mg.

Mangan

- sorgt für ein gesundes Immunsystem und gesunde Nerven
- reguliert den Blutzucker
- baut Knorpel und Gelenkschmiere auf
- steigert die Verwertbarkeit von Vitamin B1 (Thiamin) und ist lebenswichtig für Personen mit Eisenmangel (Anämien)
- hilft bei Brustmilchproduktion
- ist entscheidend für die Herstellung von Enzymen, die zum Oxidieren von Fetten und zum Verstoffwechseln der Purine benötigt werden.

Manganmangel

Ein Mangel an diesem Spurenelement kann zu Artheriosklerose, Verwirrung, Krämpfen, Augenproblemen, Gehörschwierigkeiten, Herzstörungen, hohem Cholesterinspiegel, hohem Blutdruck, Gereiztheit, Gedächtnisschwäche, Pulsrasen, Zittern und Zähneknirschen führen.

Bei der Aufnahme wirkt Fe^{2+} als ein ausgeprägter Antagonist. Es wird vermutet, dass Mangan und Eisen das gleiche Transportsystem benutzen. Die essentiellen Funktionen von Mangan beruhen auf der Beteiligung an und evtl. der Aktivierung von wenigen Enzymen.

Die Schätzwerte für eine angemessene Zufuhr betragen für den Erwachsenen 2 - 5 mg pro Tag.

Chrom

- aktiviert Enzyme
- erzeugt Energie
- gleicht Blutzuckerschwankungen aus
- beugt Arteriosklerose und Erkrankungen der

Herzkranzgefäße vor

- ist am Glukose-Stoffwechsel beteiligt und spielt eine entscheidende Rolle für die Aktivität mehrerer Enzyme. Es kann für Diabetiker und Personen mit Hypoglykämie (Unterzucker) hilfreich sein

Chrommangel

Chrommangel kann zu Angstzuständen, Schwäche, Glukoseintoleranz, sowie einem unangemessenen Aminosäurenstoffwechsel führen. Bei übermäßiger Einnahme kann es jedoch zu Vergiftungen kommen. Chrom wird am besten in organisch gebundener Form vom Körper absorbiert. Die Aufnahme wird durch Aminosäuren, Ascorbinsäure und Oxalat gefördert. Phytate und Zink sollen die Chromaufnahme hemmen.
Die angemessene Zufuhr wird auf 50 - 200 µg pro Tag geschätzt.

Germanium

- beugt Sauerstoffmangel, Schlaganfall und degenerativen Erkrankungen wie Arthritis und Krebs vor
- stimuliert das Immunsystem
- leitet Cadmium und Quecksilber aus
- wirkt bei Verkümmerung des Gehirngewebes, Durchblutungsstörungen, Gehirn-Arterienverhärtung, Bluthochdruck, Gedächtnis- und Konzentrationsschwäche
- führt zur raschen Genesung

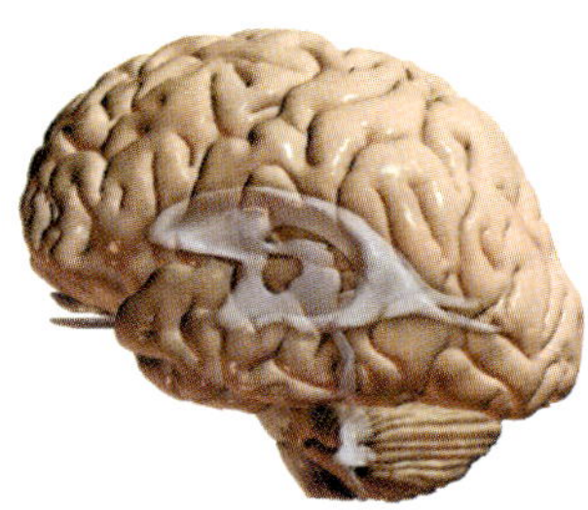

- aktiviert die Wiederherstellung des Immunsystems bei Immunschwäche
- veranlasst die Produktion der Immunstimulanz Interferon.

Kupfer

- baut Knochen, Hämoglobin und rote Blutkörperchen auf
- sorgt für gesunde Nerven und Gelenke
- ist wesentlicher Bestandteil mehrerer Enzyme
- arbeitet zusammen mit Zink und Vitamin C am Aufbau von Elastin
- ist am Heilprozess, an der Energieproduktion, der Färbung von Haut und Haaren und dem Geschmacksempfinden beteiligt

<u>Kupfermangel</u>

Kupfermangel führt zu Osteoporose, in selteneren Fällen auch zu Anämie, Haarausfall, Durchfall, Schwäche, gestörter Atemfunktion und Hautwunden. Das Spurenelement Zink ist der natürliche Gegenspieler von Kupfer. Phytate hemmen die Kupferaufnahme und Aminosäuren fördern die Aufnahme. Das wichtigste Kupfer-Transportprotein im Blut ist auch an der Oxidation von Fe 2+ zu Fe 3+ beteiligt. Erst hierdurch kann gespeichertes Eisen an Transferin gebunden werden, wodurch sich die engen Verknüpfungen zwischen Kupfer und Eisenstatus erklären.

Die geschätzte angemessene Zufuhr liegt für Erwachsene bei 1,5 - 3 mg pro Tag. Die tatsächliche Zufuhr liegt beim Erwachsenen bei ca. 2 mg pro Tag. Die Toxizität von Kupfer ist gering, so dass via Ernährung nicht mit Vergiftungen zu rechnen ist.

Zink

- beschleunigt die Wundheilung
- sorgt für einen scharfen Geschmacks- und Geruchssinn
- regt Bestandteile der körpereigenen Abwehr an
- spielt eine Hauptrolle bei enzymatischen Reaktionen
- ist am Aufbau der DNS und der RNS beteiligt
- die bekannteste enzymatische Reaktion ist die Alkoholhydrogenase, die den aufgenommenen Alkohol abbaut
- aktiviert die T-Helfer und T-Killerzellen, die die Abwehr aktivieren

<u>Zinkmangel</u>
Bei erhöhtem Stress oder einseitiger Ernährung ist ein Zinkmangel möglich. Er macht sich durch Appetitlosigkeit, verminderten Geruchs- und Geschmackssinn, erhöhte Anfälligkeit gegen Infektionskrankheiten und verzögerte Wundheilung bemerkbar. Weitere Symptome sind Haarausfall, dünner werdende, sich schälende Fingernägel mit weißen Flecken, Akne, hohe Cholesterinwerte und Impotenz.

Die Zinkaufnahme wird durch Phytinsäure und Ballaststoffe sowie hohe Dosen an Kupfer, Eisen, Calcium, Phosphat und Schwermetallen behindert. Niedermolekulare Komplexbildner wie Aminosäuren oder Citrat begünstigen die Resorption.

Der empfohlene Tagesbedarf laut DGE liegt für Erwachsene bei 12 - 15 mg pro Tag. Die tatsächliche Zufuhr entspricht diesen Empfehlungen nicht. Erwachsene erreichen ca. 75 - 80 % und Kinder zum Teil nur 65 %. Die Toxizität von Zink ist gering.

Selen

- Antioxidanz, beugt Krebs vor
- ist ein Spurenelement und wird vom Körper zur Bildung von Schutzenzymen gebraucht
- zählt zu den Antioxidantien und ist wie Beta-Carotin und Vitamin E in der Lage, den Organismus vor der toxischen Wirkung der zellschädigenden Sauerstoffradikalen zu schützen
- Bedeutung liegt in speziellen selenhaltigen Proteinen, von denen heute über 20 bekannt sind
- am bekanntesten ist die Glutathionperoxidase, sie reduziert Peroxide wie z.B. H_2O_2 oder Lipidperoxide. Es wurden inzwischen vier verschiedene Varianten mit unterschiedlicher Spezifität gegenüber verschiedenen Peroxiden nachgewiesen. Sie stellen im komplexen Zusammenspiel mit Antioxidantien wie Vitamin A und C einen wesentlichen Faktor des körpereigenen Schutzsystems dar.

Selenmangel

Neben Krebs werden auch Herzerkrankungen, hoher Cholesterinwert, Infektionen sowie Leber- und Bauchspeicheldrüsenschwäche und Sterilität mit einem Mangel an Selen in Zusammenhang gebracht. Selen kann vom menschlichen Körper nicht produziert werden. In Regionen mit selenarmen Böden können daher Vegetarier dieses Spurenelement nicht ausreichend aufnehmen.

Unsere Ackerböden enthalten leider fast kein Selen mehr.

Die empfohlene tägliche Selenaufnahme liegt bei 20 - 100µg.

Vitamine, Mineralstoffe, Spurenelemente

Vitamin-B-Komplex

Alle B-Vitamine sollten immer zusammen eingenommen werden, da sie als „Team" zusammenarbeiten. Sie wirken synergetisch. Vermehrt man eines, so kann das die Verminderung der Wirkung eines anderen verursachen. Deshalb ist es wichtig, ein natürliches Multi-B-Vitamin-Konzentrat einzunehmen. B-Komplex-Vitamine sind wasserlösliche Vitamine.

Vitamin B1 (Thiamin)

- verbessert die Zirkulation des Blutes
- sorgt für Magensäurebildung, die für eine gute Verdauung wichtig ist
- sorgt für eine gute Gehirnfunktion
- sorgt für Energie- und Muskeltonus von Magen, Darm und Herz
- wirkt als Antioxidanz
- besitzt eine kurze Beständigkeit und muss deshalb täglich mit der Nahrung aufgenommen werden
- wirkt als Co-Enzym
- bei Alkoholmissbrauch werden der Metabolismus und die Resorption beeinflusst.

<u>Vitamin-B1-Mangel</u>
Die klassische Vitamin-B1-Vitaminose ist Beriberi. Sie kann mit Ödemen am ganzen Körper einhergehen. Nervenläsionen können dominieren oder bei gestillten

Kindern mit einer Kohlenhydratintoleranz verbunden sein. Zwei Symptome stechen hervor: cardiovaskuläre Störungen mit mangelhafter Durchblutung, Ödemen, Herzinsuffizienz und neurologische Störungen mit z. B. gestörter Sensibilität, Krämpfen, Lähmungen und Angstzuständen. Während die klassische Beriberi auf Entwicklungsländer beschränkt ist, finden sich v. a. letztere Symptome auch bei uns.

Der Tagesbedarf liegt für Frauen bei 1,1 mg, für Männer bei 1,3 mg und für Jugendliche bei 1,6 mg. In Schwangerschaft und Stillzeit wird eine Zulage von 0,4 bzw. 0,6 mg pro Tag empfohlen. Bei Schwerstarbeit oder intensivem Sport erhöht sich der Bedarf entsprechend. Thiamin gehört zu den kritischen Vitaminen, da die tatsächliche Zufuhr nicht immer den Empfehlungen entspricht.

Vitamin B2 (Riboflavin)

- sorgt für geregelten Stoffwechsel
- sorgt für Energie
- sorgt für gesunde Haut und Augen

- beugt Missbildungen vor
- Riboflavin wirkt als Co-Enzym. Es sind heute mehr als 60 Enzyme bekannt, in denen es so wirkt.
- wichtigste Funktionen sind die Oxidation von Fettsäuren, die NADH-Dehydrogenase in der Atmungskette und in den Aminosäureoxidasen
- ist hitzeresistent, daher treten bei der Verarbeitung keine Verluste auf
- ist sehr lichtempfindlich

<u>Vitamin-B2-Mangel</u>

Klinische Mangelsymptome sind sehr selten, sie betreffen vor allem die Schleimhäute im Bereich des Kopfes, z. B. Stomatitis (Entzündungen der Mundschleimhaut). Gleichzeitig ist der Eisenmetabolismus betroffen, weshalb sich im Spätstadium eine hypochrome Anämie entwickelt. Auch eine Dermatitis ist möglich. Aufgrund des gemeinsamen Vorkommens aller B-Vitamine und deren Zusammenspiel ist ein isolierter B2-Mangel sehr selten.

Die Zufuhrempfehlung für Vitamin B2 liegt für Erwachsene bei 1,5 - 1,7 mg pro Tag. In der Schwangerschaft und Stillzeit besteht ein Mehrbedarf von 0,3 bzw. 0,8 mg pro Tag. Auch bei der Einnahme verschiedener Pharmaka (z. B. Antidepressiva) sollte die Zufuhr erhöht werden. Dies gilt auch bei erhöhter Alkoholzufuhr. Die tatsächliche Aufnahme entspricht vor allem bei älteren Menschen nicht den Empfehlungen. Auch Jugendliche, v. a. Mädchen, erreichen nur 3/4 der empfohlenen Zufuhr.

Vitamin B3 (Niacin)

- Niacin ist eine Sammelbezeichnung für die Wirkstoffe Nicotinsäure und Nicotinamid
- diese beiden Wirkstoffe können mit der Nahrung

zugeführt werden oder entstehen durch bestimmte Umwandlungsprozesse bei der Verdauung. Ein dritter Weg besteht darin, dass es im menschlichen Organismus aus dem Proteinbaustein (Aminosäure) Tryptophan hergestellt wird. Tryptophan gehört jedoch zu den essentiellen Aminosäuren und muss deshalb mit der Nahrung aufgenommen werden.

- hilft bei allen Verdauungsprozessen
- verbessert die Blutzirkulation und das Gedächtnis
- wirkt als Co-Enzym in der Form von NAD und NADP

Niacinmangel

Der Beginn des Niacin-Mangels ist uncharakteristisch: Schlaflosigkeit, Appetitverlust, Gewichtsverlust. Im fortgeschrittenen Stadium finden sich dann die klassischen Symptome des Niacin-Mangels, die Pellagra (raue Haut). An Hautarealen, die dem Licht ausgesetzt sind, findet man pigmentierte, brennende oder juckende Stellen, die später anschwellen, verhärten und eventuell Blasen bilden. Gleichzeitig kommt es zu Durchfällen und Erbrechen sowie zu neurologischen Erscheinungen, wie z. B. Schmerzen und Taubheitsgefühl. Die klassische Pellagra kommt nur in Kombination mit einen Tryptophanmangel, v. a. in Folge eines generellen Proteinmangels vor. Der ausschließliche Verzehr von Mais (in Teilen Afrikas) begünstigt durch dessen Aminosäurenmuster diese Entwicklung.

Die empfohlene Tageszufuhr liegt für Frauen bei 15 mg pro Tag und für Männer bei 18 mg pro Tag. In Schwangerschaft und Stillzeit gilt ein Zuschlag von 0,2 bzw. 0,5 mg pro Tag. Bei dem im Mittel hohen Verzehr an tierischen Produkten und damit einer hohen Tryptophanversorgung ist daher von einer mehr als den Bedarf deckenden Zufuhr auszugehen.

Vitamin B5 (Pantothensäure)

- hilft gegen Angstgefühl und Depressionen
- ist ein Anti-Stress-Vitamin
- spielt eine große Rolle in der Produktion von Kortikosteroiden (Hormone, die in der Nebennierenrinde gebildet werden) und Geschlechtshormonen sowie beim Aufbau von Antikörpern
- es hilft in der Vitaminverwertung und in der Umwandlung von Fetten, Kohlehydraten und Protein in Energie
- ist beteiligt an der Produktion von Adrenalin, Serotonin und Histamin
- sorgt für Ausdauer
- ist ein essentielles Element von Co-Enzym A
- wird für die normale Magen-Darm-Funktion benötigt
- Panthenol kann sowohl über die Haut als auch über den Magen-Darm-Trakt aufgenommen werden und enzymatisch zur Pantothensäure überführt werden
- therapeutisch wird der Alkohol (Dexpanthenol) seit langem in Salben und Lösungen bei Verbrennungen, Bindehautreizungen, Analfissuren etc. genutzt

<u>Vitamin-B5-Mangel</u>
Vitamin-B5-Mangel führt zu Kopfschmerzen, Übelkeit, Schwäche und Kribbeln in den Händen. Ein isolierter Pantothensäuremangel ist praktisch auszuschließen.

Die tägliche Zufuhrempfehlung liegt für Erwachsene bei 6 mg pro Tag.

Vitamin B6 (Pyridoxin)

- fördert Wachstum, Nervensystem und Immunabwehr
- wirkt entwässernd und fördert die Bildung roter Blutzellen
- ist lichtempfindlich und nur beschränkt hitzestabil
- ist zuständig für den Eiweißauf- und -umbau sowie für den Wachstumsprozess und die Fettverdauung
- aktiviert viele Enzyme und hilft bei der Absorption von Vitamin B12
- hilfreich ist Vitamin B6 in der Behandlung von Allergien, Asthma und Arthritis.

<u>Vitamin-B6-Mangel</u>

Der Vitamin-B6-Mangel ähnelt in Frühstadien dem Niacin- und Riboflavin-Mangel. Es dominieren Hautveränderungen mit Stomatitis und pellagraähnlicher Dermatitis. Bei Kindern, die in Folge autoklavierter Kindernahrung einen Pyridoxin-Mangel entwickelten, kam es zu Krämpfen und EEG-Veränderungen. Wegen der Beteiligung an der Hämsynthese ist eine hypochrome, nicht mit Eisen behandelbare Anämie zu beobachten. Ein isolierter B6-Mangel ist äußerst selten. Pyridoxin weist im Gegensatz zu den anderen B-Vitaminen eine vergleichsweise hohe chronische Toxizität auf.

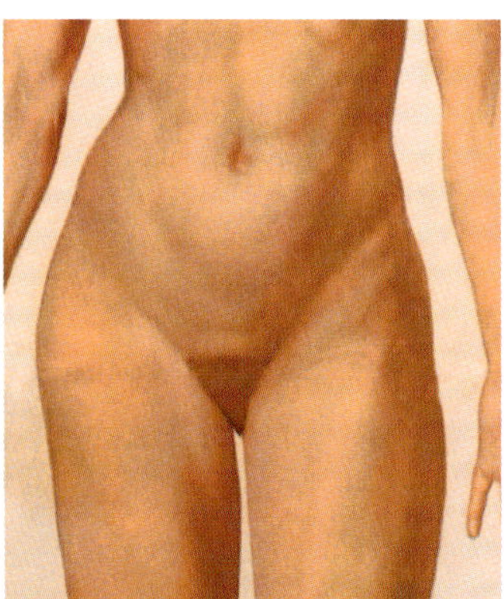

Bei Vitamin-B6-Mangel besteht ein Risiko für Frauen zu PMS-Syndorm

Die tägliche Zufuhrempfehlung liegt bei Erwachsenen bei 1,6 bzw. 1,8 mg pro Tag. In der Schwangerschaft wird eine Zulage von 1 mg empfohlen. Die tatsächliche Zufuhr bei weiblichen Jugendlichen liegt bei nur etwa 71 %.

Vitamin B12 (Cyanocobalamin)

- enthält als einzigen Nährstoff das für unsere Gesundheit unverzichtbare Spurenelement Kobalt
- baut das Erbmaterial in den Zellen und die roten Blutkörperchen im Knochenmark auf
- es fördert die Verwertung von Eisen, Folsäure, Kohlenhydraten und Fett
- es hilft beim Knochenaufbau sowie bei der Herstellung des Nervenstoffs Cholin
- kann ausschließlich von Mikroorganismen hergestellt werden, bei vielen Wiederkäuern reicht die Synthese im Verdauungstrakt für eine Selbstversorgung aus, deshalb findet sich dieses Vitamin in großen Mengen in tierischen Lebensmitteln

Vitamin-B12-Mangel
Die klassische Vitamin B12-Mangelerscheinung ist die perniziöse Anämie. Symptome sind mit Müdigkeit und Herzklopfen, Haut und Schleimhäute werden blass, häufig tritt auch eine Gelbsucht auf.

Die tägliche Zufuhrempfehlung liegt bei Erwachsenen bei ca. 1 - 2 µg, bei älteren Menschen muss aufgrund von Resorptionsverlusten mit 3 µg pro Tag gerechnet werden. Die tatsächliche Zufuhr liegt bei gesunden Menschen bei 5 - 6 µg.

Vitamin E (Tocopherol)

- die wichtigste Aufgabe von Vitamin E besteht darin, Fette und Vitalstoffe vor der Zerstörung durch so genannte freie Radikale zu schützen
- gehört neben Vitamin C, Beta-Carotin, Selen und den Enzymen zu den antioxidativ wirkenden so

genannten Radikalfängern, die die zellschädigenden Störenfriede unschädlich machen
- verbessert die Sauerstoffauswertung und steigert die Immunreaktion
- verbessert die Zirkulation des Blutes und kann das Risiko von Herzkranzgefäßerkrankungen mildern
- um eine Vitamin-E-Konzentration zu erhalten, benötigt der Organismus Zink und Selen, das die Aufnahme von Vitamin E verstärkt
- aufgebrauchtes Vitamin E wird durch Ascorbinsäure (Vitamin C) wieder in aktives Vitamin E umgewandelt

Die tägliche Zufuhrempfehlung liegt bei Erwachsenen bei 12 mg pro Tag. Die Zufuhrempfehlung wird zwar in Deutschland ungefähr erreicht, jedoch könnte zum optimalen Schutz vor Peroxidationsvorgängen eine höhere Zufuhr durchaus empfehlenswert sein.

Beta-Carotin

- bekämpft Infektionskrankheiten
- ist Provitamin A
- wirkt als Antioxidanz
- ist der rote Farbstoff von z. B. Möhren oder anderen Lebensmitteln oder Pflanzen
- ist fettlöslich und wird im Dünndarm zusammen mit anderen Lipiden aufgenommen
- ist nicht toxisch und nicht teratogen
- ist für den Körper essentiell und muss mit der

Nahrung aufgenommen werden

- es spielt eine große Rolle als Radikalfänger in der Lipidperoxidation, dabei wird Beta-Carotin verbraucht

Die tägliche Zufuhrempfehlung liegt bei 2 mg pro Tag. Zur optimalen Ausschöpfung der antioxidativen Wirkung und damit auch zur Krebsprophylaxe werden ca. 15 mg pro Tag empfohlen.

Aminosäuren

Aminosäuren sind die Untereinheiten der Proteine. Es gibt 20 verschiedene Aminosäuren, von denen 8 essentiell sind. Durch unterschiedliche Kombination dieser Bausteine entstehen die lebenswichtigen Eiweißstoffe. Neben der Synthese von Proteinen sind Aminosäuren auch Vorstufen einer Vielzahl biologisch aktiver Substanzen. Hierzu gehören z. B. Hormone wie Thyroidhormone oder Adrenalin und Transmittersubstanzen wie Noradrenalin, Acetylcholin oder Gamma-Aminobuttersäure.

Die acht essentiellen Aminosäuren

Spirulina enthält 18 der mehr als 20 zum Aufbau sämtlicher Proteine im menschlichen Organismus benötigten Aminosäuren und zwar alle acht essentiellen. Das sind jene, die der Körper nicht selbst bilden kann und die

daher mit der Ernährung zugeführt werden müssen.
Isoleucin wird für den Hämoglobinaufbau benötigt, ebenso zur Stabilisierung von Blutzucker- und Energiepegel. Diese Aminosäure ist besonders für Athleten wertvoll, da sie für Energie und Ausdauer sorgt und an der Heilung und Reparatur des Muskelgewebes beteiligt ist.

Leucin arbeitet mit Isoleucin und Valin zusammen, um die Muskeln zu schützen und die Heilung der Haut, des Muskelgewebes und der Knochen zu fördern. Diese Aminosäure senkt den Blutzucker und ist an der Vermehrung der Wachstumshormone beteiligt.

Methionin hilft bei der Aufspaltung von Fetten und beugt einer Fettvermehrung in der Leber und in den Arterien vor, die den Blutstrom zum Herzen, zum Gehirn und zu den Nieren behindern könnte.
Diese Aminosäure hilft auch, Schwermetalle auszuscheiden und gegen radioaktive Strahlung zu schützen. Sie wirkt gegen Muskelschwäche, beugt brüchigen Haaren vor und ist nützlich für Personen mit Osteoporose und Chemikalienallergien. Als starkes Antioxidanz mit einer guten Schwefelquelle inaktiviert Methionin freie Radikale. Es reduziert den Histaminspiegel im Körper, was sich positiv auf Personen mit Schizophrenie auswirken kann, die gewöhnlich höhere Histaminwerte aufweisen. Methionin wird zum Zusammenfügen von Nukleinsäuren, Collagen und den Proteinen aller Körperzellen benötigt.

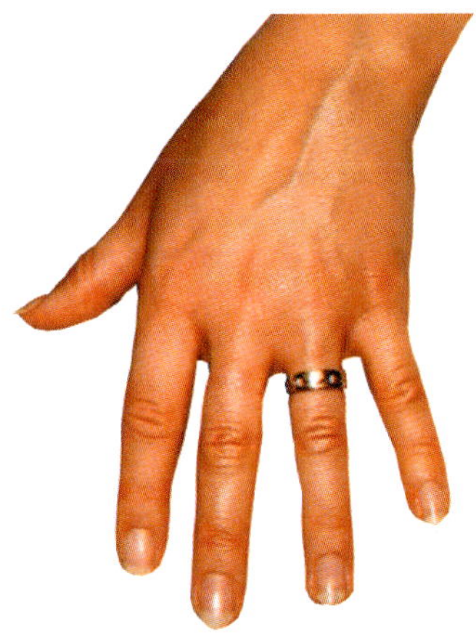

Methionin unterstützt das Wachstum von Fingernägeln.

Phenylalanin kann im Körper in Thyrosin, einen anderen Proteinbaustein, umgewandelt werden, der wiederum benötigt wird, um zwei wichtige Neurotransmitter herzustellen: Dopamin und Norepinephrin. Beide sorgen für Flinkheit und Lebhaftigkeit. Diese Aminosäure ist auch in der Lage, die Stimmung zu verbessern, Schmerzen zu lindern, das Gedächtnis zu unterstützen und den Appetit zu zügeln. Es kann zur Behandlung von chronischen Schmerzen, Arthritis, Depression, Migräne, prämenstruellen Beschwerden und menstruellen Krämpfen, Fettsucht, Parkinsonscher Krankheit sowie Schizophrenie herangezogen werden.

Threonin ist die Aminosäure, die dem Körper hilft, ein ausgewogenes Proteingleichgewicht zu erhalten. Sie ist wichtig für die Bildung von Collagen und Elastin. Außerdem beugt sie erhöhten Leberfettwerten vor und stimuliert das Immunsystem, indem sie bei der Produktion von Antikörper hilft. Ohne Spirulina kann es für Vegetarier schwer werden, einem Threoninmangel vorzubeugen, da diese Aminosäure kaum in Getreide zu finden ist.

Lysin ist ein notwendiger Baustein für alle Proteine und wird für das Knochenwachstum benötigt. Es fördert die Calciumabsorption und sorgt für einen normalen Stickstoffgehalt. Diese Aminosäure unterstützt aber auch das Immunsystem, indem sie an der Antikörperproduktion beteiligt ist, ebenso an der Bildung von Hormonen, Enzymen sowie am Aufbau von Collagen und Bindegewebe. Da Lysin auch die Entwicklung von Muskelprotein unterstützt, ist es als Mittel für Sportverletzungen und für Rekonvaleszenten nach einer Operation geeignet. Es senkt ebenso den Triglyceridspiegel. Besonders wirkungsvoll ist Lysin aber bei der Vorbeugung und Behandlung von Lippenbläschen bzw. Herpes-simplex-Infektionen.

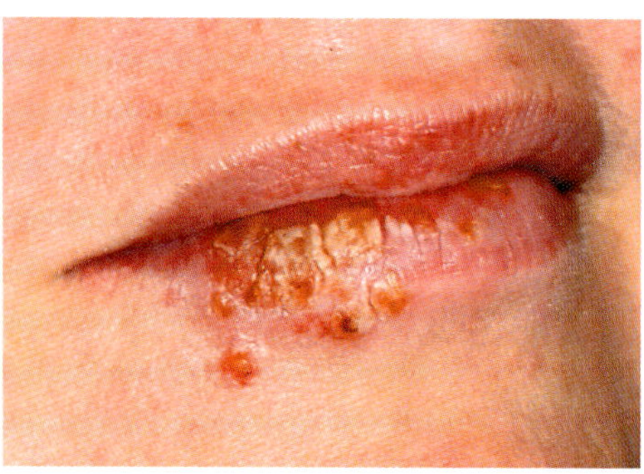

Tryptophan wird zur Produktion von Vitamin B3 (Niacin) benötigt. Diese wohl bekannteste Aminosäure wird auch vom Gehirn gebraucht, um die Nervenimpulse übermittelnde, hormonähnliche Substanz Serotonin - das so genannte Glückshormon - zu produzieren. Tryptophan kann gegen Depression und Schlaflosigkeit eingesetzt werden und hilft gegen Stimmungsschwankungen. Sie hilft hyperaktiven Kindern, mildert Stress, ist gut für das Herz, kontrolliert den Appetit und damit das Gewicht und vermehrt die Ausschüttung der Wachstumshormone. Ein Mangel an Tryptophan und Magnesium kann zu Herzkranzgefäßspasmen führen.

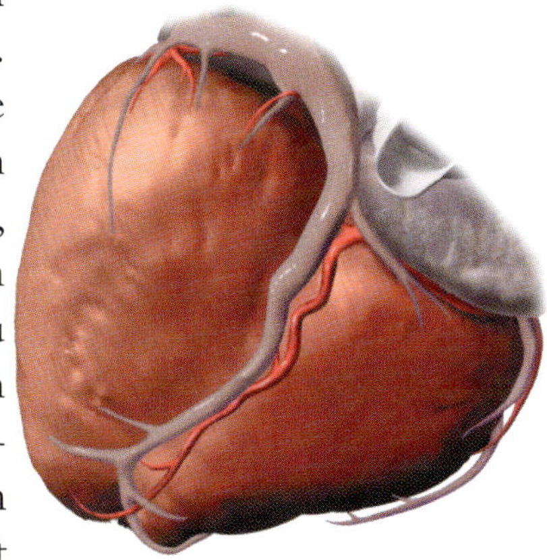

Valin hat eine stimulierende Wirkung. Dieser Proteinbaustein wird für den Muskelmetabolismus, die Gewebereparatur und für die Aufrechterhaltung eines ausgewogenen Stickstoffhaushalts im Körper benötigt. Valin befindet sich in hoher Konzentration im Muskelgewebe und kann hier als Energiequelle genutzt werden.

Neben den Aminosäuren enthält Spirulina, wie bereits erwähnt, Gamma-Linolensäure, die die Prostaglandine stimuliert, die wiederum alle Zellen überall im Körper regulieren und - besonders wichtig für Leistungssportler - ein ausdauerndes Herz, gute Haut und Blutzirkulation sowie eine gesunde Muskulatur erhalten.

Laborwerte

Nachdem Sie gelesen haben, was in unserer Umwelt los ist, sollten Sie bei Ihrem nächsten Arztbesuch daran denken, mal ein großes Blutbild machen zu lassen.
Nach dem Motto: Vertrauen ist gut, Kontrolle ist besser, kann man im Blutbild Verschiebungen erkennen.
Eine Analyse umfasst mehrere Parameter, die je nach Arzt und Art des Krankheitsbildes verschieden aussehen kann.

Im Anschluß finden Sie die wichtigsten Parameter und was die Veränderungen bedeuten können.

Als Beispiel sehen Sie hier ein Blutbild.

Arzt-Pat. Nr:

Tages:
Eingangsdatum:
Ausgangsdatum:

Endbefund *Seite 1*

Patient	Geb.-Datum	Geschlecht	Krankenkasse	SWW/CT

ANALYSE	ERGEBNIS	EINHEIT	NW(spezifisch)
PROFIL T 1	.		
Blutzucker nü	76	mg/dl	55 - 115
Kreatinin	1.14	mg/dl	0.84 - 1.25
Harnsäure	4.90	mg/dl	2.0 - 7.0
Natrium	141	mmol/l	135 - 144
Kalium	4.0	mmol/l	3.7 - 5.7
Calcium	2.33	mmol/l	2.15 - 2.55
Phosphat	4.0	mg/dl	2.5 - 4.8
Eisen	55	µg/dl	40 - 155
Gesamteiweiß	74	g/l	60 - 82
Alkalische Phosphatase	■ 54	U/l	70 - 175
Bilirubin	0.64	mg/dl	0.2 - 1.1
GGT	20	U/l	6 - 28
Cholesterin	188	mg/dl	120 - 200
GOT	10	U/l	< 19
GPT	10	U/l	bis 23
LDH	130	U/l	80 - 240
Triglyceride	140	mg/dl	74 - 172
Harnstoff	32	mg/dl	10 - 50
GROSSES BLUTBILD	.		
Blutbild klein	.		
Leukozyten	5.6	/nl	4.0 - 10.0
Erythrozyten	5.26	/pl	4.5 - 5.9
Hämoglobin	16.0	g/dl	14 - 18
Hämatokrit	45.7	%	36 - 52
MCV	86.9	fl	82 - 101
HBE (MCH)	30.4	pg	27 - 32
MCHC	35.0	g/dl	32 - 36
RDW/mitt. Ery.-Verteilungsbr.	11.7	%	11.5 - 14.5
Thrombozyten	234	TSND/µl	140 - 336
Differentialblutbild	.		
Segmentkernige	47	%	40 - 80
Lymphozyten	42	%	20 - 52
Monozyten	9	%	2 - 12
Eosinophile	2	%	bis 5
Basophile	0	%	bis 1
HDL-Cholesterin	38	mg/dl	> 35
LDL-Cholesterin direkt	132.0	mg/dl	< 170

Richtwerte LDL: > 200 mg/dl: sehr hohes atherogenes Risiko
> 170 : hohes Risiko
> 135 : erhöhtes Risiko bei zusätzlichen Risiken (Hypertonie/Rauchen/Diabetes/familiäre KHK-Disposition/HDL-Chol < 35 mg/dl)
> 120 : erhöhtes Risiko bei manifester KHK!!
Weitere unabhängige KHK-Risiken: Lipoprotein(a): 0.5 ml Serum
Homocystein: 1 ml Serum

IgG (turb)	902	mg/dl	700 - 1600
IgA (turb)	214	mg/dl	70 - 400
IgM (turb)	44	mg/dl	40 - 230
T3 RIA gesamt	1.25	ng/ml	0.80 - 2.0

Differentialblutbild

- Suche von 100 weiße Blutkörperchen im Blutausstrich (ein Bluttropfen auf einem Objektträger verstrichen), werden nach Art geordnet und prozentuale Verteilung der einzelnen Zellen bestimmt
- weiße -Blutkörperchen in neutrophile
  - Granulozyten,
  - Lymghozyten, eosinophile und basophile

- Lymghozyten, eosinophile und basophile
- Granulozyten sowie
- Monozyten

Normalwerte

- Neutrophile stabkernige Granulozyten < 3 %
- Neutrophile segmentkernige Granulozyten ca. 60 - 70 %
- Lymphozyten ca. 20 - 30 %
- Eosinophile Granulozyten: ca. 1 - 5%
- Basephile Granulozyten: < 1 %
- Monozyten: ca. 2 - 6 %

Blut –pH

- Der pH-Wert zeigt, ob das Blut sauer, neutral oder basisch ist; lebensgefährlich sind Abweichungen
- Häufige Säuren sind oft im Blut, die mit Basen abgepuffert werden müsse.
- Verknüpfungen zwischen Säure-Basen-Haushalt sind eng mit der Atmung und dem Stoffwechsel-verbindungen

Zu Finden?

- In frischem arteriellem Blut oder Kapillarblut

Veränderte Wert bei

- Stoffwechselerkrankung,- Atemwegs-, Herz-Kreislauf

Blutkörperchen, weiß (Leukozyten)

- Ein Team von Blutzellen, die ein Teil des Imunsystems bilden
- Teilen sich ein in:
  - Granulozyten,
  - Lymphozyten,
  - Monozyten
- Produziert im Knochenmark und Lymphsystem
- Aufgaben: Abwehr von körperfremden Substanzen: Bakterien, Viren oder Parasiten

Zu Finden?

- Im Blut und Urin

Normalwerte

- Bis 2 J.: 6000-17000/ul; bis 6 J. 5000-14500/ul
- Erwachsene: 4400-11300/ul

Veränderte Wert bei

- Leukämie, Blutvergiftung und Entzündungen
- Schwierigen Krankheiten oder auch Knochenmarks-schäden
- Im Urin bei Harnwegsinfekten
- Mangelernährung

Störung der Werte

- Überanstrengung des Körpers, zu hohe Belastung, Stress, Medikamente

Lymphozten

- **B-Lymphozyten** wachsen im Knochenmark, stellen Immunglobuline her
- **T- Lymphozyten** werden im Thymus gebildet und sind an Allergien und Abstoßungen von Fendgewebe (Transplantat) beteiligt, stoßen Viren, Pilze undBakterien sowie Tumorzellen ab
- Sind zwei wichtige Pfeiler des Imunsystems

Zu Finden?

- Messbar im Blut (>Differentialblutbild)

Normalwerte
- Männer: 25 - 40 U/l aus dem Vollblut

Autoantikörper - Antigene/Antikörper-

- Antiköper markieren die eigenen Körperzellen
- Verursachung der Antikörperbildung oft unbekannt
- Autoimmunkrankheiten (auto=selbst) nennt man Krankheiten, bei denen Autoantikörper erscheinen.

Zu Finden?
- Im Serum

Normalwerte
- Erkennbar bei Auftreten

Veränderte Wert bei
- Allergien und Autoimmunerkrankungen

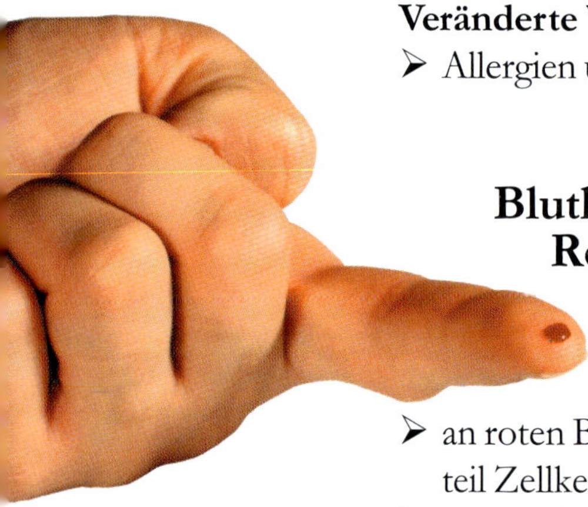

Blutkörperchen, rot (Erythrozyten, Retikulozyten)

- (Erythrozten) sind rote, plattenförmige, kernlose Zellen
- an roten Blutkörperchen beinhaltet ein gewisser Anteil Zellkernreste (Retikulozyten)
- Hämoglobin färbt die Blutkörperchen rot
- Die Umstrukturierung in Form und Farbe weißt sich auch in den Werten MCH, MCHC und MCV vor
- In der Milz und der Leber werden veralterte Teile der Zellen abgebaut

Zu Finden?
- Im Blut

Normalwerte
- Frauen: 4,1-5,1 Mio/ul; Männer: 4,5-5,9 Mio/ul

Veränderte Wert bei
- Chronisch verstärkter Blutbildung im Knochenmark
- Blutarmut wegen starkem Abbau

Störung der Werte

- Wenig Eisen und Folsäure durch vegetarische Ernährung
- Viel Flüssigkeit kann zu Verdünnungseffekt führen

MCH, MCHC, MCV

- Unterscheidungsmerkmale des Zustandes der roten Blutkörperchen
- **MCH:** Mittleres Corpusculäres Hämoglobin heißt der Hämoglobingehalt des einzelnen roten Blutkörperchens
- **MCHC:** die Mittlere Corpusculäre Hämoglobin Concentration besagt, ob die roten Blutkörperchen, gemessen an ihrer Größe, viel oder wenig Hämoglobin enthalten
- **MCV:** Mittlere Corpusculäre Volumen zeigt, ob Blutkörperchen zu klein , normal oder zu groß sind

Zu Finden?

- Aus der Zahl der roten Blutkörperchen,

\- Hämoglobin und

\- Hämatokrit im Blut

Normalwerte

MCH:	27 – 34 pg
MCHC:	31 – 36 g/l
MCV:	80 fl

Veränderte Wert bei

- Blutarmut verschiedener Ursachen

Störungen Ihrer Werte

- Das zu sich nehmen von Eisen, Vitamin B12 und Folsäure, Alkoholmissbrauch

Hämatokrit (HCT/Hk/HkT)

- Eine Erkrankung kann vorliegen, wenn das Verhältnis zwischen den festen und den flüssigen Bestandteilen des Blutes über einen längeren Zeitraum verändert ist. Dieses Verhältnis wird z. B. von der Menge an Flüssigkeit, die man zu sich nimmt oder von der Menge der Blutzellen bestimmt.

Zu Finden?

- Im Blut

Normalwerte

- Kinder: Die Werte sind je nach Alter unterschiedlich
- Frauen: 0,37–0,47 (37–47 %)
- Männer: 0,40-0,54 (40-54 %)

Veränderte Wert bei

- Vermehrung der Blutzellen (Polyglobulie) und Blutarmut (Anämie)
- Der Körper verliert Flüssigkeit, z. B. durch Schwitzen oder Druchfall

Störungen Ihrer Werte

- Die Flüssigkeitszufuhr ist zu gering

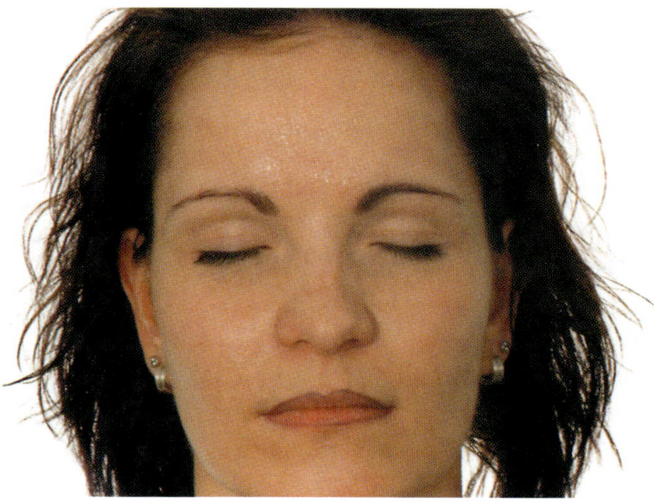

Hämoglobin (Hb)

- Die Herstellung erfolgt mit Hilfe von Eisen
- Farbstoff der roten Blutkörperchen
- Ist für den Transport des Sauerstoffes verantwortlich

Zu Finden?

- Im Blut und im Urin

Richtigkeit der Darstellung

- Wenn viele rote Blutkörperchen zerstört sind, befindet sich Hämoglobin (Hb) im Urin.
- Er gibt uns Auskunft darüber, ob folgendes vorliegt: Blutarmut (Anämie), Blutzellenvermehrung (Polyglobulie) oder Blutzellenzerstörung (Hämolyse)
- Ist wichtig für die Berechnung von MCH und MCHC

Normalwerte

- Kinder: Altersbedingte Schwankungen
- Frauen: 12,3-15,3 g/dl;
- Männer: 14-17,5 g/dl
- Hämoglobin im Urin: negativ (nicht vorhanden)

Veränderte Werte bei

- Blutarmut oder Vermehrung der Blutzellen
- HbF bei Schwangerschaft

Störungen Ihrer Werte

- Aufenthalt in großen Höhen, Training und Rauchen

Blutplättchen (Thrombozyten)

- Zirkulierten etwa 10 Tage im Blut
- Kleine, plattenförmige, kernlose Blutbestandteile
- Wird im Knochenmark produziert
- Ein Anteil wird in der Milz aufgehoben
- Tragen für die Stoffwechselvorgänge wichtige Enzyme
- haben eine wichtige Aufgabe bei der Gerinnung

Zu Finden?

- Im Blut

Normalwerte

- 16-30 J.: Frauen: 220-40 6 Männer: 210-366/ml
- 31-45 J.: Frauen: 205-379 Männer: 193-366/ml
- 46-60 J.: Frauen: 201-379 Männer: 202-356/ml
- > 60 J.: Frauen: 187-366 Männer: 177-361/ml

Veränderte Wert bei

- Vergrößerte Milz
- Beseitigung der Milz
- Störungen bei der Bildu im Knochenmark wie l Blutkrebs, Strahle Knochenmarksschäd durch Gifte
- Starken Blutungen oc sehr langsamem Blutflu

Störung Ihrer Werte

- Einige Medikamente, z die Pille

PTT

- Ahmt im Reagenzglas die Gerinnung nach, die im Körper durch körpereigene Ursachen wie langsamen Blutfluß (endogen) ausgelöst wird

Zu Finden?

- Zu finden am Plasma

Normalwerte

- Bis 26-36sec.

Veränderte Wert bei

- Mangel an Gerinnungsfaktoren

Störungen Ihrer Werte

- Heparingabe
- Einnahme der Pille
- Macumar

Quick

- Nachahmung im Reagenzglas bei einer Gerinnung, wie sie durch äußere Verletzungen ausgelöst wird

Zu Finden?

- Zu finden im Plasma

Normalwerte

- Quick: 70 – 12 %

Veränderte Wert bei

- Störungen bei der Leberfunktion
- Mangel an bestimmten Gerinnungsfaktoren
- Fehlerhafte Blutabnahme

Störungen Ihrer Werte

- Heparin
- Macumar

Fibrinogen

- Wird in der Leber und Knochenmark hergestellt und dient als wichtiger Gerinnungsfaktor
- Dient in der Entwicklungsphase als Blutpfropfgerüst

Zu Finden?

- Auffindbar im Plasma

Normalwerte

- 1,8-3,5g/l

Veränderte Wert bei

- Lebergewebsschaden
- Tumoren
- Infektionen

Störungen Ihrer Werte

- Gerinnungsauflösende Medikamente

Immunglobuline (Ig) A, D, E, G, M

- Von B->Lymphozyten produzierte Antikörper, werden in fünf Gruppen eingeteilt, die in allen Körperflüssigkeiten, Sekreten vorkommen und Fremdstoffe abwehren
- **IgA:** es wehrt Bakterien aber in Schleimhautsekreten wie Speichel, Tränen, Nasen-, Lungensekret
- **IgE:** werden bei Allergien und zur Abwehr von Würmern freigesetzt
- **IgG:** Sie kämpfen gegen Bakterien, in der Spätphase der Infektion gelangen sie über Mutterkuchen zum Embryo, sorgen für Infektionsschutz des Neugeborenen
- **IgM:** insbesondere zur Frühphase der Infektion im Serum; z. B. gegen Bakterien und Vieren (Frühreaktion) und reagieren an vorderster Front

Zu Finden?

- Im Serum

Normalwerte

- IgA. 70-500mg/dl
- IgE: 0,0003 mg/ml
- IgG: 700-1600mg/dl
- IgM: 69 – 322 U/ml

Veränderte Wert bei

- Allergien, Infektionen

Störungen Ihrer Werte

- Behandlung der Infektion, z. B. mit Antibiotika

Blutsenkungsgeschwindigkeit (BSG)

- feste Blutbestandteile setzen sich in ungerinnbar gemachtem Blut ab , gelbliche Flüssigkeit bleibt oben zurück

Zu Finden?

- Im Blut

Normalwerte

- Frauen: 1 Stunde: 6-11mm, 2 Stunden: 6-20mm
  Über 50 Jahre: 2 Stunden: bis 30mm
- Männer: 1 Stunde: 3-8mm, 2Stunden: 5-15mm
  Über 50 Jahre: 2 Stunden: bis 20mm

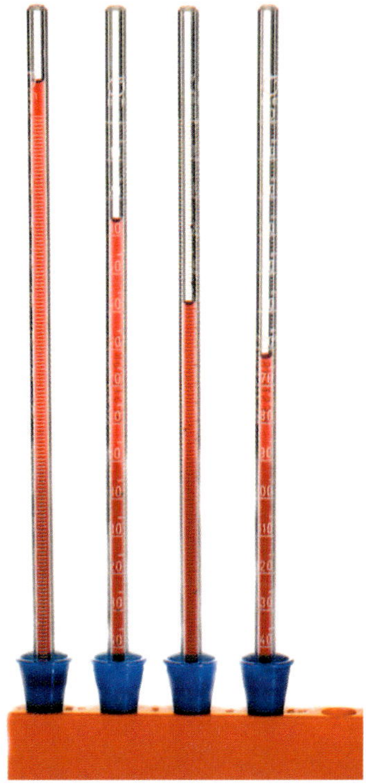

Veränderte Wert bei

- Tumoren, Rheuma, Entzündungen

Störungen Ihrer Werte

- Medikamente wie z. B. Acetylsalicylsäure, Heparin

Eisen

- Das essentielle Spurenelement ist Eisen in Enzymen und Hämoglobin enthalten
- Speicherung in der Leber, Milz, Knochenmark
- Beteiligung am Sauerstofftransport und anderen wichtigen Körperfunktionen
- Ständiger Eisenmangel führt zu Blutarmut; tritt häufiger bei Frauen auf

Zu Finden?

- Im Serum

Normalwerte

- Die Werte unterliegen tageszeitlichen Schwankungen

Erwachsene 4000 – 5000 mg/l

Veränderte Wert bei

- Chronischen Blutungen, starker Monatsblutung (Eisenverluste)
- Verdauungsstörung (gestörte Eisenaufnahme)
- Krebs, Nierenversagen
- Schwangerschaft, Stillzeit, Stress (erhöhter Bedarf)
- Entzündungen und Infektionen

Störungen Ihrer Werte
- Gebrauch der Pille oder Cortison
- Zu hoher Alkoholmißbrauch, vegetarische Ernährung

Transferrin

- Leitet Eisen im Blut, kann mehr Eisen binden wenn notwendig

Zu Finden?
- Im Serum

Normalwerte
- Transferrin-Sättigung: 15 – 55 %

Veränderte Wert bei
- Eiweißmangel
- Anämie
- Schwangerschaft
- Infektionen
- Krebs

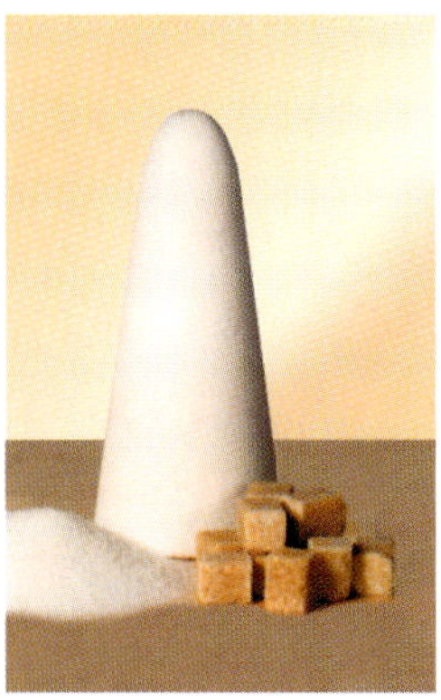

Blutzucker/Glucose

- Zentrale Substanz des Zuckerstoffwechsels im Blut
- **Glucosebelastungstest:** Der Nüchtern-Blutzucker wird nach zehn Stunden Nüchternsein bestimmt. Nach Einnahme einer Zuckerlösung wird in der Zeit von 2 Stunden der Blutzucker regelmäßig gemessen.
  Das ist der Beweis, wie gut der Zucker abgebaut werden kann

Normalwerte
- Kapillarblut: nüchtern (70 - 100mg/dl)

Veränderte Wert bei
- Zu viel Ernährung, familiärer Veranlagung
- Bauchspeicheldrüsenerkran-kungen, Diabetea mellitus
- Herzinfarkt, Schäden bzw. Verletzungen, Infektionen

Störungen Ihrer Werte
Insulingaben beim insulinpflichtigen Diabetes Mellitus
Arzneien wie z. B Cortison

Insulin, C-Peptid

- Bis der Blutspiegel wieder normal ist, bringt Insulin Blutzucker in die Zellen
- Insulin wird abhängig von >Blutzucker-Höhe abgegeben
- Es kann C-Peptid statt Insulin nachgewiesen werden, wenn Bauchspeicheldrüse gleichzeitig Insulin und C-Peptid herstellt

Zu Finden?
- auffindbar Serum

Normalwerte
- Insulin: 8 bis 24 mU/l nüchtern
- C-Peptid: 0,36-1,2nmol/l (1,1-3,6ug/l)

Veränderte Wert bei
- Diabetes mellitus, Insulin-Antikörperbildung
- Schwangerschaft
- Bauchspeicheldrüsentumor

Störungen Ihrer Werte
- Nach Einnahme von Nahrung
- Durch Fasten

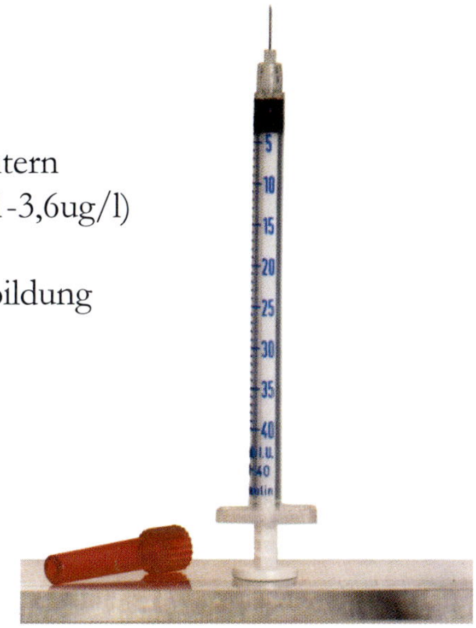

Ketone

Durch fehlende Kohlenhydrate werden Körperfette abgebaut, deren Abbauprodukte sind Ketone

Zu Finden?
- Im Serum

Referenz-/ Normalwerte
- Nicht vorhanden

Veränderte Wert bei
- Diabetes mellitus; Schwangerschaftsgestose

Störungen Ihrer Werte

- Ernährungsmangel

Gesamteiweiß

- Umfasst alle Eiweiße
- Eiweißverteilung mit Eiweiß-Elektrophorese nachweisbar

Zu Finden?

- Messbar im Urin und Serum

Normalwerte

Ø Serum:	66 - 83 g/l
➢ Urin:	negativ (nicht vorhanden)

Veränderte Wert bei

- Auftreten von Nierenschäden
- Veränderung von Eiweißbildung

Störungen Ihrer Werte

- Mangelhafte Ernährung
- Geringe Flüssigkeitszufuhr

Albumin

- Entsteht in der Leber und dient als Hautvertreter der Eiweiße

Zu Finden?

- In Liquor die Rückenflüssigkeit, Serum, Urin bzw. 24-Std.- Urin

Normalwerte

- Serum: 35-53 g/l (3,5-5,3 g/dl)
- Urin: 30mg/l (3,0 mg/dl)
- 24-Std.-Urin: bis 50 mg/Tag

Veränderte Wert bei

- Probleme des Nierengewebes, Diabetes mellitus, Verbrennungen, Tumoren, Leberzirrhose

Trijodthyronin (T3) und Thyroxin (T4)

- Bei Bedarf ans Blut abgeben, wenn in der Schilddrüse mit Jod vollgeladen ist
- im Blut als Transporteiweiße
- Sie regen den Stoffwechsel an, regen Nervensystem und Muskulatur an und fördern Wachstum und Entwicklung des Kinder

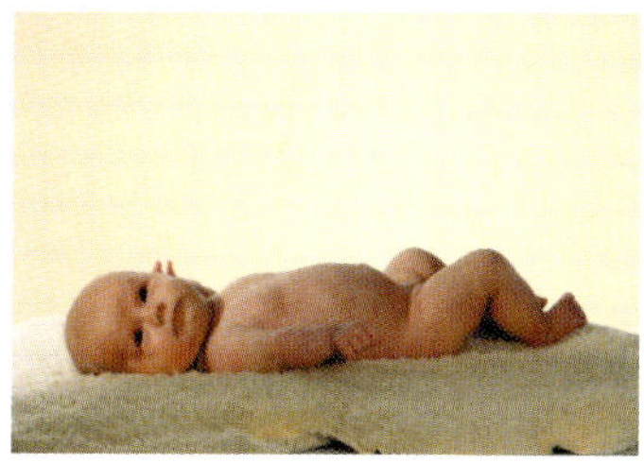

Zu Finden?

- findbar Serum

Normalwerte

- freies T3: 5 – 12 pmol/l
- freies T4: 10-23pmol/l (8-18pg/ml)

Veränderte Wert bei

- bei Schwangerschaft, Schilddrüsenerkrankungen

Störungen Ihrer Werte

- Schilddrüsenhormonen
- Arzneien
- Jodsalz, Seelachs, Schellfisch, Miesmuscheln, Rotbarsch, Lebertran
- Kontrastmittel

TSH und TRH (Thyroieda Stimulierendes Hormon und Thyreotropin-Releasing Hormon)

- Sind nützlich als stimulierende Funktion der Schilddrüse und Bildung der Schilddrüsenhormone T3 und T4

Zu Finden?

- im Serum

Normalwerte

➢ TSH:	0,3 – 3,5 mU/l
➢ TRH-Test:	TSH 30 min nach TRH-Gabe 3 – 30 mU/l

Veränderte Wert bei

- Schilddrüsenerkrankungen

Störungen Ihrer Werte

- Therapie mit Schilddrüsenhormonen

FSH (Follikel-stimulierendes Hormon)

- Geschlechtshormon, das zusammen mit Testosteron bei der Frau den Menstruationszyklus und beim Mann die Samenbildung beeinflusst

Zu Finden?

- Im Serum

Normalwerte

- Zyklusabhängig

Veränderte Wert bei

- Zu frühe Einsetzung der Wechseljahren der Frau
- Magersucht
- Erkrankungen der Hypophyse

Störungen Ihrer Werte

- die Pille
- Gebrauch von Anabolica

Cortisol

- Wird vor allem früh am Morgen in der Nebennierenrinde hergestellt
- Als Medikament

Zu Finden?

- In Serum und Urin

Normalwerte

- Serum: 8 Uhr: 140-672 nmol/l (5,0-24ug/dl)
  22 Uhr: weniger als 110nmol/l (4 ug/dl)

Veränderte Wert bei

- Assison-Erkrankung
- Cushing-Syndrom

Störungen Ihrer Werte

- Viel Streß und zu hohe körperliche Überlastung
- Das einnehmen von Cortison

Cholesterin

- Vorläufer für die Gallensäuren und einigen Hormonen
- Ursache von Gallensteinen
- Setzt sich in der Arterienwand bei Arteriosklerose ab (LDL)
- Unterscheidet sich im Blut als HDL und LDL-Cholesterin

Zu Finden?

- Im Serum

Normalwerte

- stark altersabhängig
- Faustregel: 200mg/dl + alter
- Kinder: 2,9-5,8mmol/l (112-225mg/dl)
- Frauen: 30 Jahren: 195-240mg/dl
  60 Jahren: 195-275mg/dl
- Männer: 30 Jahren: 150-220mg/dl
  60 Jahren: 175-240mg/dl

Veränderte Wert bei

- familiär bedingter Anlage
- Übergewicht, falsche Ernährung
- Fettstoffwechselerkrankungen

Störungen Ihrer Werte

- Arzneien wie z. B Beta-Blocker und weitere die zur Hemmung für die Cholesterinaufnahmen dienen

HDL- und LDL- Cholesterin

- Auseinandergehalten werden die Lipoproteine mit hoher Dichte (HDL= High Densinty Lipoprotein), niedriger Dichte (LDL= Low Density Liporotein) und besonderes niedriger Dichte (VLDL= Very Low Densitiy Lipoprotein)
- LDL erhöht das Arterioskleroserisiko, weil das ein-

schleusen des Cholesterins in den Zellen geschieht

Zu Finden?

- Meßbar im Serum nach 12 Stunden ohne Nahrung

Normalwerte

Altersabhängig

- LDL niedriger als 4,0umol/l
- HDL über 0,9mmol/l
- Bei erhöhtem Arterioskleroserisiko durch Rauchen oder Bluthochdruck gelten niedrigerer LDL-Werte

Veränderte Wert bei

- Bluthochdruck
- Bei Übergewicht
- Typ II Diabetes (Altersdiabetes),
- Alkoholmissbrauch
- Familiärer Anlage, zu viel LDL- oder zu wenig HDL-Cholesterin im Blut zu haben

Störungen Ihrer Werte

- Günstig: weniger Alkohol und Fett
- Günstig: mehr Ballaststoffe und Fisch s. Cholesterin

Triglyceride

- Ist als Energieträger und -speicher nützlich
- Körper kann auch selbst Triglyceride produzieren
- Setzt sich zusammen aus Glycerin und drei Fettsäuren (tri = drei)

Zu Finden?

- Im Serum

Normalwerte

Sehr stark alters- und geschlechtsabhängig

- <150 mg/dl > 200 mg/dl

Veränderte Wert bei

- Chronischem Alkoholmissbrauch
- Leberleiden
- Diabetes
- Nierenstörung
- Schilddrüsenunterfunktion

- Fettstoffwechselerkrankungen
- Arteriosklerose

Störungen Ihrer Werte

- Fettreiche Produkte, viel Alkohol
- Schokolade

Bilirubin/Urobilinogen

- Wird beim Blutfabrstoff-Abbauch produziert
- Es wird weitergereicht außerhalb der Leber von Albumin
- Im Zusammenhang mit der Galle von Leber in Darm ausgeschieden, dort wo es den Stuhl färbt
- Augenweiß und Haut werden gelb wenn es nicht ausgesondert wird, da es genug ins Blut gelangt

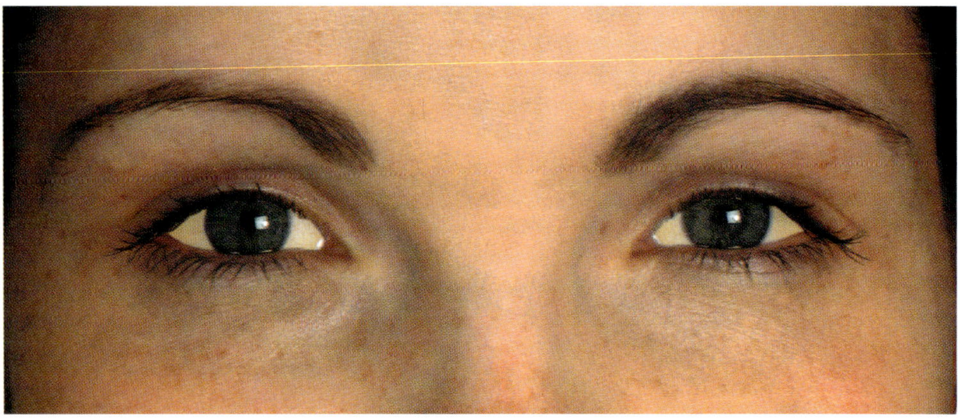

- Schwache Gelbsucht immer bei den ersten Tagen von Neugeborenen

Zu Finden?

- Im Serum sowie Urin

Normalwerte

- Serum: Gesamt-Bilirubin
- Neugeborene 2.-5. Tag: bis 170 umol/l (10mg/dl)

Kinder und Erwachsene: 2-21 umol/l (0,1-1,2 mg/dl)

Veränderte Wert bei
- Blutkörperchen werden übermäßig abgebaut
- Es können Leberfunktionssörugne, Gallenstau zB. wegen Galensteinen, Entzündung der Gallenwege auftreten

Störung der Ergebnisse
- Medikamente gegen Erkrankungen, die die Leber abbaut

Gamma-GT

- Wird in der Leber gebildet
- Ist bei Leber- und Gallengangstörungen vermehrt im Blut

Zu Finden?
- Im Serum

Normalwerte
Je nach Labormethode abweichende Werte
- Frauen: 4-18 U/l
- Männer: 6-28 U/l

Veränderte Wert bei
- Entstehung Lebererkrankungen, -entzündungen, Leberschäden durch Medikamente oder organische Lösungsmittel wie Tetrachlorkohlenstoff

Störungen Ihrer Werte
- Regelmäßiger Alkoholmissbrauch

GOT (Glutamat-Oxalacetat-Transferase)

- Hauptsächlich vorhanden in Zellen von Leber, Muskeln und auch Nieren
- Gelangt vermehrt ins Blut, wenn Zellen geschädigt werden

Zu Finden?
- im Serum

Normalwerte

- Frauen: bis 15 U/l
- Männer: bis 19 U/l

Veränderte Werte bei

- Nieren- und Lebererkrankungen
- Schäden der Muskeln

Störungen Ihrer Werte

- Viele Medikamente und Alkohol
- Evtl. gestörte Stoffwechselfunktion

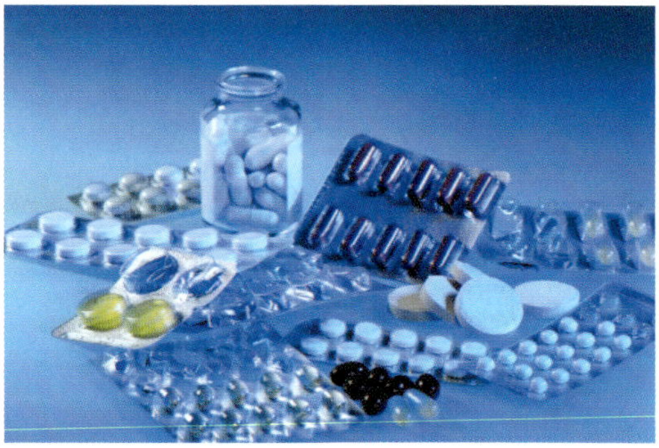

GPT (Glutamat-Pyruvat-Transaminase)

- Besonders in Leberzellen existent
- Gelangt vermehrt ins Blut, wenn Zellen geschädigt werden

Zu Finden?

- Im Serum

Normalwerte

Die Werte weichen, je nach dem welche Labormethode verwendet wird, ab.

- Frauen: < 19 U/l
- Männer: < 23 U/l

Veränderte Wert bei

- Erkrankungen der Leber

Störungen Ihrer Werte

- Viele Medikamente und Alkohol
- Evtl. gestörte Stoffwechselfunktion

Akalische Phosphatasen

- vor allem bei Kinder in den Knochen und bei Erwachsenen in der Leber vorhanden

Zu Finden?

- Im Serum

Normalwerte

- Kinder: bis 700 U/l, Erwachsene: bis 190U/l

Veränderte Wert bei

- Knochenwachstum und Leberleiden und Schwangerschaft

Prostata-Phosphatasen

- in der Vorsteherdrüse (Prostata)

Zu Finden?

- Im Serum

Normalwerte

- bis 3,0 U/l (37°C)

Veränderte Wert bei

- Prostatakrebs

Störungen Ihrer Werte

- bei Tumoren durch Behandlung

Saure Phosphatasen

- kommt beim Knochenabbau frei und gelangt in Vorsteherdrüse (Prostata), kommt Thrombozyten und roten >Blutkörperchen vor

Zu Finden?

- Im Serum

Normalwerte

- Kinder: bis 25U/l, Erwachsene: bis 13U/l

Veränderte Wert bei

- Prostata- oder Knochenkrebs

Störungen Ihrer Werte

- bei Tumoren durch Behandlung

Harnstoff

- Endprodukt des Eiweißabbaus in der Leber
- Reichert sich im Körper langsam an, wenn die Ausscheidung mit dem Urin nicht ausreichend ist

Zu Finden?

- Auffindbar im Serum und 24. Std. Urin

Normalwerte

- 24. Std. Urin: 20-35g/ Tag
- Serum : bis 8,5 mmol/l

Veränderte Wert bei

- Auftreten von Störungen bei der Nierenfunktion
- Lebererkrankung
- Schwangerschaft (erhöhter Eiweißbedarf)
- Fieber, großflächige Verbrennungen, Blutungen, große Verletzungen

Störungen Ihrer Werte

- Eine geregelte Eiweißzufuhr

Harnsäure

- Sie entsteht beim Abbauen der Erbsubstanz DNA und RNA, dies nennt man Purinstoffwechsel; dies wird über die Nieren ausgeschieden
- Ist auch in Gelenkflüssigkeiten auffindbar
- Sobald die Konzentration des Blutes zu hoch ist, bildet sie im Gewebe Kristalle
- Gichtanfälle entstehen dadurch, dass Harnsäurekristalle von Fresszellen aufgenommen werden, diese aber wiederum Entzündungsstoffe freigeben

Zu Finden?
- Im Serum, im 24 Stunden Urin und in der Gelenkflüssigkeit

Normalwerte
- Serum: 2,5 – 6,5 mg/dl
- 24 Stunden Urin: 300 - 800 mg/Tag

Veränderte Werte bei
- Störungen der Nierenfunktion und Gicht
- Abmagerungskuren
- Krankheiten mit erhöhtem Zellabbau
- Chemotherapie

Störungen Ihrer Werte
- Bei Konsum von: Fleisch, geräuchertes Fleisch oder Fisch, Innereien, Hülsenfrüchte, Hefe
- Starke körperliche und psychische Belastung, Wechsel des Klimas oder Schwankungen der Temperatur
- Purinabbau hemmende Arzneimittel
- Arzneimittel die die Körperzellen zerstören, wie z. B. Zytostatica, oder die Ausscheidung über die Nieren hemmen.

Blut im Urin

- Taucht oft bei Nierenschäden, Nierensteinen oder Verletzungen auf

Zu Finden?
- Im Urin

Blut im Stuhl, Okkultes Blut im Stuhl

- Aus dem Bereicht des Enddarms und dem After liegt das Blut dem Stuhl hellrot auf
- Das Blut aus Magen oder Dünndarm kann zu schwarzen Verfärbung des Stuhls führen
- Bei kleinen Verletzungen oder zu großem Druck im Gefäß kann zB. die Magen-Darm-Schleimhaut bluten
- (Okkult) ist aus kleinen Blutungen das Blut im Stuhl unsichtbar

Zu Finden?

- Im Stuhl

Veränderte Werte bei

- Hämorrhoiden, Geschwüren am After
- Tumor im Enddarmbereich
- Schleimhautgeschwülsten
- Darmausstülpungen

Störung der Ergebnisse

- Fleisch, Wurst, Vit.-C- reiche Nahrung, Vit. C-und Salicylsäure- Präparate täuschen okkultes Blut im Stuhl vor

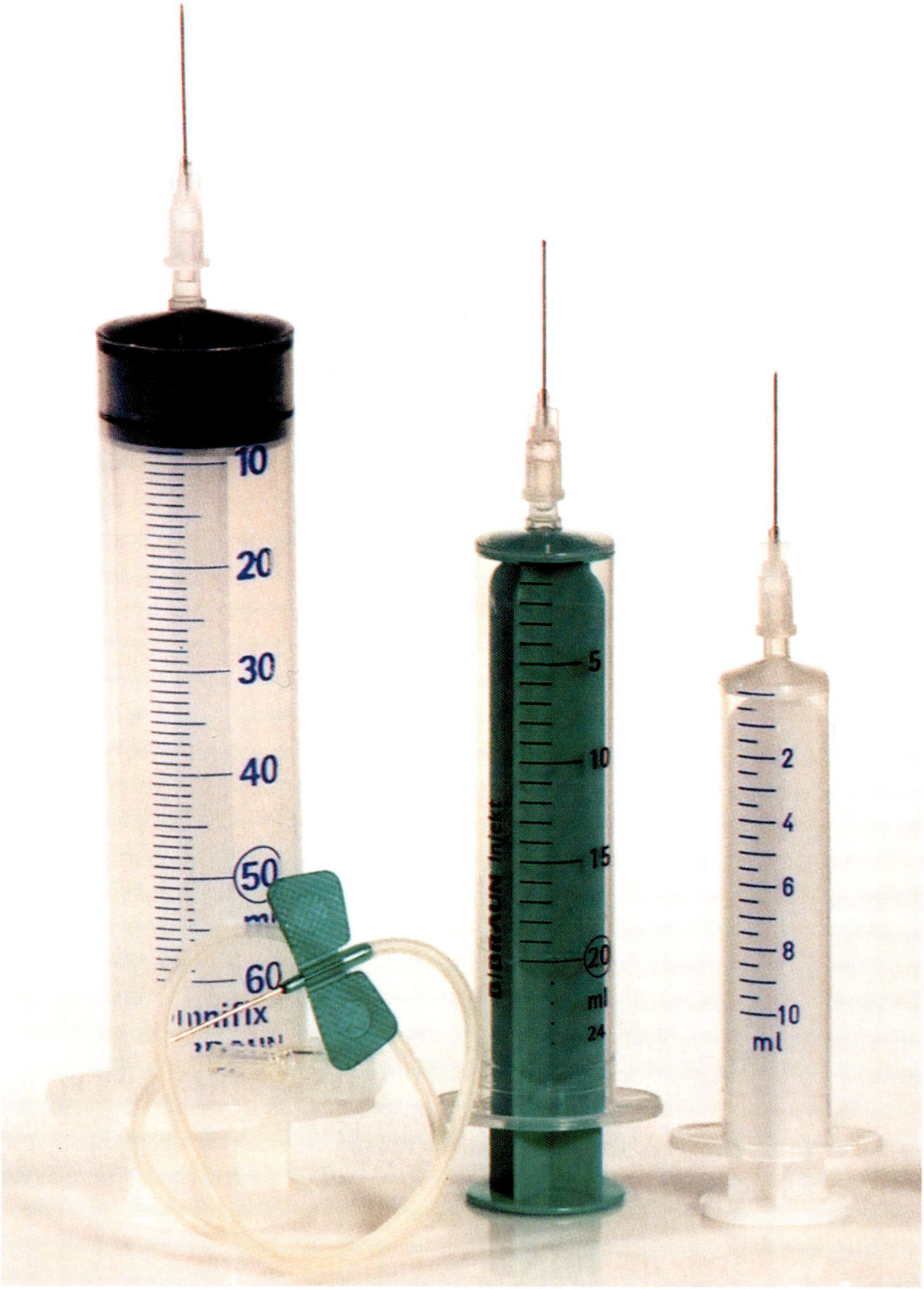
10
20
30
40
50
ml
60
5
10
15
20
ml
24
2
4
6
8
10
ml

Die Autorin Bärbel Drexel und der Drexel Verlag bedanken sich bei folgenden Firmen und Personen für die freundliche Unterstützung und Bereitstellung von Text- und Bildmaterial.

Fa. Fabrik biolog.-pharm. Präparate
Karl Hubener KG
61440 Oberursel/Taunus

Text und Abbildungen, Seite 64 - 79

Herr Jan van Baarle
Willemsparkweg 194
1071 HW Amsterdam
e-Mail: jan@baarle.com
Internet: http://www.baarle.com

Abbildungen von Fuß- und Handreflexzonen, Seite 136, 137 u. 155

DREXEL VERLAG

Drexel Verlag
Aichacher Straße 7
86674 Baar (Schwaben)
Internet: http://www.baerbel-drexel.de
e-Mail: info@baerbel-drexel.de
Hotline: 0180 - 500 60 10